瓷支柱绝缘子及瓷套

超声波检测

（第二版）

蒋云　王维东　蔡红生　高山　陈大兵　张建国　等　编著

中国电力出版社

CHINA ELECTRIC POWER PRESS

内 容 提 要

瓷支柱绝缘子及瓷套的超声波检测是一项专业性、技术性很强的无损检测技术，对于预防和减少瓷支柱绝缘子断裂事故，提高电网安全运行可靠性，起到十分重要的作用。

本书介绍了瓷支柱绝缘子和瓷套的超声波检测技术，包括超声波检测的基础知识和通用技术、瓷支柱绝缘子和瓷套的生产（制造）工艺、瓷支柱绝缘子的失效分析、瓷支柱绝缘子和瓷套超声波检测的工艺方法、仪器设备和试验等内容。

本书可供电力行业从事无损检测的工程技术人员、科研院（所）的研究人员以及大专院校的师生参考。

图书在版编目（CIP）数据

瓷支柱绝缘子及瓷套超声波检测 / 蒋云等编著 . —2 版 . —北京：中国电力出版社，2017.9
ISBN 978-7-5198-1079-5

Ⅰ . ①瓷… Ⅱ . ①蒋… Ⅲ . ①电工陶瓷制品–支柱绝缘子–超声检验②瓷套–超声检验
Ⅳ . ①TM216.06

中国版本图书馆 CIP 数据核字（2017）第 206653 号

出版发行：中国电力出版社
地　　址：北京市东城区北京站西街 19 号（邮政编码 100005）
网　　址：http://www.cepp.sgcc.com.cn
责任编辑：刘汝青（010–63412382）　杨　帆
责任校对：马　宁
装帧设计：赵姗姗　张俊霞
责任印制：蔺义舟

印　　刷：北京天宇星印刷厂
版　　次：2010 年 1 月第一版　　2017 年 9 月第二版
印　　次：2017 年 9 月北京第四次印刷
开　　本：787 毫米×1092 毫米　16 开本
印　　张：13.25
字　　数：314 千字
印　　数：6001—9000 册
定　　价：48.00 元

前　言

在科学技术飞速发展的今天，电力工业作为国民经济的支柱产业，已经进入高速发展的时期。截至 2016 年底，全国发电机组装机容量达到 16.5 亿 kW。对于电网规模越来越大、电压等级越来越高的电力系统来说，保障电网的安全对于国家快速发展的经济建设显得至关重要。

瓷支柱绝缘子及瓷套是发电厂和变电站运行的重要设备部件，起着支撑（悬挂）导体、实现导体与部件的绝缘和机械传动的作用。瓷支柱绝缘子及瓷套是经高温烧结制成的电瓷产品，如果在制造过程中原料配方或工艺不当，均易形成瓷件内部缺陷。投运以后，一方面由于没有固定的形变，且韧性差，在长期运行中受机械负荷和冰雪、低温、大风、暴雨等恶劣环境因素的影响，瓷支柱绝缘子及瓷套极易发生突然断裂；另一方面，设计、安装和维护检修等环节也可能造成瓷支柱绝缘子及瓷套断裂。瓷支柱绝缘子及瓷套一旦发生断裂，可能会引起变电站、供电线路部分停电或全部停电，造成人员伤亡、设备损坏、电量损失，严重影响社会的稳定和国民经济的建设。

自 2000 年以来，国家电网公司从多个渠道加强了瓷支柱绝缘子的监督管理，但在运行中突然断裂的故障仍时有发生，严重影响到电网的安全、稳定运行。为了加强对高压瓷支柱绝缘子的技术监督工作，在国家电网公司发布的《高压支柱瓷绝缘子技术监督导则》中明确规定了在验收及运维检修阶段，采用超声波检测方法对高压瓷支柱绝缘子及瓷套进行检测的方法，来预防断裂，保障电网安全。为此，电力行业一些科研院所、高校以及有关制造单位的技术人员和科研工作者积极开展了瓷支柱绝缘子及瓷套超声波检测技术的研究和应用实践，并取得了大量的研究成果，积累了丰富的经验。为了更好地总结与分享编者多年的实践经验，编者在研读参考文献中的部分研究成果和经验并进行大量试验研究和应用的基础上，于 2010 年初完成了本书第一版的出版工作，对瓷支柱绝缘子及瓷套超声波检测技术的应用和推广起到了一定的作用。本书第一版出版后，编者通过不断总结现场使用经验，并对部分检测工艺进行详尽的试验验证，使该项技术日臻完善。2013 年，由华东电力试验研究院有限公司牵头、徐州电力试验中心等多家单位联合参与的 DL/T 303—2014《电网在役支柱瓷绝缘子及瓷套超声波检测》已顺利颁布实施。因此，在第一版的基础上，对相关内容进行了修订和补充。希望通过第二版的修订，抛砖引玉，进一步提高瓷支柱绝缘子及瓷套超声波检测技术水平，促进瓷支柱绝缘子及瓷套超声波检测技术的应用和发展。

全书共分为九章：第一章概述由高山、陈大兵编写；第二章超声波物理基础由汪毅、林德源、张建国、刘建屏、林介东编写，主要介绍了超声波的一些基本概念和基础知识；

第三章超声波发射声场与规则反射体的回波声压由蔡红生、马庆增、王亦民、季昌国、李燕、钱英编写，简要阐述了超声波声场特性和一些规则反射体的反射物理量；第四章瓷支柱绝缘子及瓷套制造工艺由黄国杰、高山、王维东、何军、郭煜、张小锋编写，详细介绍了瓷支柱绝缘子及瓷套的生产工艺过程、质量控制和制造缺陷的基本特征；第五章超声波检测通用检测技术由周重回、陈朝阳、马君鹏、刘勇、张涛、肖潇、肖世荣编写，介绍了常用的超声波检测方法；第六章瓷支柱绝缘子及瓷套超声检测设备由陈大兵、陈力、张建国、刘勇、李剑峰、魏忠瑞、马建民、万海涛、肖建编写，介绍了超声波检测仪、探头、耦合剂、试块以及其他辅助工具等；第七章瓷支柱绝缘子及瓷套失效分析由蒋云、段鹏、陈大兵、陈开路编写，主要介绍了瓷支柱绝缘子的受力分析及其失效特征；第八章瓷支柱绝缘子及瓷套超声波检测技术由王维东、蒋云、林德源、高山、邓黎明、陈大兵编写，重点介绍了瓷支柱绝缘子及瓷套超声波检测工艺方法；第九章瓷支柱绝缘子及瓷套超声波检测工艺编制由蒋云、严正、蒋欣、韩玉峰、陆云、牛晓光、严晓东编写，主要介绍了超声波检测通用工艺和瓷支柱绝缘子及瓷套超声波检测工艺卡的编制；附录A～附录C介绍了相关试验项目及操作步骤，由陈西刚、陈力、张金杰、王冰、郑玉芬、孟倩倩、刘洋、靳超编写。

在本书编写中，参考和引用了一些著作文献中的内容，在此谨向这些著作文献的作者表示谢意。

本书编写中得到了山东瑞祥模具有限公司、武汉中科创新公司、北京邹展麓城科技有限公司、常州超声电子公司、无损检测图书馆网的支持，在此一并表示感谢！

限于时间仓促和作者水平，书中疏误之处在所难免，有些提法可能值得商榷，敬请读者批评指正。

编　者

2017年6月6日

目　录

概　述

　　瓷支柱绝缘子及瓷套是发电厂和变电站运行的重要设备部件，起着支撑（悬挂）导体、实现导体与部件的绝缘和机械传动的作用。瓷支柱绝缘子及瓷套一旦发生断裂，会造成变电站、供电线路部分停电或全部停电，致使人员伤亡、设备损害、电量损失，严重影响社会的稳定和国民经济的建设。因此，充分了解瓷支柱绝缘子及瓷套、瓷支柱绝缘子及瓷套超声波检测技术的发展历史对掌握和运用瓷支柱绝缘子及瓷套超声波检测技术具有积极的作用。

第一节　瓷支柱绝缘子及瓷套简介

　　对瓷支柱绝缘子及瓷套进行超声波检测，需要充分了解被检测对象的主要功能、物理结构、所处环境、应用场合等。

一、支柱绝缘子

　　绝缘子一般指供承受电位差的电器设备或导体电气绝缘和机械固定用的器件。支柱绝缘子是指用作带电部件刚性支持并使其对地或另一带电体绝缘的绝缘子。一个支柱绝缘子可以是若干个支柱绝缘子元件的组装体。按支柱绝缘子结构、材料和安装地点可划分为不同类型，如图1-1所示。

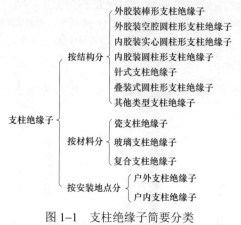

图1-1　支柱绝缘子简要分类

　　由于不同支柱绝缘子生产厂家和应用场合均有所不同，因此，结构和尺寸或多或少存在一定的差异，图1-2列举了一些支柱绝缘子的基本结构，供参考。

　　支柱绝缘子所用绝缘材料主要包括电瓷、退火玻璃或钢化玻璃以及复合材料，其他附件主要有金属附件、水泥胶装剂和沥青等。由于超声波探伤技术主要应用于瓷质绝缘子的检测，因此，本书讨论的支柱绝缘子其结构为圆柱形或锥形的实心瓷绝缘子，空心瓷绝缘子按瓷套考虑进行检测。

1

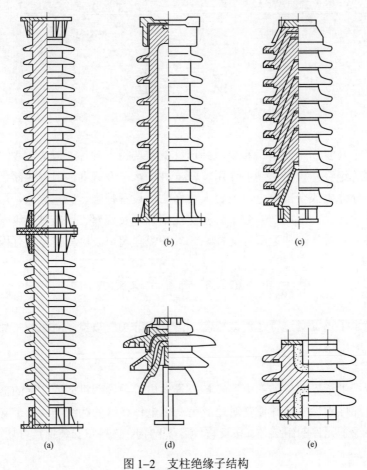

图 1-2 支柱绝缘子结构

（a）实心圆柱形支柱绝缘子；（b）空腔圆柱形支柱绝缘子；（c）叠装式圆柱形支柱绝缘子；

（d）针式支柱绝缘子；（e）内胶装圆柱形支柱绝缘子

二、瓷支柱绝缘子的应用

瓷支柱绝缘子一般使用在隔离开关、接地开关、管型母线支撑以及其他支撑和机械传动部位，如图 1-3 所示。

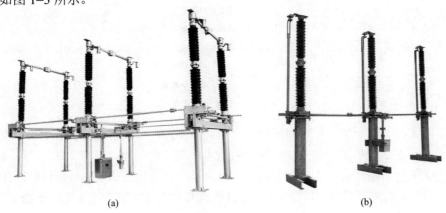

图 1-3 瓷支柱绝缘子主要应用（一）

（a）某型号 220kV 隔离开关；（b）某型号 220kV 接地开关

(c)　　　　　　　　　　　　　　　　　　(d)

图1-3　瓷支柱绝缘子主要应用（二）

（c）220kV 管型母线；（d）换流站电容器塔

三、套管及瓷套的应用

套管按 GB/T 4109—2008《交流电压高于 1000V 的绝缘套管》的定义，是指供一个或几个导体穿过诸如墙壁或箱体等隔断，起绝缘和支撑作用的器件。顾名思义，瓷套就是电瓷材料制套管。图1-4 列举了常见的一些瓷套的应用地点。

(a)　　　　　　　　　　　　　　　　　　(b)

(c)　　　　　　　　　　　　　　　　　　(d)

图1-4　瓷套的应用地点

（a）SF$_6$ 断路器支撑瓷套及灭弧室瓷套；（b）SF$_6$ 罐式断路器瓷套；（c）避雷器瓷套；（d）变压器出线套管

四、瓷支柱绝缘子及瓷套的一般性能要求

瓷支柱绝缘子及瓷套和其他电瓷材料产品一样，主要需具备电气、机械、耐污以及耐冷热等四个方面的性能。

（1）电气性能。瓷支柱绝缘子及瓷套在运行过程中不仅需承受正常运行条件下的工频电压作用，还要遇到过电压、雷击等冲击，因此，为了保证其安全运行，要求它必须具有良好的电气性能。一般生产企业对其产品都要按标准进行电气性能试验，如工频干耐受电压试验、工频湿耐受电压试验等。

（2）机械性能。瓷支柱绝缘子及瓷套在运行过程中需要承受导线的重量、覆冰重量、设备操作过程中的机械力、电动力以及风力、地震等由外界引起的负荷力，部分瓷套还需承受内部气体等介质的压力，所以，其机械性能要求很高。一般要求产品在出厂时进行抗弯、抗扭等一系列机械或机电联合试验。

（3）耐污性能。由于瓷支柱绝缘子及瓷套在运行过程中需要受环境的影响，如冰、霜、雨、雪、露、粉尘、有害气体等。在这种条件下，一旦其耐污能力不足，可能会发生闪络、跳闸现象，因此，瓷支柱绝缘子和瓷套在耐污、防污方面也有较高的要求。

（4）耐冷热性能。瓷支柱绝缘子及瓷套一般长期在户外运行，由于需承受变化无常的气候、冬夏昼夜温差变化、地理位置、瓷套内部电气发热等的影响，其必然承受较大的冷热变化应力。因此，为了保证其安全运行，在电瓷标准中对耐冷热性能规定了相应的试验要求。

第二节　瓷支柱绝缘子及瓷套超声波检测技术概况

瓷支柱绝缘子及瓷套超声波检测技术是超声波检测技术在电瓷材料检测领域中的一个重要应用。实际上超声波检测技术运用于材料内部缺陷的检测技术最早出现于 20 世纪 30 年代左右。随着电子技术和计算机技术的快速发展，超声波检测技术也越来越成熟，设备也朝着小型化、数字化方向发展。为满足生产需要，超声波检测技术也逐步应用于电瓷产品的检测上。

一、制造阶段瓷支柱绝缘子超声检测技术及应用情况

制造质量的好坏是关系产品使用性能最为关键的一环。瓷支柱绝缘子在制造阶段由于工艺偏差不可避免地会出现一些内部缺陷，如黑心、黄心、裂纹等。这些缺陷又不能通过肉眼观察或其他简单的试验完全检出，而超声波检测技术能够在不破坏被检对象的前提下方便地检出构件内部的缺陷，因此，很快被应用于瓷支柱绝缘子制造阶段的检测。

国外大规模制造瓷支柱绝缘子较早，并很快将超声波检测技术应用于瓷支柱绝缘子及瓷套的探伤中。而在国内，在 20 世纪 70 年代末 80 年代初左右，才开始将超声波检测技术应用于制造阶段的瓷支柱绝缘子及瓷套内部缺陷的检测。

1982 年，在原国家机械工业部主导下，电瓷制造企业和使用单位编制了"瓷瓶探伤指导性文件"，主要针对高压支柱绝缘子和套管进行探伤基本方法的指导。1986 年，机械工业部制定并颁布了 JB/Z 262—1986《超声波探测瓷件内部缺陷》的行业标准，1999 年标准进行了修订，标准号变更为 JB/T 9674—1999《超声波探测瓷件内部缺陷》并沿用至今。该标准规范了瓷支柱绝缘子及瓷套制造阶段的检测，只适用于未胶装法兰前的绝缘子坯件的检测。

二、在役瓷支柱绝缘子及瓷套超声检测发展概况

瓷支柱绝缘子及瓷套在电力企业中应用极为广泛，随着服役年限的增长以及存在部分制造缺陷，电网运行中陆续发生了较多的断裂事故，给电网的稳定运行带来严重的安全隐患。因此，为保证在役瓷支柱绝缘子及瓷套的运行安全，有必要定期对在役瓷支柱绝缘子及瓷套进行超声检测。在役瓷支柱绝缘子及瓷套的超声波检测技术也随之蓬勃发展。

仪器设备方面，瓷支柱绝缘子及瓷套超声检测技术开发之初，受超声波探伤仪性能条件限制，当时检测仪器主要以模拟式超声波探伤仪为主（如 CTS–22 等），现场操作十分不便。随着数字超声检测仪器的出现和应用，逐步取代了模拟式超声波检测仪。另外，随着瓷支柱绝缘子及瓷套超声波检测技术的应用越来越广泛，许多厂家成功研制了专用超声波探伤仪。这类探伤仪针对瓷支柱绝缘子的声学特性以及检测工艺，进行一定的优化处理并固化了部分工艺，大大简化了操作，使得现场应用十分方便。

试块方面，早期较多采用瓷质试块和铁质试块，但由于铁质试块性能与瓷支柱绝缘子和瓷套的材质有较大差异，而瓷试块加工难度高、材质均匀性差声速变化范围大，因此逐渐被铝质试块所取代。

工艺方面，最早瓷支柱绝缘子和瓷套的检测工艺基本参照钢铁材料的检测工艺进行简单的优化处理，如单晶爬波检测、纵波直探头检测。受现场条件、检测效果等因素的影响，应用情况不好。在各方面的努力下，逐渐出现的双晶爬波检测和小角度纵波检测技术，瓷支柱绝缘子和瓷套的检测得以越来越广泛的应用，但在检测瓷套内壁裂纹等缺陷方面仍然存在一定的缺憾，于是，双晶横波检测技术也就应运而生。至今已形成以小角度纵波、双晶爬波和双晶横波三种检测技术为主体的综合检测体系，检测灵敏度、检测范围、判伤方法等技术也基本统一。

超声波物理基础

瓷支柱绝缘子及瓷套超声波检测过程中所采用的媒介是超声波，因此必须先了解有关超声波相关的物理基础知识。本章第一节主要介绍了超声波的定义、基本特征；第二节则解释了超声波与振动的关系，并从不同的角度对超声波进行了分类；第三节重点描述了超声波在介质中传播时的速度、超声波传播过程中出现的干涉、衍射、反射现象以及衰减规律等，为后面介绍奠定基础。

第一节　超声波基础知识

一、次声波、声波和超声波

人们在日常生活中所听到的各种声音，是由于各种声源的振动通过空气等弹性介质传播到耳膜引起的耳膜振动，产生听觉，但并不是任何频率的机械振动都能引起听觉，只有频率在一定的范围内的振动才能引起听觉。在弹性介质中，如果波源所激发的纵波频率在 20～20 000Hz 之间，能引起人耳的听觉，在这个频率范围内的振动叫做声振动，此时产生的波动就叫声波。人们把能引起听觉的机械波称为声波，频率在 20～20 000Hz 之间。当频率低于 20Hz，或高于 20 000Hz 时，人的耳朵无法感觉到，为与可听见的声波加以区别，称频率低于 20Hz 的机械波称为次声波，频率高于 20 000Hz 的机械波称为超声波。次声波、声波与超声波，都是振动在介质中的传播过程，实质乃是弹性介质的机械振动。

超声在自然界是广泛存在的。虽然人耳不能听见超声，但实际声音是带有超声成分的。如日常生活中金属片相撞、管道上小孔的漏气等都有超声成分。自然界中，老鼠、海豚等许多动物的叫喊声也含有超声，其中能发出超声最出名的属蝙蝠，能利用超声回波在阴暗的洞穴中飞行和捕捉食物。超声波在工业中应用极广，一般分为两类，一类是大功率超声或功率超声，利用它的能量来改变材料的某些状态，如超声波清洗、医疗中的超声碎石、塑料的焊接等；另一类是利用超声来采集信息，特别是材料内部的信息。如早期的超声侦查潜艇，后来的超声探伤、超声诊断等。本书重点论述的瓷支柱绝缘子及瓷套的超声波检测就属于第二类应用。

二、超声波的基本特性

对于瓷支柱绝缘子及瓷套的超声波检测所用的用于宏观缺陷检测的超声波，其常用频率为 0.5～10MHz。超声波之所以能在无损检测中获得广泛的应用，主要由于超声波具有以下几方面的特性。

1. 超声波具有良好的指向性

超声波是频率很高、波长很短的机械波。在超声波检测中所使用的波长一般以毫米计量，其声源尺寸一般都大于超声波波长的数倍以上。根据超声波基础理论，波长越短，声源发出的超声波能量越集中。超声波在介质中传播时，和黑暗中的手电筒光束一样，在某些特定方向上集中了绝大部分的能量，能够只"照亮"指定的区域，这也就是说其具有良好的指向性。超声波检测也就是利用该性质，能够方便地实现缺陷检测时的缺陷定位。

2. 超声波具有高能量

超声检测频率远高于声波，因为声强与频率的平方成正比，因此，超声波的能量远大于声波的能量。如1MHz的超声波所传播的能量相当于振幅相同频率为1kHz的声波传播能量的100万倍。超声波的传播能量大，传播距离远，穿透能力强，检测厚度大，特别适合大厚度工件的检测。

3. 超声波能在界面上产生反射、折射和波型转换

超声波在介质中直线传播，遇到不同介质界面时，由于气体、液体、固体介质弹性差异很大会产生反射、折射现象，并伴有波型转换发生。在超声波检测中，利用这些特性，可以获得等于或大于超声波波长的缺陷或其他异质界面的反射波，通过分析这些波的特征进而实现评判缺陷的目的。另外，还可以在一定情况下实现波型转换，从而获得检测中所需要的特定波型的超声波。

4. 超声波的衰减

超声波虽然具有直线传播的特性，而且传播速度非常快，但是，超声波在实际传播过程中，会受到诸多因素的影响，如介质之间的相互运动、介质吸收超声能量、超声扩散等，必然会造成超声波能量逐渐减小，即产生不同程度的衰减。超声波的衰减主要有散射、扩散和吸收三种。因此，在超声检测时，尤其对于诸如晶粒粗大的工件等衰减相对严重的检测对象，需保证超声波在检测范围内具有足够的能量。

第二节　机械振动与机械波

一、机械振动

物体（或质点）在某一平衡位置附近作往复周期性的运动，称为机械振动。如弹簧振子、钟摆以及汽缸活塞的往复运动等。振动是自然界最常见的一种运动形式。振动是往复运动，可用周期（T）和频率（f）表示振动的快慢。

周期T和频率f的关系式为

$$T = \frac{1}{f} \tag{2-1}$$

式中　T——振动物体作完成一次全振动所需要的时间，s;

　　　f——振动物体在单位时间内完成全振动的次数，Hz。

二、机械波

可以认为物体是由以弹性力保持平衡的各个质点所构成的。当某一质点受到外力的作用后，该质点就在其平衡位置附近振动。由于一切质点都是彼此联系的，振动质点的能量就能够传递给周围的质点而引起周围质点的振动。机械振动在介质中的传播过程称为机械波。机械振动在上述弹性体中的传播就称为弹性波（如声波）——它是一种重要的机械波。

由此可知，机械波产生必须具备两个条件：首先要有一个作机械振动的波源，其次要有

能传播振动的弹性介质。当振动传播时，振动的质点并不随波而移走，只是在自己的平衡位置附近振动，并将能量传递给周围的质点，这与电磁波（交变电磁场以光速在空间的传播）是完全不相同的。

任何一种物理现象都可以用若干物理量来描述，描述机械波的主要物理量有波速、波长、周期和频率等。

（1）周期 T 为波动经过的介质质点产生机械振动的周期，机械波的周期只与振源有关，与传播介质无关。波向前移动一个波长所需要的时间，如波由一个波峰（或波谷）传到相邻的另一个波峰（或波谷）的时间，叫作波的周期。

周期的常用量度单位为μs，$1s = 10^3 ms = 10^6 μs$。

（2）频率 f 为传播波动的弹性介质中，任一给定点在单位时间里所通过完整波的个数，也就是质点在单位时间内振动的次数。频率在数值上等于周期的倒数。

频率常用量度单位为 Hz，1s 内在弹性介质中任一给定点传播过一个波动，称为这个波的频率为 1Hz。频率的单位还有 kHz、MHz 等。

（3）波长 $λ$ 为两振动相位相同的质点间的最小距离。波长的常用单位为 m 或 mm。波传播时，同一波线两相邻波上任意两个同相位点之间的距离，即一个完整波的距离（或波峰与波峰、波谷与波谷之间的距离）叫作波长。

波长的常用量度单位为 mm、cm、m。

（4）波速 c 是波在单位时间内所传播的距离。常用单位为 m/s 或 km/s。波动在弹性介质中单位时间里所传播的距离称为波动在该介质中的传播速度，简称波速。

由波速、波长和频率的定义可得

$$λ = \frac{c}{f} \qquad (2-2)$$

式中　$λ$——波长，mm；

　　　c——波速，m/s；

　　　f——频率，Hz。

从式（2-2）可知，波长与波速成正比，与频率成反比。当频率一定时，波速越高，波长就越长；当波速一定时，频率越低，波长就越长。同一波型的超声波在介质中的传播速度还与介质的弹性模量和密度有关。对特定的介质，弹性模量和密度为常数，故声速也是常数。不同的介质，有不同的声速。

目前，超声检测所使用的频率范围，多在 0.5～10MHz 之间。在钢中，纵波速度为5900m/s，横波速度为3230m/s。在检测中，波长是一个重要的物理量，对于不同晶粒大小和质量要求，只有选择合适的波长才能达到检验的目的。通常通过选择适当的频率来控制波长。对于同种材料，质量要求高，应选择较高的频率，减小波长，其检验灵敏度就能相应地提高，可以发现较小的缺陷。但是不能无限度提高频率，如果频率过高则容易引起晶粒反射，就会影响检测结果的准确性，甚至无法检验，如铸造材料或奥氏体不锈钢焊接件，由于晶粒粗大和不均匀，检测频率就应适当选低些。

三、连续波、简谐波和脉冲波

连续波是指介质各质点振动持续时间为无穷时所形成的波动，其中最重要的特点是各质点都作相同频率的谐振动，这种情况下的连续波称为简谐波（也称正弦波、余弦波）。振动持续时间有限时所形成的波动，则称为脉冲波。脉冲波是检测中最为常用的波。

质点作谐振动时，位移是时间的正弦或余弦函数，其数学表达式为

$$y = A\cos(\omega t + \varphi) \tag{2-3}$$

式中　y ——在任意瞬刻 t 时振动的幅度；

　　　A ——振幅，是 y 的最大值；

$(\omega t + \varphi)$ ——相位角，其中 ω 为角频率（角速度），φ 为初始相位角（$t=0$ 时的相位角）。

可以用几何的方法来具体研究谐振动中位移与时间的关系。

如图 2-1 所示，设有点以角频率 ω 在半径为 A 的圆周上作匀速圆周运动，则在直径 $A'B'$ 上的投影点 P 就在 $A'B$ 上作来回地运动，设 $t=0$ 时（即开始观测时）点在 M_0 处，半径 OM_0 和 OB' 间的夹角是 φ，经过时间 t 后，点到 M 处，半径 OM 和 OB' 间的夹角将变为 $\omega t + \varphi$，这时投影点 P 离开圆心的位移为

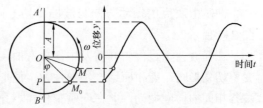

图 2-1　谐振动的位移与时间的关系

$$y = A\cos(\omega t + \varphi) \tag{2-4}$$

式（2-3）和式（2-4）是完全一样的，两项对比可知：

　　　φ ——初始相位角，它所表示的实为位移的起始值或开始观测时的值；

　　　ω ——角频率（角速度），它所表示的实为振动的快慢程度；

$(\omega t + \varphi)$ ——相位角，它表示振动的某一瞬时状态。

这样，在比较两个谐振动在某一时刻的位移时，就可以用 A_1、$A_1\cos(\omega t + \varphi_1)$ 和 A_2、$A_2\cos(\omega_2 t + \varphi_2)$ 的差来表示，如果两个谐振动的 A 和 ω 相同，则可用 $\varphi_1 - \varphi_2 = \Delta\varphi$ 来表示。

应该注意，谐振动是指点的投影点 P 在直径 $A'B'$ 上的运动而不是点本身在圆周上的运动。点的运动在这里只有辅助意义。

当振源作谐振动时，所产生的波是最简单最基本的简谐波，它的数学表达式为

$$y = A\cos(\omega t + \varphi) \tag{2-5}$$

式中　y ——波在任意一瞬间 t 的幅度；

　　　A ——波的振幅，是 y 的最大值；

$(\omega t + \varphi)$ ——相位角，其中 ω 为角频率（角速度），$\omega = 2\pi f$，f 为频率；而 φ 则为初始相位。

四、波的类型

根据波动传播时介质质点的振动方向相对于波的传播方向的不同关系，可将波动分为不同类型的波，在超声检测中主要应用的波型有纵波、横波、表面波、板波和爬波等。

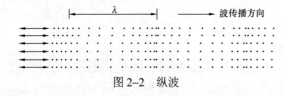

图 2-2　纵波

1. 纵波 L

介质中质点的振动方向与波的传播方向互相平行的波，称为纵波，用 L 表示，如图 2-2 所示。

对于弹性介质来说，当受到交变的拉应力

9

和压应力作用时，就相应地产生交变的拉伸和压缩形变，其内部质点由此产生机械振动，使质点的分布形成一种疏密相间的状态，在传播时会产生质点的稠密部分和稀疏部分相间，故又称压缩波或疏密波。这种疏密相间状态的延伸就构成了纵波。

凡是能发生拉伸或压缩形变的介质都能够传播纵波。固体能够产生拉伸和压缩形变，所以纵波能在固体中传播。液体和气体虽然不能发生拉伸形变，但在压力的作用下能产生相应的容积变化，因此液体和气体也能传播纵波。所以纵波可以在任何弹性介质（固体、液体、气体）中传播。因而，在工业检测中获得了广泛地应用。

2. 横波 S（T）

介质中质点的振动方向与波的传播方向互相垂直的波，称为横波，用 S 或 T 表示，如图 2-3 所示。

在横波传播过程中介质发生部分弯曲，介质质点受到交变的剪切应力作用产生相应的交变剪切变形时，能相应地产生弹性力，使形变回到平衡位置，并影响邻近质点产生具有波峰波谷相间的横向振动，并在介质中传播。介质质点的振动方向与波的传播方向相垂直，故横波又称切变波。

只有固体介质受到交变的剪切应力发生剪切形变，而液体和气体介质不能承受剪切应力，故横波只能在固体介质中传播，不能在液体和气体介质中传播。横波在超声检测中应用十分广泛，具备一些特有的优点，诸如灵敏度较高、分辨率较好等。在检测工作中常用于焊缝检测。本书中瓷套内部及内表面缺陷的检测就采用了横波。

3. 表面波 R

当介质表面受到交变应力作用时，质点的振动沿材料的表面进行传播的波型，称为表面波，如图 2-4 所示。表面波是瑞利在 1887 年首先提出来的，因此表面波又称瑞利波。

表面波在介质表面传播时，介质表面质点做椭圆运动，椭圆长轴垂直于波的传播方向，短轴平行于波的传播方向。椭圆运动可视为纵向振动与横向振动的合成，即纵波与横波的合成。因此表面波同横波一样只能在固体介质中传播，不能在液体或气体介质中传播。表面波在固体表面传播时，能量随传播深度的增加而迅速减弱。当瑞利波传播的深度在一个波长以下时，质点的振幅已经较小了。在一般检测中，认为沿材料表面深度方向的有效距离为两个波长的范围。在实际检测中，瑞利波常用来检测工件表面裂纹。

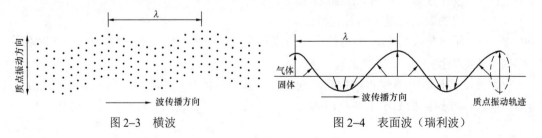

图 2-3　横波　　　　　　　　图 2-4　表面波（瑞利波）

4. 板波

在板厚与波长相当的薄板中传播的波，称为板波。

根据质点的振动方向不同可将板波分为 SH 波和兰姆波。通常所说的板波主要是指兰姆波。板波又分为对称型（S 型）和非对称型（A 型）两种。在板波传播过程中，质点的振动遍及整个板厚，沿着板的两个表面及中部传播。为了便于理解板波在薄板中的传播过程，引入与板面平行方向的质点位移为 u，与板面垂直方向的质点位移为 v，如图 2–5 所示。就对称型板波而言，其质点振动是以板的中心面对称的，板的中心面上下相应的质点振动如图 2–5（a）所示；非对称型板波的情况则不同，其质点的振动并不对称于板的中心面，板的中心面上下相应的质点振动如图 2–5（b）所示。两种质点的位移叠加后，质点在平衡位置附近做椭圆振动。在平板中心面上下的质点振动轨迹，具有相同的长轴与短轴，但绕行方向则相反。椭圆形长轴和短轴的比例，取决于材料的性质。对称型板波在薄板的两表面上质点振动的相位是相反的，板中心面上质点振动的方式类似于纵波；而非对称型板波在薄板的两表面上质点振动的相位是相同的，板中心面上质点振动的方式类似于横波。

在检测中，板波主要用于探测薄板和薄壁管内分层、裂纹等缺陷，另外还用于探测复合材料的黏结质量。

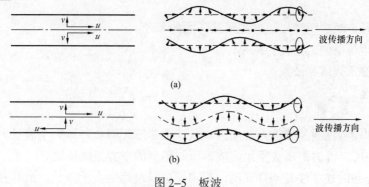

图 2–5　板波
（a）对称型（S 形）；（b）非对称型（A 形）

5. 爬波

爬波又称为表面下纵波，是一种混合形式的波，其中纵波占主要成分，所以有时候也被认为是接近表面传播的纵波，能探测近表面的缺陷，对表面的粗糙度不敏感。爬波检测的深度有限，仅对距表面深度 1～9mm 内缺陷有效，但对表面和近表面缺陷比较敏感，这也是采用爬波检测支柱绝缘子及瓷套法兰口附近裂纹的主要原因。

五、波的波形

波的形状（波形）是指波阵面的形状。

波阵面：波阵面是指同一时刻介质中振动相位相同的所有质点所联成的面。

波前：指某一时刻振动所传到的距声源最远的各点所联成的面。

波线：表示波传播方向的线。

由以上定义可知，波前是最前面的波阵面，是波阵面的特例。任意时刻，波前只有一个，而波阵面却有很多。在各向同性的介质中，波线恒垂直于波阵面或波前。

根据波阵面形状不同，可以把不同波源发出的波分为平面波、柱面波、球面波和活塞波，如图 2–6 所示。

1. 平面波

波阵面为互相平行的平面的波称为平面波。平面波的波源为一平面。尺寸远大于波长的刚性平面波源在各向同性的均匀介质中辐射的波可视为平面波。平面波波束不扩散，平面波各质点振幅是一个常数，不随距离而变化。

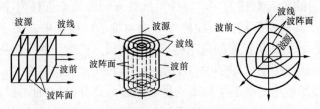

图 2-6 平面波、柱面波和球面波

设在弹性介质中没有能量损失，则平面波质点振动的振幅也不变，其波动方程的解为

$$y = A\cos(\omega t - kr) \tag{2-6}$$

$$k = \frac{\omega}{c}$$

式中　r——离开声源的距离，即声源至波阵面的半径；

　　　A——距声源单位距离处的振幅；

　　　k——相位常数或称波数；

　　　c——声速。

2. 柱面波

波阵面是同轴圆柱面的波称为柱面波。其声源是一无限长（远大于波长）的线状直柱，柱面波的声强与距声源的距离成反比，故声压与距离的平方根成反比。

实际上，理想的柱面波是不存在的，当声源的长度远远大于波长，而其径向尺寸比波长小得多的情况下，此声源发出的波就近似地认为是柱面波。柱面波的特征介于球面波和平面波之间。

柱面波的波动方程的解为

$$y = \frac{A}{\sqrt{r}}\cos(\omega t - kr) \tag{2-7}$$

$$k = \frac{\omega}{c}$$

式中　r——离开声源的距离，即声源至波阵面的半径；

　　　A——距声源单位距离处的振幅；

　　　k——相位常数或称波数；

　　　c——声速。

3. 球面波

波阵面是同心球面的波，这种波称为球面波。球面波的波源为一点，球面波的波束向四面八方扩散。球面波的声强与距声源距离的平方成反比，故声压与距离成反比。

如果介质是各向同性的，即沿各个方向都具有相同的物理特性，当一个点声源发生振动，则振动将从中心向各个方向同样的传播。在任意时刻，球心就是振动中心。其特点是以相同速度向四周传播，传播的时间越长，波动越远，球面也越大。那么球面上的每个单位面积能量也随着变化而减少。

球面波的波动方程的解为

$$y = \frac{A}{r}\cos(\omega t - kr) \tag{2-8}$$

式中　r——离开声源的距离，即声源至波阵面的半径；

　　　A——距声源单位距离处的振幅；

　　　k——相位常数或称波数，$k = \dfrac{\omega}{c}$；

　　　c——声速。

此外，球面波至声源距离相当远处的波阵面已接近于平面，可以近似地看成是平面波。

4. 活塞波

在超声检测的实际应用中，圆盘形声源尺寸既不能看成很大，也不能看成很小，它所发出的超声波介于球面波与平面波之间，称为活塞波。活塞波在接近声源的区域，由于干涉现象很显著，情况比较复杂，远离声源的区域，干涉现象已不明显，波阵面接近球面波。超声波检测使用的探头所激发的波形就属于这一种。当距离波源的距离足够大时，活塞波类似于球面波。

六、超声场的特征值

介质中有超声波存在的区域称为超声场，超声场具有一定的空间和大小。可用声压、声强、声阻抗这些超声场的特征值来描述超声场。

（一）声压 p

垂直作用于单位面积上的压力称为压强。任何介质静止不受外力作用时，本身介质所具有的压强叫静压强。当介质中有超声波传播时，由于介质质点振动，以致平衡区的压强时弱时强，这个变化了的压强与静止时的压强差就叫超声波的声压。因此，声压与静止的压力不同，静止的压力是不变的，而声压是以波动的频率而变化着的压力波（在固体中也称为应力波）。声压值一般以周期性变化的声压强振幅 p 表示，它代表交变声压强的最大值。波动形式不同，也就有不同的压力波形式。因此，超声波在介质中传播时，介质每一点的声压随时间、距离的变化而变化。表示声压的量值，可以用平均值、瞬时值，有效值、最大值或峰对峰值等。一般情况下，是指声压的有效值。

对于在密度为 ρ，声速为 c 的介质中传播的平面波，声压 p 为

$$p = \rho c v = \rho c v_0 \sin \omega t \tag{2-9}$$

式中　v——质点的振动速度；

　　　v_0——速度振幅值。

由式（2-9）可知，声压 p 的绝对值与波速 c 和角频率 ω 成正比，而 $\omega = 2\pi f$，所以，声压也与频率 f 成正比。

声压常用单位为 Pa、μPa，其定义为：$1\text{N/mm}^2 = 1\text{Pa} = 1 \times 10^6 \mu\text{Pa}$。

在超声波检测中，声压是一个很重要的物理量。超声检测仪器显示的信号幅值的本质就是声压 p，因为在一般检测中所能观察到的及作为主要判别依据的探伤仪荧光屏上回波高度的变化，正比于由缺陷或异质界面反射回来的声压。此外，换能器的声电、电声转换也都与声压有密切的关系。

（二）声强 I

单位时间内通过垂直于声波传播方向上单位面积的声波能量称为声强，用 I 表示。声强的单位为：$1\text{W/cm}^2 = 1\times10^3\text{mW/cm}^2 = 1\times10^6\mu\text{W/cm}^2$。

当声波传播到介质中某处时，该处原来静止的质点就开始振动，因而具有动能。同时该处的介质要发生变形，因而又具有势能。声波传播时，介质由近及远地一层接一层地振动传递，从而能量也逐层传播出去。超声波在介质中传播时，单位时间内传递的能量越多，声强越大。在密度为 ρ，声速为 c 的介质中，对于平面连续正弦波，其声强 I 为

$$I = \frac{1}{2}\frac{p^2}{\rho c} \tag{2-10}$$

或

$$I = \frac{1}{2}\rho c v_0^2 = \frac{1}{2}\rho c \omega^2 A^2 \tag{2-11}$$

对于平面波超声的总功率 W 为声强和面积的乘积，即

$$W = IS \tag{2-12}$$

式中　S——超声通过某截面的总面积。

声强与质点位移振幅和质点振动的角频率的平方成正比，也与质点振动速度和振幅的平方成正比，与声压的平方成正比。

由于超声波的声强与频率的平方成正比，而超声波的频率远大于引起听觉的声波，因此，超声波的强度远大于声波。这就是超声波能够用于检测的重要原因。

（三）声阻抗

超声场中任一点的声压与该处质点振动速度之比称为声阻抗，用 Z 表示，声阻抗的单位是 $\text{g/}(\text{cm}^2\cdot\text{s})$ 或 $\text{kg/}(\text{m}^2\cdot\text{s})$。

由 $p=\rho c v$ 可知，在同一声压 p 的情况下，ρc 越大，质点振动速度 v 越小；反之，ρc 越小，质点振动速度 v 越大。所以将 ρc 称为介质的特性声阻抗，以 Z 表示。即 $Z=\rho c$，ρ 是介质的密度，c 是特定波型的波在特定介质中的传播速度，称声速。

超声波由一介质传入另一介质以及从介质界面反射，主要取决于这两种介质声阻抗之比。在所有传声介质中气体密度最低，通常认为气体密度约为液体密度的 1/1000、固体密度的 1/10 000。实验证明气体、液体与金属之间特性阻抗之比接近于 1:3000:80 000。

超声波在固体介质中传播时，温度的变化对介质密度及对某些介质的声速都有影响，所以温度变化对声阻抗的影响也是很明显的。

（四）声压和声强的分贝表示

分贝用于表示两个相差很大的量之比，显得很方便。一般用贝耳表示两个声强之比的常用对数值，贝耳数 $=\lg I_1/I_2$。

由于贝耳单位太大，取其 1/10 称为分贝，用 dB 表示。

$$分贝数 = 10\lg I_1/I_2 \qquad \text{dB}$$

由于声强是声压的平方关系，所以分贝数 $=20\lg p_1/p_2$（dB）。表 2-1 列举了人类耳朵对不同分贝值声音的反应。

表 2-1　　　　　　　　　　　　　　人对不同分贝值声音的反应

1dB	人类耳朵刚好听到的声音
20dB 以下	认为是安静的，15dB 以下认为是"死寂"的
20~40dB	大约是情侣耳边的喃喃细语
40~60dB	正常的交谈声音
60dB 以上	属于吵闹的范围
70dB 以上	很吵的，开始损伤听力神经
90dB 以上	会使听力受损
100~120dB	如无意外，1min 内人类就会暂时性失聪

第三节　超声波的传播

一、超声波的传播速度

声波在介质中传播的速度，称为声速，以符号 c 表示。

超声波有纵波、横波、表面波等不同波型。对于不同的波型，其传播速度是不同的。声速还决定于介质特性（如密度、弹性模量等）。所以，声速又是一个表征介质声学特性的参数。

声速，按不同情况又可以分为相速度和群速度。相速度是声波传播到介质的某一选定相位点时在传播方向上的声速。群速度是指传播声波的包络上具有某种特性，如幅值最大的点上沿传播方向上的声速。群速度是波群的能量传播速度。超声导波的声速一般是指群速度。在非频散介质中，群速度等于相速度。

波的传播速度除受介质密度影响之外，还与介质的弹性密切相关，描述介质弹性的物理量为弹性模量。一般波速与振源的振动速度、频率及振幅无关。对于弹性波，经过波动方程的推导，波速与介质弹性模量及密度之间的关系式为

$$c = \sqrt{E / \rho} \tag{2-13}$$

式中　c——波速；

　　　E——介质的杨氏弹性模量；

　　　ρ——介质的密度。

波速的常用量度单位为 m/s 或 km/s。

下面分别介绍各种介质中不同波型的声波的声速。

1. 液体中的声速

如前所述，液体介质只能传播纵波。液体中的纵波声速为

$$c_L = \sqrt{K / \rho} \tag{2-14}$$

式中　c_L——纵波声速；

　　　K——介质的体积弹性模量；

　　　ρ——介质的密度。

2. 无限固体介质中的纵波声速 c_L

$$c_L = \sqrt{\frac{E(1-\sigma)}{\rho(1+\sigma)(1-2\sigma)}} \qquad (2\text{--}15)$$

式中　E——介质的杨氏弹性模量；

　　　σ——介质的泊松比。

3. 无限固体介质中的横波声速 c_T

$$c_T = \sqrt{\frac{G}{\rho}} = \sqrt{\frac{F}{2\rho(1+\sigma)}} \qquad (2\text{--}16)$$

式中　G——介质的剪切弹性模量。

4. 半无限固体介质中的表面波声速 c_R

当泊松比 σ 在 $0 < \sigma < 0.5$ 的范围内，其近似式为

$$c_R \approx \frac{0.87 + 1.13\sigma}{1+\sigma} \sqrt{\frac{G}{\rho}} = \frac{0.87 + 1.13\sigma}{1+\sigma} c_T \qquad (2\text{--}17)$$

5. 细棒中的纵波声速 c_{Ld}

当棒的直径与波长相当时，这种棒称为细棒。声波在细棒中以膨胀的形式传播，可称为棒波。当棒的直径 $d \leqslant 0.1\lambda$（λ 为波长）时，棒波速度与泊松比无关，可表示为

$$c_{Ld} = \sqrt{E/\rho} \qquad (2\text{--}18)$$

6. 板波声速 c_p

板波声速具有频散特性，其相速度 c_p 可用双曲函数的形式表示

对称型　　　　$$c_p = \frac{\tan \pi f d(R_S/c_p)}{\tan \pi f d(R_L/c_p)} = \frac{(1+R_S^2)^2}{4R_L R_S} \qquad (2\text{--}19)$$

非对称型　　　$$c_p = \frac{\tan \pi f d(R_S/c_p)}{\tan \pi f d(R_L/c_p)} = \frac{4R_L R_S}{(1+R_S^2)^2} \qquad (2\text{--}20)$$

式中　d——板厚，mm；

　　　f——频率，Hz。

$$R_S = [2-c_p/c_T]^{1/2}; \quad R_L = [2-c_p/c_L]^{1/2}$$

由式（2--20）可知，板波相速度是频率和板厚乘积的函数，即板波相速度 c_p 与 d/λ_p 有关。因此对于板波来说，由于频率的变化波速也会发生变化。

只有在板厚 d 与板波波长 λ_p 相当时，才会出现板波。

通过对超声波在固体介质中传播速度的讨论，可以看出如下几个问题。

（1）介质的弹性性能越强（即 E、G 越大），密度 ρ 越小，则声波在介质中的传播速度就越高。

（2）比较式（2--13）和式（2--14），可得

$$\frac{c_L}{c_T} = \sqrt{\frac{2(1-\sigma)}{1-2\sigma}} \qquad (2\text{--}21)$$

对于一般的固体介质，$\sigma \approx 0.33$，所以，$c_L/c_T \approx 2$。若介质为钢，则 $\sigma \approx 0.28$，故 $c_L/c_T \approx 1.8$。

由式（2-17）可知，若介质为钢，则 $c_R \approx 0.92c_T$。

因此，在固体介质中，$c_L > c_T > c_R$。这一性质在检测工作中具有实际意义。

二、波的叠加、干涉和衍射

1. 波的叠加

当几列波同时在一个介质中传播时，如果在某些点相遇，则相遇处质点的振动是各列波所引起的振动的合成。在任一时刻各质点的位移是各个波在该点所引起的位移的矢量和，这就是声波的叠加原理。相遇后每一列声波仍保持它们各自原有的特性（频率、波长、幅度、传播方向等）按照自己的传播方向继续前进，好像在各自的传播过程中没有遇到其他波一样。因此波的传播是独立进行的。

波的独立传播可以从许多事例中观察出来。例如，将两块石头投入静水中，可以看到两个以石块下落点为中心的圆形波在相遇后仍各自独立向前传播的情形。又如，乐队合奏或几个人的谈话，人们可以分辨出各种乐器和每个人的声音，这些都可以说明波传播的独立性。

2. 干涉

两列频率相同，波型相同，相位相同或相位差恒定的波相遇时，介质中某些位置上的振动始终加强，而在另一些地方的振动始终互相减弱或完全抵消，这种现象称为干涉现象。我们把这样能够产生干涉现象的波称为相干波，它们的波源称为相干波源。波的叠加原理是波干涉的基础，波的干涉是波动的重要特征。在超声检测技术中，由于干涉现象的存在，使超声场呈现出十分复杂的声压分布。

设有位于 S_1 和 S_2 点的两个相干波源的振动，它们的波动方程分别为

$$y_1 = A_1 \cos(\omega t + \varphi_1) \tag{2-22}$$

$$y_2 = A_2 \cos(\omega t + \varphi_2) \tag{2-23}$$

从这两个波源发出的波在介质中任一点 P 相遇时，P 点的振动可以根据叠加原理计算。设 P 点离开 S_1 和 S_2 的距离分别为 r_1 和 r_2，则 P 点的振动为

$$y_1 = A_1 \cos\left(\omega t + \varphi_1 - \frac{2\pi r_1}{\lambda}\right) + A_2 \cos\left(\omega t + \varphi_2 - \frac{2\pi r_2}{\lambda}\right)$$

由振动的合成，得

$$y = A\cos(\omega t + \varphi) \tag{2-24}$$

$$A = \sqrt{A_1^2 + A_2^2 + 2A_1 A_2 \cos\left(\varphi_2 - \varphi_1 - 2\pi \frac{r_2 - r_1}{\lambda}\right)}$$

$$\varphi = \arctan\left[\frac{A_1 \sin\left(\varphi_1 - \frac{2\pi r_1}{\lambda}\right) + A_2 \sin\left(\varphi_2 - \frac{2\pi r_2}{\lambda}\right)}{A_1 \cos\left(\varphi_1 - \frac{2\pi r_1}{\lambda}\right) + A_2 \cos\left(\varphi_2 - \frac{2\pi r_2}{\lambda}\right)}\right]$$

由于两个相干波在介质中任一点所引起的两个振动的相位差，即

$$\Delta\varphi = \varphi_2 - \varphi_1 - 2\pi \frac{r_2 - r_1}{\lambda}$$

是一固定值，所以每一点的合成振动值也是固定值，而且合成振幅最大值和最小值的各点应分别满足下述条件：

（1）当 $\Delta\varphi = \varphi_2 - \varphi_1 - 2\pi \dfrac{r_2 - r_1}{\lambda} = \pm 2n\pi$，$n = 0$，1，2，…时，$A = A_1 + A_2$，合成振幅最大；

（2）当 $\Delta\varphi = \varphi_2 - \varphi_1 - 2\pi \dfrac{r_2 - r_1}{\lambda} = \pm 2n\left(n + \dfrac{1}{2}\right)$，$n = 0$，1，2，…时，$A = |A_1 + A_2|$，合成振幅最小。

如果 $\varphi_1 = \varphi_2$，则上述条件可简化为

（1）$\delta = r_2 - r_1 = \pm n\lambda$，$n = 0$，1，2，…时，合成振幅最大；

（2）$\delta = r_2 - r_1 = \pm\left(n + \dfrac{1}{2}\right)\lambda$，$n = 0$，1，2，…时，合成振幅最小。

$\delta = r_2 - r_1$ 表示两个相干波同时从波源 S_1 和 S_2 出发到达 P 点时所经路程之差，称为波程差。故两个初相位相同的相干波在介质中叠加时，在波程差等于 0 或等于波长整数倍的各点合成振幅最大，在波程差等于半波长的奇数倍的各点，合成振幅最小。

3. 驻波

两个振幅相同的相干波在同一直线上沿相反方向彼此相向传播时互相叠加而成的波，称为驻波。它是波的干涉现象的特例。

图 2-7 表示了驻波的波形。设有两个振幅相同的相干波，一个向右传播，另一个向左传播。设 $t = 0$ 时，两波重叠。经边 1/4 周期（即 $t = T/4$）时，两波分别在其本身的传播方向上，

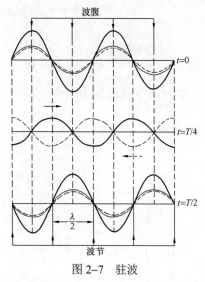

图 2-7　驻波

向左和向右移动了 1/4 波长的距离，这时各点位移为零。再经过 1/4 周期（$t = T/2$）时，两波又互相重叠，不过位移的方向和在 $t = 0$ 时的相反；依此类推，可知由上述两波叠加而成的波，使波线上某些点始终静止不动，另一些点的振幅则有最大值，其值为单个波振幅的两倍。其他各点的振幅则在 0 与最大值之间，结果使波线作分段振动，所以叫做驻波。振幅有最大值的各点称为波腹，始终静止不动的点称为波节。驻波就是由波腹和波节相间组成的波，其振幅随时间按余弦变化。由图 2-7 可以看出，两个相邻波节或波腹之间的距离是半波长。

一般说来，在界面处是形成波腹还是形成波节，与两种介质的声阻抗有关。如果在波密介质（声阻抗较大的介质）中进行的波，遇到波疏介质（声阻抗较小的介质），因为在界面处入射波与反射波同相位，故形成位移波腹。反之，如果在波疏介质中进行的波，遇到波密介质，因为在界面处入射波与反射波相位相反，故形成波节。

假设向左进行的波和向右进行的波达到原点时的相位相同，则它们的波动方程分别为

$$y_1 = A\cos 2\pi\left(\dfrac{t}{T} - \dfrac{x}{\lambda}\right)$$

$$y_2 = A\cos 2\pi\left(\dfrac{t}{T} + \dfrac{x}{\lambda}\right)$$

两波合成，得

$$y = 2A\cos\frac{2\pi}{T}t\cos\frac{2\pi}{\lambda}x \qquad (2\text{-}25)$$

式（2-25）表明，任何时刻波的形状为余弦曲线，方括号内表示的是它在 t 时刻的振幅。可以看出，此振幅随时间按余弦变化。

当 $2\pi t / T = (2\pi+1)\pi / 2$ ，$n = 0$，1，2，…时

$$\cos\frac{2\pi}{T}t = 0$$

合成振幅等于零，因此波成直线形。

当 $2\pi t / T = n\pi$ ，$n = 0$，1，2，…时

$$\cos\frac{2\pi}{T}t = \pm 1$$

合成振幅等于 $\pm 2A$，即沿 x 形成振幅为 $2A$ 的余弦曲线。

式（2-25）也可写成

$$y = 2A\cos\frac{2\pi}{\lambda}x\cos\frac{2\pi}{T}t \qquad (2\text{-}26)$$

式（2-26）说明波线上各点都在作同周期 T 的谐振动。方括号内表示的是波线上各点的最大合成振幅。当 $2\pi x / \lambda = (2n+1)\pi / 2$，即 $x = (2n+1)\lambda / 4$ 时，$\cos(2\pi x / \lambda) = 0$，振幅等于 0，这些点始终静止不动，是波节。当 $2\pi x / \lambda = n x$ 时，振幅等于最大值 $2A$，是波腹。从式（2-26）也可看出，相邻波节或相邻波腹间的距离都是波长的一半。

4. 惠更斯—菲涅耳原理和波的衍射（绕射）

（1）惠更斯—菲涅耳原理。如图 2-8 所示，当一个任意形状的波，在传播过程中遇到一个障碍 AB。当 AB 上有一个宽度为 a 的狭缝，且当 a 的大小与波长相当时，可以看到穿过狭缝的波是以狭缝为中心的圆形波，与原来的波阵面无关。这说明狭缝可以看作新的波源。波前上的所有点，都可以看作产生球面子波的点源。经过一段时间后，该波前的新位置将是与这些子波波前相切的包迹面。这一原理称为惠更斯—菲涅耳原理。

如图 2-9 所示一个作活塞式振动的压电晶片，振动面上各点以速度 c 向外辐射超声波，设在 t 时刻的波前为 S_1，在 $t+\Delta t$ 时刻的波前为 S_2。具体画法如下，先以 S_1 面上各点为中心，以 $c\Delta t$ 为半径，画出许多球形子波，再作相切于各子波的波前的包迹面，就得新的波前 S_2。

惠更斯—菲涅耳原理在超声检测中获得了广泛的应用。不仅适用于机械波，而且也适用于电磁波。

（2）波的衍射。当波在弹性介质中传播时，如果遇到障碍

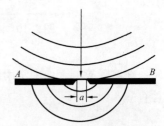

图 2-8　惠更斯—菲涅耳原理

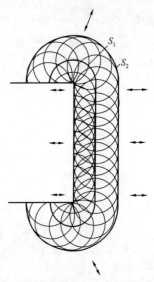

图 2-9　按惠更斯—菲涅耳原理
用于声学的原理图

物或其他不连续的情况，而使波阵面发生畸变的现象，称为波的衍射。如图2-10所示，超声波在介质中传播时，若遇到缺陷 AB，据惠更斯—菲涅耳原理，缺陷边缘 A、B 可以看作是发射子波的波源，使波的传播方向改变，从而使缺陷背后的声影缩小，反射波降低。波的绕射和障碍物尺寸 D_f 及波长 λ 的相对大小有关。当 $D_f \ll \lambda$ 时，波的绕射强，反射弱，缺陷回波很低，容易漏检。超声检测灵敏度约为 $\lambda/2$，这是一个重要原因。当 $D_f \gg \lambda$ 时，反射强，绕射弱，声波几乎全反射。

三、超声波垂直入射到界面时的反射和透射

超声波从一种介质传播到另一种介质时，如图2-11所示，则入射波能量（声强为 I_0）的一部分能量被界面反射回来，称为反射波（声强为 I_r）；入射声波与反射声波完全重叠，而传播方向相反，另一部分能量透过介面进入第二种介质，声束的方向和波型均保持不变，称为透射波（声强为 I_t）。根据能量守恒规律

$$I_0 = I_t + I_r \tag{2-27}$$

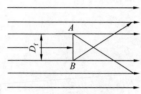
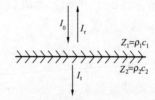

图 2-10　波的衍射　　　图 2-11　对大平界面垂直入射时的反射和透射

I_0—入射声能；I_r—反射声能；I_t—透射声能

在实际检测工作中常用反射波声压（p_r）与入射波声压（p_0）的比值表示声压反射系数 r，且有

$$r = \frac{p_r}{p_0} = \frac{Z_2 - Z_1}{Z_1 + Z_2} \tag{2-28}$$

式中　Z_1——第一种介质的声阻抗；

　　　Z_2——第二种介质的声阻抗。

用透射波声压（p_t）与入射波声压（p_0）的比值来表示声压透射系数 t，且有

$$t = \frac{p_t}{p_0} = \frac{2Z_2}{Z_1 + Z_2} \tag{2-29}$$

式中　Z_1——第一种介质的声阻抗；

　　　Z_2——第二种介质的声阻抗。

用透射波声压（p_t）与入射波声压（p_0）的比值来表示声压透射系数 t，且有

$$t = \frac{p_t}{p_0} = \frac{2Z_2}{Z_1 + Z_2}$$

由于声强与声压的关系可表示为 $I = p^2 / 2Z$，相应地可得

声强反射系数　　　　$$R = \frac{I_r}{I_0} = r^2 = \left(\frac{Z_2 - Z_1}{Z_2 + Z_1}\right)^2 \tag{2-30}$$

声强透射系数
$$T = \frac{I_t}{I_0} = \left(\frac{p_t^2}{2Z_2} \right) \bigg/ \frac{p_0^2}{2Z_1} = \frac{4Z_1Z_2}{(Z_1+Z_2)^2} \qquad (2-31)$$

（1）若 $Z_1 \approx Z_2$，可以看出 $r \approx 0$ 而 $t \approx 1$，这时声波几乎没有反射而全部从第 I 介质透射入第 II 介质。如普通碳钢焊缝的母材与填充金属之间的声阻抗相差很小，一般为 1% 左右。超声波垂直入射到母材与填充金属之间的界面时，几乎全透射。因此在焊缝检测中，若母材与填充金属之间结合面没有任何缺陷，是不会产生界面回波的。

（2）若 $Z_1 \gg Z_2$，反射声压 p_r 与入射声压 p_i 符号相反，表示在相位上有 $180°$ 的改变，即假如在一给定时刻界面上入射波刚好达到声压正的极大值时，反射波在同一时刻却达到负的极大值，则使合成声压振幅减小如图 2-12 所示。若在真空中（$Z_2=0$），界面上反射波合成声压为 0，并在第一介质中形成驻波。$Z_2 < Z_1$ 时透射声压也较小，当 $Z_2 = 0$ 时，$p_t = 0$ 即为全反射，则声波在界面上几乎全反射而透射极少。气体介质与液体

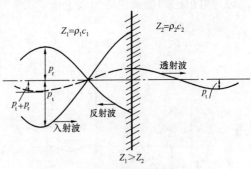

图 2-12　平面波垂直入射（$Z_1 > Z_2$）

介质和固体介质比较，声阻抗很小，声波从液体介质和固体介质向液体/气体、固体/气体界面入射时，可以视为全反射。

常用界面的纵波声压反射率列于表 2-2。

表 2-2　　　　　　　　　　常用物质界面的纵波声压反射率 r_B　　　　　　　　　　（%）

种类	声阻抗 $Z[\times 10^6 g/(cm^2 \cdot s)]$	空气（24℃）	酒精	变压器油	水（20℃）	甘油	聚苯乙烯	环氧树脂	有机玻璃	铝	铜	钢
钢	4.53	100	95	94	94	90	88	87	86	45	4	0
铜	4.18	100	95	94	93	89	87	85	85	42	0	
铝	1.69	100	88	86	84	75	72	69	63	0		
有机玻璃	0.33	100	50	44	37	16	8	2	0			
环氧树脂	0.32	100	49	42	36	14	7	0				
聚苯乙烯	0.25	100	44	37	30	8	0					
甘油	0.24	100	37	30	23	0						
水（20℃）	0.15	100	15	7	0							
变压器油	0.13	100	8	0								
酒精	0.11	100	0									
空气（24℃）	0.000 04	0										

$$r = \frac{Z_2 - Z_1}{Z_2 + Z_1} \times 100\%$$

现以超声纵波从钢射向水时的情况为例。此时 $Z_1(钢) = 4.5 \times 10^6 g/(cm^2 \cdot s)$，$Z_2(水) = 0.15 \times 10^6 g/(cm^2 \cdot s)$ 于是

$$r = \frac{0.15 - 4.5}{0.15 + 4.5} = -0.935$$

$$t = \frac{2 \times 0.15}{0.15 + 4.5} = 0.065$$

用百分比表示，反射波声压占入射波声压的−93.5%，透射波声压则仅占入射波声压的6.5%。负号表示反射波相位与入射波相位相反，如图 2-13 所示。

（3）若 $Z_2 \gg Z_1$，反射声压 p_r 与入射声压 p_i 符号相同，即同相位。在界面上反射波合成声压振幅将会增大为 $p_r + p_i$，如图 2-14 所示。若 $Z_2 = \infty$ 时，合成声压振幅为入射声压的 2 倍。此时透射声压的振幅也达到最大值。

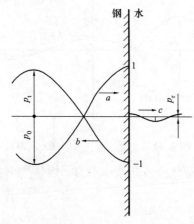

图 2-13　在钢—水界面上声的反射和透射
a—入射波；b—反射波；c—透射波

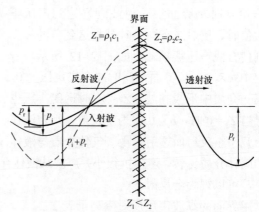

图 2-14　平面波垂直入射（$Z_1 < Z_2$）

这可用超声波从水射向钢时的情况为例，于是

$$r = \frac{4.5 - 0.15}{4.5 + 0.15} = 0.935$$

$$t = \frac{2 \times 4.5}{0.15 + 4.5} = 1.935$$

反射波相位与入射波相位相同，声压透射率 $t = 193.5\%$，从表面上看超过了 100%，似乎与能量守恒定律矛盾。其实不然，若按声能计算 $I_i = I_r + I_t$ 就不存在这个矛盾，这是因为声强和声压之间的关系是 $I = \dfrac{1}{2} \dfrac{p^2}{Z}$，声强不仅与声压有关，而且与介质的声阻抗有关。由于钢的声阻抗远大于水的声阻抗，所以尽管透射波有较高的声压，但透射波的声强仍然比入射波的声强小得多。

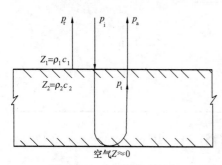

图 2-15　声压往复透射率

在超声单探头检测中，探头常用于兼作发射和接收，若考虑透射至工件中的声压被完全反射，并再次透射为探头所接收。探头接收的声压与入射声压之比，称为往复透过率 T。如图 2-15 所示，入射声压 p_i，透射声压 p_r 完全反射后再次透射的声压为 p_a，则往复透过率 T 为

$$T = \frac{p_a}{p_i} = \frac{p_t}{p_i} \cdot \frac{p_a}{p_t} \tag{2-32}$$

$$\frac{p_t}{p_i} = \frac{2Z_2}{Z_1 + Z_2}$$

$$\frac{p_a}{p_t} = \frac{2Z_1}{Z_2 + Z_1}$$

则

$$T = \frac{4Z_1 Z_2}{(Z_1 + Z_2)^2} \tag{2-33}$$

从数值上看声压往复透射率和声能透射率相等。声压往复透射率与界面两侧介质的声阻抗有关，与从何种介质入射到界面无关。界面两侧介质的声阻抗相差越小，声压往复透射率就越高，反之就越低。声压往复透射率的高低直接影响检测灵敏度的高低，声压往复透射率高，则检测灵敏度高。反之，则检测灵敏度低。

例如，用 PZT-5 晶片 $[Z_1 = 3.37 \times 10^6 \mathrm{g/(cm^2 \cdot s)}]$ 对钢制工件 $[Z_2 = 4.53 \times 10^6 \mathrm{g/(cm^2 \cdot s)}]$ 检测时，假设耦合剂中声压完全透射，钢制工件中声压在底面完全反射，声压往复透射率 T 为

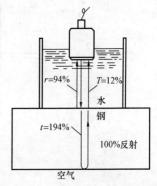

$$T = \frac{4 \times 3.37 \times 4.53}{(3.37 + 4.53)^2} = 0.978 = 97.8\%$$

在水浸法钢制工件检测中，水对钢的往复透射率 T（如图 2-16 所示）为

图 2-16　水浸法检测声压反射率和声压往复透射率

$$T = \frac{4 \times 0.143 \times 4.53}{(0.143 + 4.53)^2} = 0.119 = 11.9\%$$

常用介质间声波垂直入射时的声压往复透射率列于表 2-3。

表 2-3　　　　　　　　常用物质界面纵波声压往复透射率 T　　　　　　（%）

种类	变压器油	水（20℃）	甘油	有机玻璃
钢	11	12.5	19	26
铜	12	13	22	29
铝	26	28	43	55
有机玻璃	80	84	98	100

四、薄层界面的反射和透射

在超声波检测时，经常遇到探头和工件之间的耦合层、工件内部的缺陷薄层等问题。这都涉及超声波在薄层界面的反射和透射问题。因此，对于超声波在薄层界面中的反射和透射的研究是十分重要的。

23

1. 均匀介质中的异质薄层

如图2-17（a）所示，在声阻抗为Z_1的均匀介质中传播的平面波遇到声阻抗为Z_2的大面积层面时，将分离为反射波和透射波。进入层面Ⅱ的透射波在层面的两侧界面上也引起来回地多次反射和透射，分别产生一系列的反射波和透射波。在层面厚，脉冲窄的情况下，其透过层面的各次声压如图 2-17（b）所示。当层面薄、脉冲宽时，其透过的各次声压由于相位的不同就会产生干涉现象，干涉的结果使透过层面的声压有可能削弱［如图2-17（c）所示］或增强［如图 2-17（d）所示］。当脉冲十分宽时就有可能作为连续波来进行计算，将一系列波叠加起来，在叠加过程中要考虑相位的关系。这一系列波叠加结果的计算是十分复杂的。

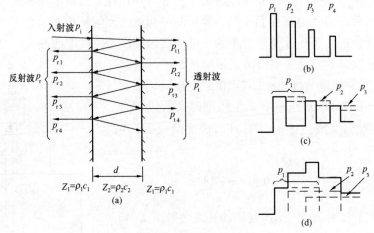

图2-17 异质薄层面的反射和透射

（a）异质薄层面的反射和透射示意图；（b）层面宽、脉冲窄的情况；（c）干涉削弱的情况；（d）干涉增强的情况

根据瑞利的公式，其声压反射率的绝对值为

$$r = \frac{\dfrac{Z_2}{Z_1} - \dfrac{Z_1}{Z_2}}{\sqrt{4\cot^2\dfrac{2\pi d}{\lambda_2} + \left(\dfrac{Z_2}{Z_1} + \dfrac{Z_1}{Z_2}\right)^2}} \qquad (2\text{-}34)$$

式中　Z_1——介质的声阻抗；

Z_2——层面的声阻抗；

λ_2——超声波在层面中的波长；

d——层面的厚度。

用$m = Z_1/Z_2$来表示，则

$$r = \frac{1 - m^2}{\sqrt{4m^2\cot^2\dfrac{2\pi d}{\lambda_2} + (m^2 + 1)^2}} \qquad (2\text{-}35)$$

其声强反射率为

$$R = \frac{\frac{1}{4}\left(m - \frac{1}{m}\right)^2 \sin^2 \frac{2\pi d}{\lambda_2}}{1 + \frac{1}{4}\left(m - \frac{1}{m}\right)^2 \sin^2 \frac{2\pi d}{\lambda_2}} \tag{2-36}$$

其声强透射率（声压往复透射率）为

$$T = \frac{1}{1 + \frac{1}{4}\left(m - \frac{1}{m}\right)^2 \sin^2 \frac{2\pi d}{\lambda_2}} \tag{2-37}$$

由式（2-36）和式（2-37）可以看出，层面的声强反射率和声强透射率是周期性的正弦函数，所以 R、T 的数值随着层面厚度的增加在一定范围内有规律地变动。

从式（2-35）可知，当层面厚度 d 正好等于 $\frac{1}{2}\lambda_2$，$\frac{2}{2}\lambda_2$，$\frac{3}{2}\lambda_2$，…时，cot 项为 ∞，其声压反射率 r 具有极小值，声压透射率 t 具有极大值，此时好像层面不存在一样。而当层面厚度 d 正好等于 $\frac{1}{4}\lambda_2$，$\frac{3}{4}\lambda_2$，$\frac{5}{4}\lambda_2$，…时，声压反射率 r 具有极大值，声压透射率具有极小值。

当能满足 $Z_2 \ll Z_1$ 且 $\cot \frac{2\pi d}{\lambda_2} \gg \frac{Z_1}{Z_2}$ 的条件时，声压反射率可按式（2-38）近似计算。即

$$r \approx \frac{\pi d}{\lambda_2} \cdot \frac{Z_1}{Z_2} \tag{2-38}$$

图 2-18 和图 2-19 分别表示在钢和铝中存在一个充满空气或水的缝隙时的声压反射率和透射率。横坐标为气隙、水隙的厚度与频率的乘积（$d \cdot f$），并取对数标尺。因为检测时频率一般是已知的，因而用频率代替波长更方便，对频率给定时，横坐标就可以直接和层面的厚度相对应。

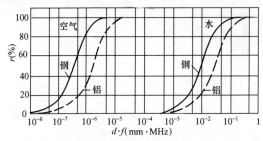
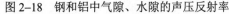
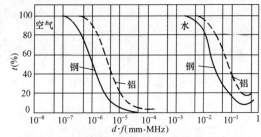

图 2-18 钢和铝中气隙、水隙的声压反射率　　图 2-19 钢和铝中气隙、水隙的声压透射率

从图 2-18 可以看出，频率为 1MHz 时，在钢中即便是像两块紧贴在一起的精密块规之间的 $1\times10^{-4} \sim 1\times10^{-5}$mm 的气隙也几乎能 100% 的反射，用超声波检测裂纹灵敏度较高的原因即在于此。虽然在缝隙的表面上总有一些附着物会降低反射率，但为增加了透射率。尽管如此，但是理论上在钢中一个 1μm（10^{-3}mm）的裂纹充满了油时（油与水的声阻抗相近），若超声波的频率为 1MHz，可获得 6% 的声压反射，这对于超声波检测来说，是很容易探测出来的。在声阻抗低的介质中，一个给定气隙的声压反射率也比较低，铝的声阻抗 [1.71×10^6g/（cm^2·s）]

较钢的声阻抗 [4.53×10^6 g/（$cm^2 \cdot s$）] 为低。从图 2-19 中可以看出，对于一个微小的气隙，在铝中的声压反射率仅为钢中的 1/3。同时还可以看出，要提高声压反射率的手段之一就是要增加频率，所以，一般说频率越高，越容易发现微细裂纹。

2. 薄层两侧介质不同的双界面

倘若层面两侧的介质不同，如用直探头检测，钢工件就属于这种情况。晶片、油膜、钢的声阻抗分别为 Z_1、Z_2、Z_3。这时，人们更为关心的是油膜层面的声压往复透射率 T（其数值等于声能透射率）。当然声压反射率也可以利用公式 $r = \sqrt{1-T}$ 求得。层面两侧介质不同时，垂直通过的平面波声压往复透射率可按式（2-39）计算，即

$$T = \frac{4Z_3 Z_1}{(Z_3+Z_1)^2 \cos^2 \frac{2\pi d}{\lambda_2} + \left(Z_2 + \frac{Z_1 Z_3}{Z_2}\right)^2 \sin^2 \frac{2\pi d}{\lambda_2}} \tag{2-39}$$

式中　λ_2——超声波在层面中的波长；

　　　d——层面的厚度。

当 $d \ll \dfrac{\lambda_2}{4}$ 时，$\dfrac{2\pi d}{\lambda_2} \ll \dfrac{\pi}{2}$ 时，式（2-39）可近似简化为

$$T \approx \frac{4Z_1 Z_3}{(Z_1+Z_3)^2} \tag{2-40}$$

当 $d = n\dfrac{\lambda_2}{2}$（$n$ 为正整数）时，$\dfrac{2\pi d}{\lambda_2} = n\pi$，式（2-39）也可近似简化为

$$T \approx \frac{4Z_1 Z_3}{(Z_1+Z_3)^2} \tag{2-41}$$

当 $d = (2n+1)\dfrac{\lambda_2}{4}$ 时，$\dfrac{2\pi d}{\lambda_2} = (2n+1)\dfrac{\pi}{2}$，式（2-39）可近似简化为

$$T \approx \frac{4Z_1 Z_3}{\left(Z_2 + \dfrac{Z_1 Z_3}{Z_2}\right)^2} \tag{2-42}$$

通过对上面几个公式的分析，我们可以得出几点结论：

（1）当层面的厚度 $d \ll \dfrac{\lambda_2}{4}$ 或 d 为层面中声波半波长的整数倍时，声压往复透过率 T 与层面的关系不大，此时层面的存在对超声的传播影响可以忽略。在实际检测中为了获得较大的声压往复透过率，应使耦合剂层的厚度尽可能地薄。

（2）当层面的声阻抗 Z_2 远远小于层面两侧介质声阻抗 Z_1、Z_3 时，如层面是空气层，$\dfrac{Z_1 Z_3}{Z_2}$ 会变得很大，声压往复透射率就会变得很小。这就是检测时要在探头和工件中涂以耦合剂的原因。

（3）当层面厚度为层面中声波 1/4 波长的奇数倍时，一般来说声压的往复透过率会变得很小。若 $Z_2 = \sqrt{Z_1 \cdot Z_3}$ 时，从式（2-42）中将 $Z_2 = \sqrt{Z_1 Z_3}$ 代入，分母可得：$4Z_1 Z_3$，$T \approx 1$。这表示当同时满足上述两个条件时，能量几乎完全透射。这一规律，对制作超声探头的保护膜

的选材非常重要。

五、超声波倾斜入射到界面时的反射和折射

当超声波由一种介质倾斜入射到另一种介质的大平界面上时，如果两种介质的声速不同，在界面上除发生声波的反射外，透射波要发生折射现象，并且遵守反射和折射定律，同时伴随着波型转换。所谓波型转换，就是在第二介质中传播的波型已不同于入射波的波型。由于在气体、液体中只能传播单一的纵波，所以波型转换现象只能在固体介质中产生。下面分别讨论超声波在固体介质中的反射和折射。

1. 超声波在固体中的反射

在固体介质中一束纵波 L 以入射角 α_L 射向界面时［如图 2-20（a）所示］，除产生反射角为 α_L' 反射纵波 L 之外，还会发生波型转换产生反射角为 α_S' 的反射横波 S（变型波）。纵波反射角 α_L 和横放反射角 α_S' 可以按反射定律计算

$$\frac{\sin \alpha_L}{\sin \alpha_L'} = \frac{c_L}{c_L'}$$

$$\alpha_L = \alpha_L'$$

$$\frac{\sin \alpha_L}{\sin \alpha_S'} = \frac{c_{L1}}{c_{S1}}$$

$$\alpha_S' = \arcsin \left(\frac{c_{S1}}{c_{L1}} \sin \alpha_L \right) \tag{2-43}$$

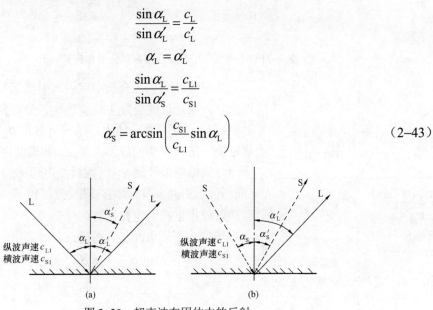

图 2-20　超声波在固体中的反射
（a）纵波入射；（b）横波入射

当固体介质中一束横波 S 以入射角 α_S 射向界面时，如图 2-20（b）所示，除产生反射角为 α_S'，反射横波 S 之外，也会发生波型转换产生反射角 α_L' 的反射纵波 L（变型波）。横波反射角 α_S' 和纵波反射角 α_L' 同样可以按反射定律计算

$$\frac{\sin \alpha_S}{\sin \alpha_S'} = \frac{c_S}{c_S'}$$

$$\alpha_S = \alpha_S'$$

$$\frac{\sin \alpha_S}{\sin \alpha_L'} = \frac{c_{S1}}{c_{L1}}$$

$$\alpha_L' = \arcsin \left(\frac{c_{L1}}{c_{S1}} \sin \alpha_S \right) \tag{2-44}$$

由于在同一介质中的纵波声速 c_{L1} 大于横波声速 $c_{S1}(c_{L1} > c_{S1})$，所以纵波反射角 α'_L 大于横波反射角 $\alpha'_S(\alpha'_L > \alpha'_S)$。

2. 超声波在固体中的折射

在两种不同介质组合的界面上，不同波型斜入射时的反射，折射及波型转换也不一样。具体情况如图 2-21 所示。

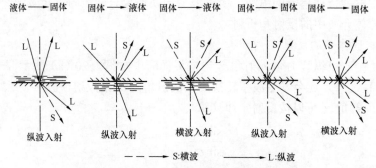

图 2-21　不同介质组合界面超声波反射和折射情况

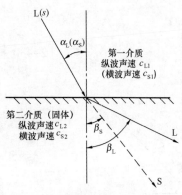

图 2-22　超声波在固体中的折射

当超声波从第一介质中倾斜入射到第二介质（固体介质）界面时，则透射波会发生波型转换，分离为折射纵波 L 和折射横波 S，如图 2-22 所示。纵波折射角 β_L 和横波折射角 β_S。除取决于第二介质的纵波声速 c_{S2} 和横波声速 c_{S2} 以外，还与第一介质的纵波声速 c_{L1}（或横波声速 c_{S1}）及纵波入射角 α_L（或横波入射角 α_S）有关。纵波折射角 β_L 和横波折射角 β_S，同样可以根据折射定律计算。

当第一介质纵波斜入射时

$$\frac{\sin \alpha_L}{c_{L1}} = \frac{\sin \beta_L}{c_{L2}} = \frac{\sin \beta_S}{c_{S2}} \tag{2-45}$$

$$\beta_L = \arcsin\left(\frac{c_{L2}}{c_{L1}} \sin \alpha_L\right) \tag{2-46}$$

$$\beta_S = \arcsin\left(\frac{c_{S2}}{c_{L1}} \sin \alpha_L\right) \tag{2-47}$$

当第一介质横波斜入射时

$$\frac{\sin \alpha_S}{c_S} = \frac{\sin \beta_L}{c_{L2}} = \frac{\sin \beta_S}{c_{S2}} \tag{2-48}$$

$$\beta_L = \arcsin\left(\frac{c_{L2}}{c_{S1}} \sin \alpha_S\right) \tag{2-49}$$

$$\beta_S = \arcsin\left(\frac{c_{S2}}{c_{L1}} \sin \alpha_S\right) \tag{2-50}$$

在固体介质（第二介质）中，由于纵波速度 c_{L2} 大于横波声速 c_{S2}，所以纵波折射角 β_L 大

于横波折射角 β_{S}（$\beta_{\mathrm{L}} > \beta_{\mathrm{S}}$）。

当第一介质为纵波斜入射时，若第二介质（固体）的纵波声速 c_{L2} 大于第一介质纵波声速 c_{L1}（$c_{\mathrm{L2}} > c_{\mathrm{L1}}$），则纵波折射角 β_{L} 就大于纵波入射角 α_{L}，随着纵波入射角的增大，纵波折射角也增大，当纵波折射角 $\beta_{\mathrm{L}} = 90°$，即在第二介质（固体）中只有折射横波而不存在折射纵波的纵波入射角称为纵波临界角，亦称第一临界角以 α_{n1} 表示。

由式（2-45）可以推导出

$$\sin\beta_{\mathrm{L}} = \sin 90° = 1$$

$$\sin\alpha_{n1} = \frac{c_{\mathrm{L1}}}{c_{\mathrm{L2}}} \tag{2-51}$$

$$\alpha_{n1} = \arcsin\frac{c_{\mathrm{L1}}}{c_{\mathrm{L2}}} \tag{2-52}$$

如果纵波入射角大于第一临界角（$\alpha_{\mathrm{L}} > \alpha_{n1}$），纵波就不会传入第二种介质，而全部返回第一介质，这种现象称为纵波全反射。

另外，入射角等于第一临界角（有机玻璃内）的探头可在钢中产生爬波，爬波实际上就是表面下纵波。由图 2-23 爬波探头声场示意图可见，爬波探头所激发的声场具有多波型的特征，在产生爬波的同时还产生了 33° 左右的横波和头波。在探头固定不动的条件下，爬波和横波是从入射点附近向外辐射的；而头波是为满足自由边界条件，纵波沿表面传播的过程中不断辐射出的

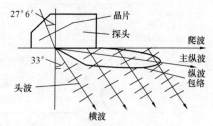

图 2-23　爬波探头声场示意图

横波。在探头固定不动的条件下，头波的辐射点是不固定的，是在爬波传播过程中不断从爬波所在点向外辐射的。由于爬波对表面近表面缺陷比较敏感，所以瓷支柱绝缘子超声波检测主要利用爬波检测。

若第二种介质（固体）中的横波声速 c_{S2} 大于第一种介质中的纵波声速 c_{L1}（$c_{\mathrm{S2}} > c_{\mathrm{L1}}$），则横波折射角 β_{S} 就大于纵波入射角 α_{L}（$\beta_{\mathrm{S}} > \alpha_{\mathrm{L}}$），当第二介质中的横波折射角 $\beta_{\mathrm{S}} = 90°$，即在第二介质（固体）既无折射纵波也无折射横波时的纵波入射角，称为横波临界角，也称第二临界角，以 α_{n2} 表示。

由于 $\sin\beta_{\mathrm{S}} = \sin 90° = 1$

$$\sin\alpha_{n2} = \frac{c_{\mathrm{L1}}}{c_{\mathrm{S2}}} \tag{2-53}$$

$$\alpha_{n2} = \arcsin\frac{c_{\mathrm{L1}}}{c_{\mathrm{S2}}} \tag{2-54}$$

如果纵波入射角大于第二临界角（$\alpha_{\mathrm{L}} > \alpha_{n2}$），此时在第二介质的表面就会产生表面波。

超声波检测中使用的横波就是利用晶片发射的纵波，通过斜探头有机玻璃斜楔块与工件界面上的波型转换获得的。为了使工件中传播的波型只有单一的横波，斜探头的入射角应选择在第一临界角与第二临界角之间，即

$$\alpha_{n1} < \alpha_{\mathrm{L}} < \alpha_{n2}$$

例如，用有机玻璃斜楔块探头对钢制工件进行检测时（有机玻璃纵波声速取 $c_{L1} = 2720\text{m/s}$，钢的纵波声速取 $c_{L2} = 5900\text{m/s}$，钢的横波声速取 $c_{S2} = 3230\text{m/s}$），由式（2–52）及式（2–53）可算出第一临界角及第二临界角

有机玻璃→钢中的第一临界角：

$$\alpha_{n1} = \arcsin\frac{2720}{5900} = 27°27'59''$$

有机玻璃→钢中的第二临界角：

$$\alpha_{n1} = \arcsin\frac{2720}{3230} = 57°21'28''$$

六、斜入射的声压反射率

超声波反射定律和折射定律只讨论了超声波在传播过程中，遇到界面时反射波及折射波

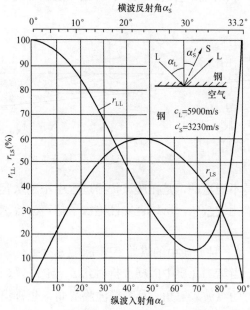

图 2–24 纵波入射钢/空气界面声压反射率 r_{LL}、r_{LS} 与纵波入射角 α_L 的关系曲线

的方向，并未涉及入射波和反射波、折射波之间声压的关系。实际上斜入射，特别是在产生波型转换的情况下，声压反射率、透射率反射波不仅与界面二侧的介质有关，而且还与入射角有关。其理论计算是非常复杂的。

当钢中纵波斜入射到钢/空气界面时，其纵波声压反射率 r_{LL}（脚注第一个字母表示入射波型、第二个字母表示反射或折射波型）和横波声压反射率 r_{LS} 与纵波入射角之间，理论计算的关系曲线如图 2–24 所示。

图 2–24 上方标出了纵波入射时所对应的横波反射角 α_S'（纵波反射角与纵波入射角相等 $\alpha_L' = \alpha_L$），从图中可以看出在纵波入射角 $\alpha_L = 20° \sim 70°$（对应的横波反射角 $\alpha_S' = 10° \sim 30°$）范围内，横波声压反射率 r_{LS} 较大。在纵波入射角 $\alpha_L = 60° \sim 70°$ 范围内，纵波声压反射率具有极小值。

当钢或铝中横波斜入射到钢/空气、铝/空气界面时，其横波声压反射率 r_{SS} 与横波入射角 α_S 之间，理论计算的关系曲线如图 2–25 所示。

从图 2–25 中可以看出，钢/空气界面当钢中横波在入射角为 30° 左右时，横波声压反射率最低，入射角继续增大，横波声压反射率就大幅度上升，直至 33.2°，此后横波声压反射率达 100%。通过计算可以知道，在钢/空气界面，当横波入射角为 33.2° 时，纵波反射角 $\alpha_L' = 90°$，大于这一角度时，在钢中只有反射横波而无反射纵波，将此角度定为第三临界角，以 α_{n3} 表示。根据定义

$$\alpha_{n3} = \arcsin\frac{c_S}{c_L} \tag{2–55}$$

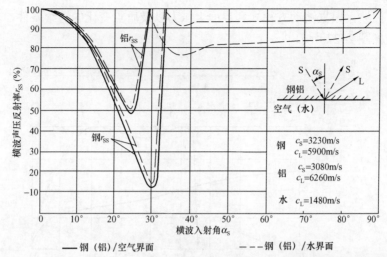

图 2-25　钢/空气、钢/水、铝/水、铝/空气界面横波入射时横波声压反射率与横波入射角关系曲线

通过式（2-55）可以计算出横波入射时，铝中第三临界角（取铝中纵波声速 $c_L = 6260$ m/s，横波声速 $c_S = 3080$ m/s）为

$$\alpha_{n3}(铝) = \arcsin\frac{3080}{6260} \approx 29.5°$$

当横波斜入射到固体/液体界面（如工件底面有油和水）时，由于一部分声能在液体中折射为纵波，故横波声压反射率比固体/空气界面为小。这种变化在小于第三临界角时并不明显，当大于第三临界角时，固体/液体界面的横波声压反射率有明显的下降。判断这种情况，如有可能，当抹掉液体使之变成固体/空气界面，再观察超声波探伤仪荧光屏，就会发现横波反射回波幅度有明显的增加。

七、斜入射的声压往复透射率

在脉冲反射法检测中，超声波往复透过同一个检测面，因此声压往复透射率探伤仪荧光屏上的回波幅度与往复透射率成正比，因此声压往复透射率更具有实际意义。入射往复透射率是按图 2-26 所示意的超声波传播方式来考虑的。

在第一介质（液体或固体）中超声波（入射声压为 p_i）斜入射透过界面（透射声压为 p_t）在固体中传播，并在一个与传播方向垂直的很大的底面或光滑裂隙表面上得到全反射（在没有衰减的情况下反射声压 $p_t' = p_t$），再次透过界面进入第一介质（透射声压为 p_a）则其声压往复透射率 T 为

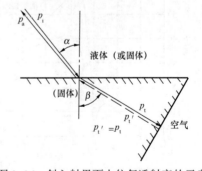

图 2-26　斜入射界面上往复透射率的示意

$$T = \frac{p_a}{p_i} = \frac{p_t}{p_i} \cdot \frac{p_a}{p_t'} \qquad （2-56）$$
$$(p_t' = p_t)$$

超声波向固体介质中斜入射时，声压往复透射率的计算，同样也是很复杂的。

在水浸法检测中，对于纵波入射到水/钢界面上产生折射纵波及折射横波的声压往复透射

31

率，假设是平面波，根据波动方程式和界面上压力以及质点变化的连续条件，其理论计算结果绘制的曲线如图 2-27 所示。

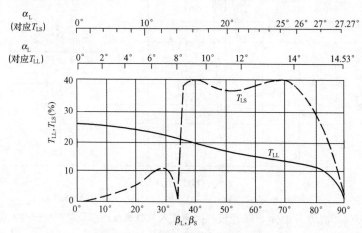

图 2-27　水/钢界面声压往复透射率

对于纵波斜入射至水/钢界面的情况，从图 2-27 可知，由于水和钢的声阻抗相差较大，故折射纵波和折射横波的声压往复透射率都较低。为了保证检测灵敏度，实际使用的折射角 β_L 为 30° 以内的纵波和折射角 β_S 大于 35° 以上的横波，从图 2-27 中也可以看出，当折射角 $\beta_S > 80°$ 时，折射横波的声压往复透射率已经很低了，一般都不采用。

在直接接触的脉冲反射法斜角检测中，斜探头多使用有机玻璃楔块。对于纵波入射至有机玻璃/铝和有机玻璃/钢界面上横波声压往复透射率，假设是平面波，根据波动方程式和界面上压力以及质点变化的连续条件，其理论计算结果绘制的曲如图 2-28 和图 2-29 所示。

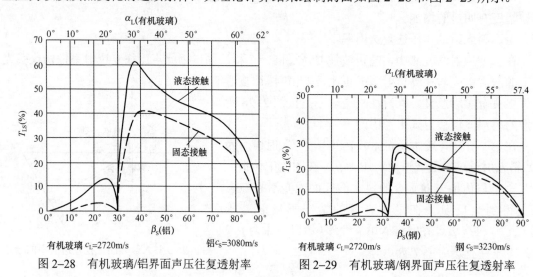

图 2-28　有机玻璃/铝界面声压往复透射率　　图 2-29　有机玻璃/钢界面声压往复透射率

在检测中要想实现斜探头与工件表面的固体接触是不可能的，一般采用在斜探头和工件之间施加一薄层耦合剂的办法，形成液态接触，从图中可以发现，采用液态接触较固态接触的横波声压往复透过率要高。同样，当纵波入射角大于第一临界角时，钢中的横波声压反射率也较高。因而在实际检测中斜探头入射角都选在第一临界角与第二临界角之间（$\alpha_{n1} < \alpha_L < \alpha_{n2}$）。

八、端角反射

超声波在两个平面构成的直角内的反射叫做端角反射。当超声波束以任意角度入射到端角的任一边时，通过直角边反射回来的反射波线平行于入射波线，如图2-30（a）所示。

当纵波入射时，由于纵波在端角的二次反射中都分离出很强的横波，从图2-30（b）上可以看出分离的横波都不能按入射方向返回，因此一般端角声压反射率都很小。

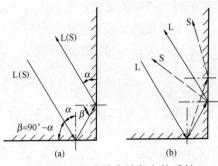

图2-30 超声波在端角上的反射
（a）端角反射；（b）端角反射的波型转换

当横波入射时，入射角 30° 及 60° 附近的端角反射最小。在实际检测中超声波检测与端面垂直的表面裂纹及焊缝未焊透就类似端角反射的情况，对这类缺陷的检测如能选择35°～55°横波入射角（对于斜探头来说是探头的折射角）来探测将是有利的。若选用 K 值（斜探头折射角的正切值）为1.5 以上的斜探头有可能漏检，这一点在实际检测中必须引起重视。

从图2-31的曲线可以看到，无论是纵波还是横波在入射角很大或很小时端角反射率都很高。但实际上由于入射波束和反射波束之间沿着直角边产生干涉而相互抵消，因而在这种情况下实际探测灵敏度都是不高的。

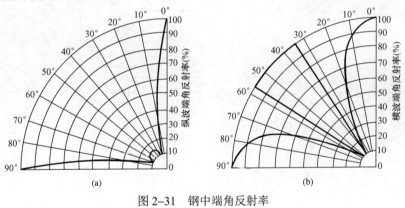

图2-31 钢中端角反射率
（a）纵波入射；（b）横波入射

九、超声波的聚焦和扩散

当超声波入射到带曲率的界面上，若声束轴线与曲率的圆心重合，除了声束轴线上的波线能垂直反射和透射外，其余偏离轴线之外的波线与曲界面的法线之间构成一定的入射角，使入射的声波成为斜入射的反射和折射，且偏离声束轴线越远的声束线入射角也越大，从而就会出现类似光一样的集聚和扩散现象。另外超声波在斜入射时除了反射和折射外还可能产生波型转换，但是超声波在不同介质中传播速度差异也较大，使得超声波的集聚和扩散较光学上的集聚和扩散现象更为复杂。为了使讨论的问题简化，暂不考虑波型转换。

1. 超声波在曲界面上的反射

当一束平面超声波从固体中入射到固体和气体带有曲率的界面上时，超声波几乎完全反射。图2-32 显示了具有集聚作用的凹面反射和具有扩散作用的凸面反射的情况。如果设 r 为曲率半径，声束的集聚点称为焦点，从图 2-32（b）看出平面波在凸面反射后被扩散。

而反射线的延长线也会集中在一个焦点上。焦点至界面的距离 f 称为焦距，焦距与曲率半径之间的关系与光学相同，即

$$f = \frac{r}{2} \tag{2-57}$$

从图 2-32 可以看出凹面反射具有实焦点而凸面反射的焦点为虚焦点。对于反射波来说，好像声波是从焦点中辐射出来的一样。可以想象对于一个球界面来说，声波的焦点是一个空间点，如果是圆柱形界面，焦点在空间是一条线则称之为焦轴，超声波通过圆柱形界面的集聚称为线聚焦。

当球面波入射时，如图 2-33 所示，也会出现集聚和扩散的现象，若球面波从声源 O 点发出射向界面，O 点至曲界面的轴线距离为 a，如果是凹界面反射波会集聚于 B 点，该点称为具有像距 b 的成像点（对于凸界面来说，也有虚的成像点），而 a 称为物距。则物距 a、像距 b 和焦距 f 的关系与几何光学相同。

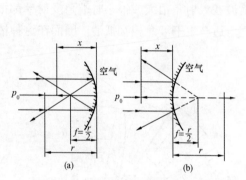

图 2-32　平面波在曲界面上的反射
（a）聚焦；（b）扩散

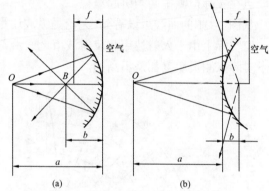

图 2-33　球面波在曲界面上的反射
（a）集聚；（b）发散

$$\frac{1}{a} \pm \frac{1}{b} = \frac{1}{f} = \frac{2}{r} \tag{2-58}$$

式中对于凹界面取加号，凸界面取减号，焦距恒为正值。

对于圆柱形界面，只要反焦点看成是焦轴就行。

在声束轴线上，至界面距离为 x 处的反射声压 p_x 计算公式如下

当平面波入射时（p_0 为入射的平面波声压），对于球形全反射面

$$p_x = p_0 \left| \frac{f}{x \pm f} \right| \tag{2-59}$$

对于圆柱形全反射面

$$p_x = p_0 \sqrt{\left| \frac{f}{x \pm f} \right|} \tag{2-60}$$

当球面波入射时（p_1 为球面波至声源单位距离高处的声压，$\dfrac{p_1}{a}$ 相当于声束轴线上界面处

的声压），对于球形全反射面

$$p_x = \frac{p_1}{a}\left|\frac{f}{x \pm f\left(1+\dfrac{x}{a}\right)}\right| \tag{2-61}$$

对于圆柱形全反射面

$$p_x = \frac{p_1}{a}\sqrt{\frac{1}{\left(1+\dfrac{x}{a}\right)}\left|\frac{f}{x \pm f\left(1+\dfrac{x}{a}\right)}\right|} \tag{2-62}$$

以上各式对于凹界面取加号，凸界面取减号。

2. 超声波在曲界面上的折射

当超声波在两种介质中传播时，超声波垂直入射到两种介质曲界面上时，不仅会产生反射而且还会折射到第二介质中去，透射后声束的聚焦和扩散不仅与曲率面的凹凸有关，而且还与两种介质的声速有关。它可分为四种情况，如图 2-34 所示。

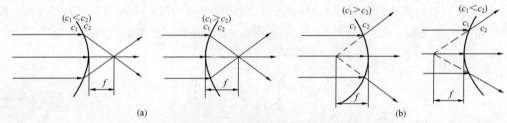

图 2-34 平面波在曲界面上的折射

（a）集聚；（b）扩散

（1）平面波入射。平面波在曲界面上的折射如图 2-34 所示。曲率半径为 r 的界面上平面波透射时的焦距 f 计算公式为

$$f = \frac{r}{1-\dfrac{c_2}{c_1}}$$

1）平面波入射到球形界面上时，其折射波可视为从焦点发出的球面波。

当两种不同介质的声压透过率为 t［可由式（2-28）计算］时，在声束轴线上界面距离为 x 处的焦聚或扩散的折射声压为

$$p_x = p_0\left|\frac{f}{x \pm f}\right| \tag{2-63}$$

2）平面波入射到圆柱形界面上时，其折射波可视为从聚焦轴线发出的柱面波，焦点实际上是空间的焦轴。在声束轴线上界面距离为 x 处的焦聚或扩散的折射声压为

$$p_x = p_0\sqrt{\left|\frac{f}{x \pm f}\right|} \tag{2-64}$$

式中对于聚焦的情况取加号，扩散的情况取减号。

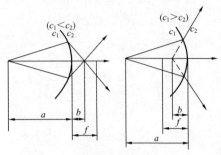

图 2-35　球面波在曲界面上的折射

可视为从焦点发出的球面波。

当两种不同介质的声压透过率为 t 时，在声束轴线上界面距离为 x 处的焦聚或扩散的折射声压为

$$p_x = t\frac{p_1}{a}\left|\frac{f}{x \pm f\left(1 + \dfrac{xc_2}{ac_1}\right)}\right| \qquad (2\text{--}66)$$

（2）球面波入射。球面波在曲界面上的折射如图 2-35 所示。透射声波的像距 b，物距 a、焦距 f 及二种介质声比 c_2/c_1 之间的关系为

$$\frac{1}{a} \pm \frac{1}{b} = \frac{1}{f} = \frac{2}{r} \qquad (2\text{--}65)$$

式中对于凹界面取加号，凸界面取减号，焦距恒为正值。

1）球面波入射到球形界面上时，其折射波同样可视为从焦点发出的球面波。

2）球面波入射到圆柱形界界面上时，其折射波同样可视为从聚焦轴线发出的柱面波，焦点实际上是空间的焦轴。在声束轴线上界面距离为 x 处的焦聚或扩散的折射声压为

$$p_x = t\frac{p_1}{a}\sqrt{\left|\frac{1}{\left(1 + \dfrac{xc_2}{ac_1}\right)}\right|\left|\frac{f}{x \pm f\left(1 + \dfrac{xc_2}{ac_1}\right)}\right|} \qquad (2\text{--}67)$$

式中对于聚焦的情况取加号，扩散的情况取减号。

十、超声波在传播过程中的衰减

超声波在实际介质传播时，其能量将随距离的增大而逐渐减小，这种现象称为衰减。

1. 衰减的起因

从理论上讲，衰减的起因有以下三个主要方面。

（1）由声束扩展引起的衰减。在声波的传播过程中，由于波束的扩散，使单位面积上的声能（或声压）随距离的增大而减弱，这种衰减称为扩散衰减。

扩散衰减仅取决于波的几何形状而与传播介质的性质无关。平面波波阵面为平面，波束不扩散，不存在扩散衰减。球面波波阵面为同心球面，波束扩散，声压 p 与距离成反比。而柱面波波阵面为同轴圆柱面，波束扩散，声压 p 与距离的平方根成反比。

（2）由散射引起的衰减。在声波的传播过程中，由于实际材料声阻抗不均，产生散乱反射从而引起的衰减称为散射衰减。材料中的杂质、粗晶、内应力、第二相、多晶体晶界等非均匀性，会引起声波的反射、折射、甚至波型转换，造成散射衰减。

散射衰减随着频率的增高而增大，且横波衰减大于纵波衰减。

（3）由介质的吸收引起的衰减。在声波的传播过程中，由于介质质点之间的内摩擦（黏滞性）和热传导，导致声能的损耗从而引起的衰减，称为吸收衰减。

2. 衰减规律和衰减系数

衰减系数是定量表示声波在介质中衰减情况和规律的方法，衰减规律与波型有关。平面

波传播时不存在扩散衰减，只有散射衰减和吸收衰减。

对于平面波来说，其声压衰减方程式为

$$p = p_0 e^{-ax}$$

式中　p_0——入射到材料界面上时的声压；

　　　p——超声波在材料中传播一段距离 x 后的声压；

　　　x——到材料界面的距离；

　　　a——衰减系数。

超声探头辐射的一般是活塞波，但在足够远处其声强也将随着传播距离的增加而减弱，其声压衰减规律为

$$p = 2p_0 f(x)e^{-ax} = 2p_0 \sin\left[\frac{\pi}{\lambda}\left(\sqrt{\frac{D_S^2}{4}+x^2}-x\right)\right]e^{-ax} \qquad (2-68)$$

式中　$f(x)$——表示活塞波声压随声程变化的函数表达式；

　　　D_S——晶片直径。

$f(x)$ 包括了扩散衰减在内的声压随声程增大而按正弦规律递减的衰减规律。其衰减系数 a 为散射衰减 a 和吸收衰减 a_a 之和，即

$$a = a_a + a_s \qquad (2-69)$$

对于大多数固体和金属介质来说，通常所说的超声波的衰减，即由 a（衰减系数）表征的衰减仅包括散射衰减 a_S 和吸收衰减 a_a 而不包括扩散衰减。散射衰减系数 a_S 和吸收衰减系数 a_a 都与探测频率 f 有关。

3. 衰减系数的粗略测定

（1）薄板工件衰减系数的测定。对于厚度较小，上下表面平行的薄板工件。可用直探头放在薄板工件表面，使声波在上下表面来回反射，在示波屏上出现多次底波。衰减系数的测定公式为

$$\alpha = \frac{20 \lg(B_m / B_n) - \delta}{2(n-m)X} \qquad (2-70)$$

式中　B_n、B_m——表示工件第 n 次、第 m 次底波高度（$n>m$）；

　　　α——材料的单程衰减系数，dB/mm；

　　　δ——反射损失，每次反射损失为 0.5～1.0dB；

　　　X——工件的厚度。

（2）厚板或圆柱体工件衰减系数的测定。对于厚度大于 200mm 的板材或轴类工件，可用第一次、第二次底波高度来测定衰减系数。这时衰减系数的测定公式为

$$\alpha = \frac{20 \lg(B_1 / B_2) - 6 - \delta}{2X} \qquad (2-71)$$

式中　B_1、B_2——表示试样第一次、第二次底波高度；

　　　α——材料的单程衰减系数，dB/mm；

　　　6——扩散衰减引起的分贝差；

　　　δ——反射损失，每次反射损失为 0.5～1.0dB；

　　　X——工件的厚度。

超声波发射声场与规则反射体的回波声压

超声波检测作为无损检测的重要手段，对解决产品质量检测问题有着显著的优越性。应用过程中，超声场与被检对象及对象内部的缺陷之间必然发生相互作用，掌握超声波发射声场与反射体之间的相互作用规律，对超声检测的识别、定位、定量具有积极的作用。本章第一节描述了超声场的复杂性，以及一些典型的超声发射声场；第二节则描述了连续波和脉冲波的基本特征；第三节则从定量的角度描述了超声波与规则反射体之间的相互作用规律。

第一节 超声场的特性

超声波在传播过程中会发生衍射和干涉现象，影响着声场的结构，而声场结构对检测结果的分析和评定产生直接的影响，因此了解声场的波动特性、声场特性，对实际检测是十分重要的。

一、超声波的衍射

讨论衍射现象，首先应该回顾一下惠更斯原理（如图3-1所示），当波行进时，波前上的每一点都可视为新的点波源，以其为圆心或球心，各自发出圆形波或球面波。在某一时刻和这些圆形波或球面波相切的线或面［称为包迹（envelope）］形成新的波前，称为惠更斯—菲涅耳原理。惠更斯—菲涅耳原理可用以解释波的反射、折射、干涉和衍射现象。

波在传播时，若被一个大小接近或小于波长的物体阻挡，就绕过这个物体，继续进行。若通过一个大小近于或小于波长的孔，则以孔为中心，形成环形波向前传播（如图3-2所示），这就是衍射现象。

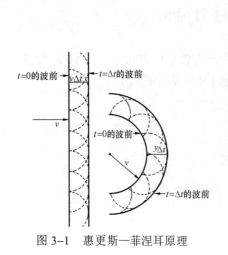

图3-1 惠更斯—菲涅耳原理

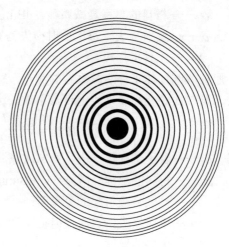

图3-2 衍射现象

按几何光学原理，圆孔后面应该是一束圆柱形的各处声压均匀的平面波声场。但事实并非如此，而是出现了衍射现象。在圆孔的中心区域，每一质点作为子波波源发射球面波，而球面波波阵面的包迹形成平面波波阵面。在圆孔的边缘，情况则不相同，各子波源发射的球面波构成环形波。这些波与中心区域的平面波叠加后，使局部声场形成声压的极大值和极小值。

在超声波检测中，大多应用片状压电晶片作为声源，若有一片状声源固定在一个大的刚性壁上，圆盘源本身作纵向或横向振动，且其整个表面各质点的振动具有相同的相位和振幅。这样，声源向相邻介质辐射的超声波声场，类似于上述圆孔后面的声场。在接近声源区域的声场有明显的干涉区，这就是后面将要叙述的近场区。

二、圆盘源纵波辐射声场

对超声场进行粗略分析和观察并非十分困难，但要作精确的定量分析却不容易，特别是对于声源近场、一些小的反射体的散射以及不规则的反射面，其超声场的分析则更为困难。为了使超声场的理论分析简化，一般采用在声波为连续正弦波、传声介质为液体的条件下进行推导计算。这在一定条件下和一定范围内还是可以应用于固体介质的，同时也是进一步讨论固体介质中脉冲超声波的基础。下面我们首先讨论圆盘声源的声场。

1. 声源轴线上的声压

首先讨论点状声源（以下简称点源）在液体介质中辐射的声场，在不考虑介质对声波衰减的条件下，声场中任意一点的声压可用式（3-1）表示

$$p = \frac{p_0 \mathrm{d}S}{r} \sin(\omega t - kr)$$
$$k = \frac{2\pi}{\lambda}$$

$$(3-1)$$

式中 r——液体介质声场中任一点至点源的距离；

　　ω——角频率；

　　λ——波长；

　　$\mathrm{d}S$——点源的面积；

　　p_0——点源处的起始声压；

　　t——点源辐射的声波传播至距离 r 处所需的时间；

　　p——距离点源 r 处的声压。

假设在无声衰减的液体介质中一圆盘状声源（以下简称圆盘源）的表面所有质点都以相同的振幅和相位作谐振动，从而声源发射出单一频率的连续正弦波。圆盘源上各微小元面积都可以看作单一的点源，把所有这些单一点源辐射的声波声压叠加起来就得到合成声波的声压，且液体中声压可以线性叠加，不必考虑声压的方向。故在圆盘源的轴线上对整个圆面进行积分运算，即可求得轴线上任一点 Q 的声压 p（见图 3-3）：

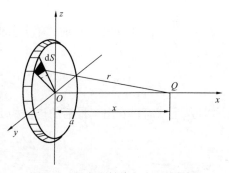

图 3-3　圆盘源轴线上声压推导图

$$p = 2p_0 \sin\left[\frac{\pi}{\lambda}(\sqrt{R_S^2 + a^2} - a)\right] \sin(\omega t - ka) \tag{3-2}$$

式中　R_S——圆盘源半径；

　　　　p——轴线上距离声源 a 处的声压。

由式（3-2）可知，声压 p 随时间 t 作周期性地变化。检测时超声波检测仪测得的信号高度与声压振幅成正比，因此只需要考虑声压振幅

$$p = 2p_0 \sin\frac{\pi}{\lambda}(\sqrt{R_S^2 + a^2} - a) \tag{3-3}$$

式中　p_0——波源的起始声压；

　　　　λ——波长；

　　　　R_S——波源半径；

　　　　a——轴线上 Q 点至波源的距离。

上述声压公式比较复杂，使用不便，经过简化可得（前提条件：$a \geqslant 3R_S^2/\lambda$）

$$p \approx \frac{p_0 \pi R_S^2}{\lambda a} = \frac{p_0 F_S}{\lambda a} \tag{3-4}$$

式中　F_S——波源面积，$F_S = \pi R_S^2 = \pi D_S^2/4$（$D_S$ 为波源直径）。

式（3-4）表明，当 $a \geqslant 3R_S^2/\lambda$ 时，圆盘源轴线上的声压与距离成反比，与波源面积成正比，符合球面波的衰减规律。

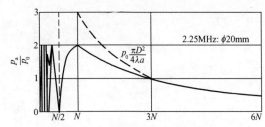

图 3-4　圆盘源轴线上声压分布

波源轴线上的声压随距离变化的情况如图 3-4 中实线所示。

从图 3-4 可以看出，当 $a < N$ 时，声压有若干极大值。这是由于在靠近声源处，由声源表面上各点源辐射至轴线上一点的声波，因波程差（即相位差）引起相互干涉造成的，其机理将在后面详述。该范围的声场称为近场或菲涅耳区，最后一个声压极大值至声源的距离称为近场长度 N。距离大于近场长度的声场称为远场或夫琅和费区。在远场中，声压随距离的增加而单调衰减。

近场长度 N 取决于声源的尺寸和声波波长。由式（3-3）可知：当 $\frac{\pi}{\lambda}(\sqrt{R_S^2 + x^2} - x) = (2n+1)\frac{\pi}{2}$，$n = 0, 1, 2, \cdots$ 时，有声压极大值，在轴线上的坐标 a_m 为

$$a_m = \frac{4R_S^2 - \lambda^2(2N+2)^2}{4\lambda(2N+1)}$$

从上式可以看出，最后的声压极大值对应于 $n = 0$，此时至声源的距离 $a = N$，则

$$N = \frac{R_S^2}{\lambda} - \frac{\lambda}{4} \tag{3-5}$$

当 $R_S \geqslant \lambda$ 时，$\lambda/4$ 可以忽略，故

$$N = \frac{R_S^2}{\lambda} = \frac{D_S^2}{4\lambda} \tag{3-6}$$

式中　D_S——圆盘源直径。

图 3-4 还表示了球面波声压（图中虚线所示曲线）。由图可知，在 $a>3N$ 时，圆盘源轴线上的声压与球面波的声压之间的差别甚小。为了简化计算，当 $a>3N$ 时，声压实际上是按球面波公式计算的。当 $a<3N$ 时，如 $a=2N$，通过计算可知误差近似为 0.1；当 $a=N$ 时，$p_{球}/p=\pi/2\approx1.6$。

2. 圆盘源前足够远处的声压及指向性

圆盘源辐射声场中任意一点 $M(r,\theta)$ 的声压，仍可按上述方法求得，即把声源表面上所有单一点源辐射至 $M(r,\theta)$ 处的声压叠加起来，就得到 $M(r,\theta)$ 点的声压值。

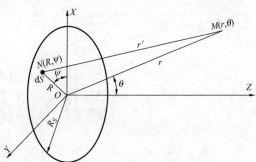

图 3-5　圆盘源声场中任一点的声压推导图

如图 3-5 所示，设在圆盘源表面任意一点 N 处有一面积元 dS（单一点源），它至 M 点的距离为 r'；声源中心至 M 点的距离为 r；声源中心至 dS 的距离为 R，OM 与 Z 轴的夹角为 θ，ON 与 X 轴的夹角为 Ψ。

当 $r\gg R$ 时，r' 可近似等于：

$$r' \approx r - R\sin\theta\cos\Psi$$

由式（3-1）可求得 dS 辐射至 M 点处的声压 dp：

$$\mathrm{d}p \approx \frac{p_0}{r'}\sin[\omega t - k(r - R\sin\theta\cos\psi)]\mathrm{d}S$$

式中　d$S = R\mathrm{d}R\mathrm{d}\Psi$。

从而声源表面上所有单一点源辐射至 M 点产生的总声压 $p(r,\theta)$ 为

$$p(r,\theta) \approx \int_0^{2\pi}\int_0^R \frac{p_0}{r'}\sin[\omega t - k(r - R\sin\theta\cos\psi)]\mathrm{d}S$$

距离 r' 对点源 dS 辐射至 M 点处的相位和振幅均有影响，为了简化起见，只考虑其对相位的影响，即将上式中 $\dfrac{p_0}{r'}$ 的 r' 改为 r，则

$$p(r,\theta) = \int_0^{2\pi}\int_0^R \frac{p_0}{r'}\sin[\omega t - k(r - R\sin\theta\cos\psi)]R\mathrm{d}R\mathrm{d}\psi$$

$$= \left(\frac{p_0 F_S}{\lambda r}\right)\left[\frac{2J_1(kR_S\sin\theta)}{kR_S\sin\theta}\right]\sin(\omega t - kr)$$

同前所述，检测中只需研究声压振幅，故

$$p(r,\theta) = \left(\frac{p_0 F_S}{\lambda r}\right)\left[\frac{2J_1(kR_S\sin\theta)}{kR_S\sin\theta}\right] \tag{3-7}$$

式中　J_1——第一类第一阶贝塞尔函数。

式（3-7）成立的条件是 $\lambda r/R_S^2 > 3$。

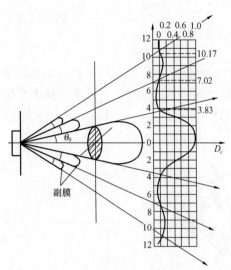

图 3-6　圆盘源 D_c-y 关系曲线图

若在圆盘源前足够远处有两点，该两点至声源中心的距离均为 r。其中一点在声源轴线上，即 $\theta=0$，其声压 $p(r,0)$ 的表达式为 $p_0 F_S/(\lambda r)$，即式（3-4）；另一点声压 $p(r,\theta)$ 的表达式为式（3-7）。指向系数 D_c 按式（3-8）定义，即

$$D_c = \frac{p(r,\theta)}{p(r,0)} = \frac{2J_1(kR_S \sin\theta)}{kR_S \sin\theta} \qquad (3-8)$$

令 $y=kR_S\sin\theta$，则 $D_c=2J_1(y)/y$。对于每一个 y 值，即可算出相应的 D_c 值。图 3-6 给出了 D_c 与 y 的关系曲线。

由图 3-6 可知，当 $y=3.83$ 时，$D_c=0$；$y>3.83$ 时，D_c 的绝对值均小于 0.1。设与 $y=3.83$ 对应的 θ 角用符号 θ_0 表示，$2\theta_0$ 范围内的声束叫做主声束。从实用角度考虑，可以认为整个声束就限定在 $2\theta_0$ 范围内。θ_0 则称为半扩散角（第一零值发散角）。θ_0 可按下述方法求得

$$kR_S \sin\theta_0 = 3.83$$

$$\theta_0 = \arcsin\left(\frac{3.83}{R_S}\times\frac{\lambda}{2\pi}\right) = \arcsin\left(1.22\times\frac{\lambda}{2R_S}\right) \qquad (3-9)$$

声束集中向一个方向辐射的性质，叫做声场的指向性。

对于声场中既不在轴线上，又距声源较近的点，声压的计算很复杂，这里从略。

3. 圆盘源的近场和远场

根据前述及有关理论，可以计算圆盘源声场中各点的声压。图 3-7 和图 3-8 给出了一圆盘源声场中几个横截面上的理论计算的结果，同时也给出了相应的声压分布图。

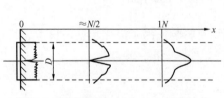

图 3-7　圆盘源（$R_S/\lambda=8$）近场中在 $a=0$、$N/2$、N 横截面上的声压分布图

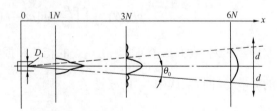

图 3-8　圆盘源（$R_S/\lambda=8$）近场中在 $a=N$、$3N$、$6N$ 横截面上的声压分布图

图 3-7 所表示的是圆盘源直径为 24mm，波长为 1.5mm 时，在连续激励或至少是长脉冲激励下，近场内各横截面上的声压分布。在接近声源（$a\approx0$）处，横截面上的平均声压近似等于声源的起始声压 p_0：除轴线上的声压为 0 外，其他各点的声压值在平均声压附近有微小的波动。在近场范围内，随着至声源距离的增加，轴线上的声压交替地出现极小值（即 $p=0$）和极大值（即 $p=2p_0$），如图 3-4 所示。由于 $p\approx2p_0\sin(\pi R_S^2/2\lambda a)$，当 $a=N/2=R_S^2/(2\lambda)$ 时，$p\approx0$，该处是声压极小值点。该极小值点所处的截面上，其周围的声压分布曲线还有极大值。在 $a=N$ 的横截面上只有一个声压极大值，也是轴线上最后一个的声压极大值，其数值

为 $2p_0$。

图 3-8 是表示远场声压的分布情况图。由图可知，在 $a=N$ 的截面上声压极大值附近的声压分布曲线是陡峭的，随着至声源距离的增加（如 $a=3N$ 处），极大值附近的声压分布曲线变得平缓了，且极大值两侧出现了多个零点和较小的极大值。同时可以看出，在同一截面上，随着至轴线距离的增加，声压极大值的幅度迅速减小。$a=6N$ 截面上的声压曲线与 $a=3N$ 截面的相比，宽度加倍，但高度降低一半。这表明，声束以一定的角度扩散出去。因此，声压曲线第一个零值点与圆盘源中心点的连线（虚线）和轴线的夹角即为前面所述的半扩散角 θ_0。

图 3-8 中，$\lambda/2R_S=\dfrac{1}{16}$，由式（3-9）可知

$$\theta_0 = \arcsin\left(1.22\times\frac{\lambda}{2R_S}\right)=\arcsin(1.22/16)\approx 4.3^\circ$$

三、矩形源纵波辐射声场

对于一边长分别为 $2d$ 和 $2b$ 的矩形声源，在前提条件与圆盘源相同的情况下，以图 3-9 所示的坐标系统，应用液体介质中的声场理论，可求得远场一点 Q 处的声压振幅 $p(r,\theta,\psi)$。在 r 足够大的条件，其计算公式为

$$p(r,\theta,\psi)=\frac{p_0F_1}{\lambda r}\times\frac{\sin(kd\sin\theta\cos\psi)}{kd\sin\theta\cos\psi}\times\frac{\sin(kb\sin\psi)}{kb\sin\psi}$$

（3-10）

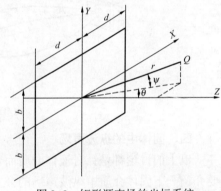

图 3-9　矩形源声场的坐标系统

式中　F_1——矩形源面积。

当 $\theta=\psi=0$ 时，从式（3-10）可求得远场轴线上某点的声压 $p(r)$

$$p(r)=\frac{p_0F_1}{\lambda r}$$

（3-11）

当 $\theta=0$ 时，从式（3-10）可求得通过轴线且平行于矩形源 $2b$ 边的平面内远场某点的声压 $p(r,\psi)$ 为

$$p(r,\psi)=\frac{p_0F_1}{\lambda r}\times\frac{\sin(kb\sin\psi)}{kb\sin\psi}$$

（3-12）

从而，在该平面内的指向系数 D_r 为

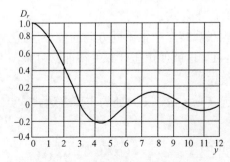

图 3-10　矩形源 D_r-y 关系曲线图

$$D_r=\frac{p(r,\psi)}{p(r)}=\frac{\sin(kb\sin\psi)}{kb\sin\psi}=\frac{\sin y}{y}$$

（3-13）

为了计算方便，在图 3-10 中给出了与 $y=kb\sin\psi$ 对应的 D_r 值。

由式（3-13）和图 3-10 可知，当 $y=kb\sin\psi=\pi$ 时，$D_r=0$。此时的 ψ 角称为通过轴线且平行于 $2b$ 边的平面内半扩散角，以 ψ_0 表示，即

$$kb\sin\psi_0=\pi$$

（3-14）

当 ψ_0 较小时，式（3–14）可写成

$$\left.\begin{array}{l}\psi_0 \approx \dfrac{\pi}{kb} = \dfrac{\lambda}{2b}\,(\mathrm{rad}) \\[3mm] \psi_0 \approx \dfrac{57\lambda}{2b}\,(°)\end{array}\right\} \qquad (3\text{–}15)$$

或

当 $\psi=0$ 时，同理可求得通过轴线且平行于 $2d$ 边的平面内半扩散角 θ_0

$$\left.\begin{array}{l}\theta_0 \approx \dfrac{\lambda}{2d}\,(\mathrm{rad}) \\[3mm] \theta_0 \approx \dfrac{57\lambda}{2d}\,(°)\end{array}\right\} \qquad (3\text{–}16)$$

或

矩形源的指向性如图 3–11 所示。$d=b$ 时，主声束呈棱角状［如图 3–11（a）所示］；$d<b$ 时，主声束呈扁平状［如图 3–11（b）所示］。

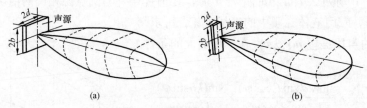

图 3–11　矩形源的指向性
（a）主声束呈棱角状；（b）主声束呈扁平状

四、固体中的纵波声场

以上的讨论都是针对液体介质而言的，而在超声检测中遇到的大多是固体介质。下面简要介绍一下固体介质中纵波声场的公式，并与液体介质相应的声场公式进行比较。这里讨论的是均匀的各向同性的固体介质，且不考虑介质对声波的衰减。

设声源表面上某一点源 $\mathrm{d}S$ 在固体介质中辐射至任一观察点 M 处的声波，促使 M 处质点沿着 $\mathrm{d}S$ 与 M 连线（即 r'）方向振动，如图 3–5 所示。若观察点在声源轴线上时，由于声源的轴对称性，则声源表面上各点源在该观察点造成的合成位移是在轴线方向上，即在观察点上位移的叠加是比较简单的，因此可以对声源面积积分，求解合成位移。若观察点距声源足够远，声源表面上所有点源对观察点可以近似地认为产生同一方向（图 3–5 中的 r 方向）的位移，从而也可以对声源面积积分，求解合成位移。对这两种情况，都可以推导出近似的或者比较准确的声场公式，其形式类似于液体介质中相应的声压公式。

若观察点距声源较近且不在轴线上，声源上所有点源在观察点产生不同方向的位移，且在固体介质中靠近声源的声场不单纯是纵波，还有横波存在，这就使声压计算变得非常复杂、困难（有人在这方面做出了一定的计算结果，本书不再叙述）。

下面是对声波无衰减的均匀固体介质中距声源足够远（$r>3R_S^2/\lambda$）处的声压表达式。
圆盘源（参见图 3–5）

$$p_S(r,\theta) = \frac{K_1 R_S^2}{\lambda r} \times \frac{2J_1(kR_S \sin\theta)}{kR_S \sin\theta} \qquad (3\text{–}17)$$

矩形源（参见图3-9）

$$p_S(r,\theta,\psi) = \frac{K_1 db}{\lambda r} \times \frac{\sin(kd\sin\theta\cos\psi)}{kd\sin\theta\cos\psi} \times \frac{\sin(kb\sin\psi)}{kb\sin\psi} \qquad (3-18)$$

式中　λ——声波在固体介质中的波长；

　　　K_1——与固体弹性性能、声阻抗、频率、激发强度有关的常数。

其余符号同式（3-7）和式（3-10）。

将固体介质中的声压表达式（3-17）和式（3-18）与液体介质中相应的声压表达式（3-7）和式（3-10）相比较，可以看出，它们的基本形式相同。但是，在推导过程中简化方法有不同之处。以式（3-7）和式（3-17）为例，在处理参量上（参见图3-5）都取了近似值。而在推导式（3-17）时，认为圆盘源表面上所有的点源对固体介质声场中某点的位移贡献都在 r 方向上，比推导式（3-7）多取了一次近似，因此式（3-17）的误差比式（3-7）大。由这两式可知，对于同样的 θ 角，在液体和固体介质中得到相同的指向系数 D_c，但固体介质中声场更精确的计算结果表明，在同一发散角下，其指向系数比液体中的小，即在同样条件下，固体介质中的主声束更为集中，如图3-12所示。

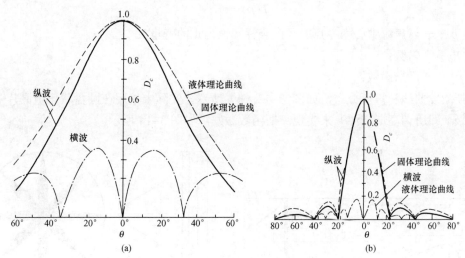

图3-12　固体介质和液体介质中声源指向性比较

钢铁 $c_l = 5900$m/s；$c_t = 3230$m/s

（a）$f = 0.5$MHz，$D_S = 20$mm；（b）$f = 1$MHz，$D_S = 20$mm

由图3-12可以看出，θ 角在 20° 以内时，固体介质和液体介质的指向系数 D_c 近似相等，但在固体介质中声场有横波成分。当声源直径与波长的比值较大时，横波成分相对变小［如图3-12（b）所示］。

根据上述讨论，在均匀的各向同性的固体介质中，在横波成分可以忽略的情况下，在一定范围内（如 $\theta \leq 20°$）时，可以近似引用液体介质中的声场公式。

若用式（3-19）计算圆盘源在固体介质中主声束的半扩散角 θ_0，则与实验结果更符合。

$$\theta_0 = \arcsin\frac{\lambda}{2R_S} \qquad (3-19)$$

五、高斯声源的纵波声场

由于圆盘源在近场内的轴线上或横截面上有若干个声压极大值和极小值，因此，在近场内检测时，对缺陷定位、定量都较困难，尤其当声源直径 D_S 与波长 λ 的比值较大时，近场长度较长，对检测影响更大。例如，圆盘源直径为 20mm，频率为 2.5MHz 的纵波探头探测钢材（即 $\lambda = 2.34$mm）时，近场长度在 40mm 以上，这时在 40mm 内检测就较困难。

近场内之所以有若干声压极大值、极小值和副瓣波束，是由于声波的干涉造成的，而声源的边缘区域对此起着主要作用。如果能使声源的激发自中心向边缘逐渐减弱，即采用非均匀激发声源，就能改善近场内的声压分布。在检测中实际使用的圆盘状压电晶片，其边缘区域比中心部分的激发强度较弱。图 3-13（a）给出了一般声源（圆盘状压电晶片）的激发曲线和对应的近场声压曲线。由图可以看出，实际上圆盘状压电晶片的近场轴线上的声压极大值和极小值的数目比理论上少，且声压极大值小于 $2p_0$，极小值大于 0。实际的声压分布曲线与声源的形式、形状及探头安装有关。

如果以高斯钟形曲线表示的激发强度来激发声源，则可以从根本上改善近场内的声压分布。高斯曲线可用下式描述

$$f(\rho) = \mathrm{e}^{-\frac{\rho^2}{R_0^2}}$$

式中　　ρ ——以声源中心为零点的径向坐标（恒为正的变量）；

R_0 ——常数；

$f(\rho)$ ——高斯函数。

高斯激发曲线和声压分布，如图 3-13（b）所示。实际中采用在圆盘状压电晶片上附以菊形电极（即所谓高斯声源）来实现高斯函数激发，如图 3-14 所示。

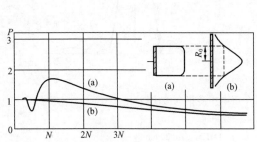

图 3-13　非均匀激发声源横截面上的激发曲线和
轴线上的声压曲线

（a）一般圆盘状压电晶片；（b）高斯声源

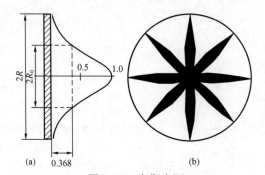

图 3-14　高斯声源

（a）高斯声源的强度分布；（b）菊形电极

压电圆盘和菊形电极的直径为 $4R_0$，其有效直径为 $2R_0$，即其声场特性近似等效于直径为 $2R_0$ 的圆源。

高斯声源轴线上的声压 p_g 由式（3-20）决定

$$p_g = p_0 \Big/ \sqrt{\left(\frac{A}{\pi}\right)^2 + 1} \tag{3-20}$$

式中　A——归一化距离，$A=a/N$，N 为等效圆盘源的近场长度（R_0^2/λ），a 为轴线上一点至声源的距离。

在距离相同的条件下，声压减小到轴线上声压的 30% 时的半扩散角可由式（3-21）决定

$$\sin\theta_{30}=1.22\times\frac{\lambda}{2R_0} \tag{3-21}$$

从图 3-13 及式（3-20）可知，在 3 倍近场区以内，高斯探头与等效直径的一般圆盘源相比，轴线上的声压降低了许多。由式（3-21）可知，高斯探头的主声束比等效直径的一般圆盘源更发散。

六、压电晶片纵波辐射声场的若干问题

前述声场理论，一般来说，可以用于描述超声检测中探头所发射的声场。现在讨论在实际检测中涉及的几个问题。

1. 声场的三个区域

就圆盘状压电晶片而言，可以把其辐射声场分为三个区域：

第一区域（$0\leqslant a\leqslant N$）：实验表明，对于直径大于压电晶片直径 60% 的反射体而言，这一区域的声场可以看成是声压为 p_0 的平面波声场。

第二区域（$N\leqslant a\leqslant 3N$）：在这区域内轴线上的声压可按式（3-3）计算，即

$$p=2p_0\sin\left[\frac{\pi}{\lambda}\left(\sqrt{R_S^2+a^2}-a\right)\right]$$

第三区域（$a>3N$）：轴线上的声压可按式（3-4）计算，即

$$p=p_0\times\frac{F_S}{\lambda a}$$

2. 指向性、指向系数及其在回波检测法中的应用

声场的指向性和指向系数也可用图 3-15 所示的曲线来描绘。

图 3-15 是 $D_S/\lambda=16$（例如声源 D_S 为 24mm，λ 为 1.5mm）时远场中的指向系数曲线。横坐标为指向系数 D_c，左侧纵坐标为半扩散角 θ。图中曲线还适用于声源直径和波长之比（D_S/λ）为任意值的情况，但这时须用图中右侧的纵坐标 $(D_S/\lambda)\sin\theta\approx(D_S/\lambda)\times(\theta/57.3)$。

由式（3-8）及图 3-6 可知，当 D_c 给定后，与其相应的 y 就为确定值，又

$$y=kR_S\sin\theta=\frac{2\pi}{\lambda}R_S\sin\theta=\frac{\pi D_S}{\lambda}\sin\theta$$

所以，在 D_c 给定后，$(D_S/\lambda)\sin\theta$ 也为确定值。图 3-15 中的右侧纵坐标 $(D_S/\lambda)\sin\theta$ 就是根据这一道理，按 $D_S/\lambda=16$ 和一系列 θ 值对应画出的。这时 $D_c\sim(D_S/\lambda)\sin\theta$ 曲线就适用任意的 D_S/λ。例如，一直径 $D_S=24$mm 的声源，使用 1MHz

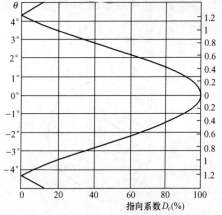

图 3-15　远场中半扩散角 θ 与对应的指向系数 D_c 的关系曲线

（圆盘源直径为 $D_S=24$mm，$\lambda=1.5$mm）

的超声频率,辐射的纵波在钢中传播,求与指向系数 $D_c = 50\%$ 对应的 θ_{50}。由题意可知,$\lambda = 6mm$,所以 $D_S/\lambda = 4$,在图 3–15 中找出与横坐标 $D_c = 50\%$ 对应的曲线上一点,该点在右侧纵坐标上的数值为 0.7,故

$$\theta_{50} = \arcsin\left(\frac{\lambda}{D_S} \times 0.7\right) \approx 10°$$

应用回波法检测工件时,某些微小缺陷往往只能在与声源轴线成一定角度时被发现,因此,了解回波声压与相对于声源轴线上同距离处声压的百分比(即指向系数 D_c)对正确判断缺陷的大小是很重要的。因为一个兼收兼发声源的指向性,对于收发都是一样的,所以在回波法中,灵敏度特性等于声源指向系数的平方。如图 3–16 所示,设声源面积为 F_s,声束轴线上距声源 a 处有一面积为 F_f 的缺陷,探头收到的回波声压 p_f 为

$$p_f = \frac{P_0 F_S F_f}{\lambda^2 a^2}$$

对于 θ_{70} 声射线上同一距离的相同缺陷,探头收到的回波声压 p'_f 为

$$p'_f = \frac{P_0 F_S F_f}{\lambda^2 a^2} \times 0.7 \approx p_f \times 0.5$$

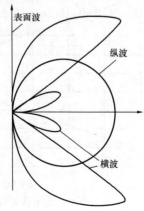

图 3–16　回波法中指向系数示意图

上式表明:同一距离的相同缺陷当其偏离声源轴线 θ_{70} 时,其回波声压为其在声源轴线上时的 $0.7^2 \approx 0.5$ 倍。

圆盘源和矩形源在液体和固体介质中主声束的半扩散角分别按式（3–9）及式（3–15）、式（3–16）计算,这些计算公式仅适用于 D_S/λ 较大,即 θ_0 较小的情况。当声源尺寸很小,即 λ/D_S 趋近于 1 时,用较严谨的理论计算可知,其半扩散角趋近 90°,波阵面近似于球形。对于固体介质,其声场如图 3–17 所示。由图可以看出,在声场的侧向产生显著的横波和表面波。

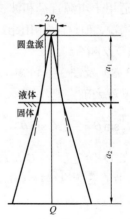

图 3–17　小声源（λ/D_S 较大时）辐射声场
　　　　　在固体介质中的方向特性

图 3–18　通过液体/固体界面的纵波声场

3. 声束通过不同介质界面时轴线上的声压

现在讨论一下超声声束首先通过液体介质，然后垂直通过液体/固体界面再进入固体中的情况，如图3–18所示。如果在液体中传播的波程小于其近场长度，则在固体中还有剩余的近场。剩余近场长度根据声波在液体中的声速与固体中声速的比值计算，例如，水与钢的声速比近似为1/4，则在钢中的剩余近场长度为按水中计算剩余近场长度的1/4。这是由于声波在钢中的波长比水中的大，从而干涉作用减弱的缘故。根据折射定律，固体中的半扩散角（自界面开始）也按声速比突然增加。

可以通过下述方法近似求得圆盘源在固体介质中声束轴线上某点 Q 的声压。

设 $A = a / N, N = R_s^2 / \lambda$；$a$ 为声波传播路程；将 A 代入式（3–4）得

$$p \approx p_0 \pi \times \frac{1}{A} \quad (A > 3)$$

又 $N_1 = R_S^2 / \lambda_L, N_2 = R_S^2 / \lambda_S$，而

$$A = \frac{a_1}{N_1} + \frac{a_2}{N_2}$$

所以

$$p_Q \approx \frac{p_0 \pi D}{\dfrac{a_1}{N_1} + \dfrac{a_2}{N_2}} \quad\quad (3\text{--}22)$$

式中　D——声压透射率。

这里忽略了横波、表面波的干扰及材质对声的衰减作用。

4. 粗糙的探测面对声场指向性的影响

当探测面凹凸不平时，声源上各点即使作同相位同振幅的振动，由于声源和探测面之间的油膜厚度不同，声波通过油膜厚度较大处时（即探测面下凹处），其波前将滞后，致使声场指向性发生变化，如图3–19所示。

若凹凸不平呈垂直于探测面的锯齿状，且锯齿的深度为声波在油膜中波长的一半时，则凹凸部分作相位相反的振动，从理论上可以将其看成相位交替变化的格子状声源。这时，由于声束轴线偏离声源轴线，指向系数不是在声源轴线上最大，而是在偏离声源轴线某一角度的方向上最大，如图3–20所示。某些实验结果表明，格子状声源的声束轴线偏离实际声源（压电晶片）轴线的角度多达10°。这说明粗糙的探测面对声场指向性可能产生很大的影响。

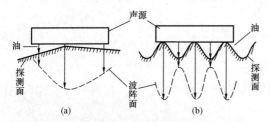

图3–19　探测面凸凹不平引起波前形状的变化
（a）下凹探测面；（b）锯齿状探测面

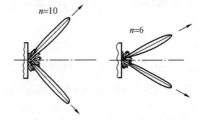

图3–20　格子状声源声场的指向性
声源 $D_S = 20mm$；$f = 2.25MHz$；n—格子数目

七、斜探头的横波声场

1. 假想横波波源

目前常用的横波探头，是使纵波倾斜入射到界面上，通过波形转换来实现横波检测的。

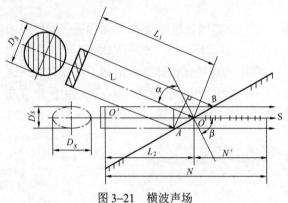

图 3-21 横波声场

当入射角大于第一临界角 α_I 且小于第二临界角 α_{II} 时，纵波全反射，第二介质中只有折射横波。

横波探头辐射的声场由第一介质中的纵波声场与第二介质中的横波声场两部分组成，两部分声场是折断的，如图 3-21 所示，为了便于理解计算，可将第一介质中的纵波波源转换为轴线与第二介质中横波波束轴线重合的假想横波波源，这时整个声场可视为由假想横波波源辐射出来的连续的横波声场。

当实际波源为圆形时，其假想横波波源为椭圆形，椭圆的长轴等于实际波源的直径 D_S，短轴 D'_S 为

$$D'_S = D_S \frac{\cos\beta}{\cos\alpha}$$

式中　β——横波折射角；

　　　α——纵波入射角。

2. 横波声场的结构

（1）波束轴线上的声压。横波声场同纵波声场一样，由于波的干涉存在近场区和远场区，当 $x \geqslant 3N$ 时，横波声场波束轴线上的声压为

$$p = \frac{KF_S}{\lambda_{S2}x} \frac{\cos\beta}{\cos\alpha} \qquad (3-23)$$

式中　K——系数；

　　　F_S——波源的面积；

　　　λ_{S2}——第二介质中横波波长；

　　　x——轴线上某点至假想波源的距离。

由式（3-23）可知，横波声场中，当 $x \geqslant 3N$ 时，波束轴线上的声压与波源面积成正比，与至假想波源的距离成反比，类似纵波声场。

（2）近场区长度。横波声场近场区长度为

$$N = \frac{F_S}{\pi\lambda_{S2}} \frac{\cos\beta}{\cos\alpha} \qquad (3-24)$$

式中　N——近场区长度，由假想波源 O' 算起。

由式（3-24）可知，横波声场的近场区长度和纵波声场一样，与波长成反比，与波源面积成正比。

横波声场中，第二介质中的近场区长度 N' 为

$$N' = N - L_2 = \frac{F_S}{\pi\lambda_{S2}} \frac{\cos\beta}{\cos\alpha} - L_1 \frac{\tan\alpha}{\tan\beta} \qquad (3-25)$$

式中　F_S——波源面积；

　　　λ_{S2}——介质 II 中横波波长；

L_1——入射点至波源的距离；

L_2——入射点至假想波源的距离。

我国横波探头常采用 K 值（$K = \tan\beta_S$）来表示横波折射角的大小，常用 K 值为 1.0、1.5、2.0 和 2.5 等。为了便于计算近场区长度，特将 K 与 $\cos\beta/\cos\alpha$、$\tan\alpha/\tan\beta$ 的关系列于表 3–1。

表 3–1 　　　　　 $\cos\beta/\cos\alpha$、$\tan\alpha/\tan\beta$ 与 K 值的关系

K 值	1.0	1.5	2.0	2.5
$\cos\beta/\cos\alpha$	0.88	0.78	0.68	0.6
$\tan\alpha/\tan\beta$	0.75	0.66	0.58	0.5

【例 3–1】试计算 2.5MHz、13mm×13mm 方晶片，$K1.5$ 和 $K2.5$ 横波探头的近场区长度 N（钢中 $c_{S2} = 3230$m/s）。

解：
$$\lambda_{S2} = \frac{c_{S2}}{f} = \frac{3.23}{2.5} \approx 1.29 \,(\text{mm})$$

$$N_1(K1.5) = \frac{ab}{\pi\lambda_{S2}}\frac{\cos\beta_1}{\cos\alpha_1} = \frac{13\times13}{3.14\times1.29}\times0.78 = 32.54 \,(\text{mm})$$

$$N_2(K2.5) = \frac{ab}{\pi\lambda_{S2}}\frac{\cos\beta_2}{\cos\alpha_2} = \frac{13\times13}{3.14\times1.29}\times0.6 = 25.03 \,(\text{mm})$$

由上计算表明，横波探头晶片尺寸一定，K 值增大，近场区长度将减小。

【例 3–2】有一 5MHz、13mm×13mm 方晶片，$K2.0$ 横波探头，其有机玻璃中入射点至晶片的距离为 10mm，求此探头在钢中的近场区长度 N'（钢中 $c_{S2} = 3230$m/s）。

解：
$$\lambda_{S2} = \frac{c_{S2}}{f} = \frac{3.23}{5} \approx 0.646 \,(\text{mm})$$

$$N' = N - L_2 = \frac{ab}{\pi\lambda_{S2}}\frac{\cos\beta}{\cos\alpha} - L_1\frac{\tan\alpha}{\tan\beta} = \frac{13\times13}{3.14\times0.646}\times0.68 - 10\times0.58 \approx 50.9 \,(\text{mm})$$

3. 半扩散角

从假想横波声源辐射的横波声束同纵波声场一样，具有良好的指向性，可以在被检材料中定向辐射，只是声束的对称性与纵波声场有所不同，如图 3–22 所示。

（1）纵波斜入射。在第二介质中产生横波声场，其声束不再对称于声束轴线，而是存在上下两个半扩散角，其中上半扩散角 θ_u 大于声束下半扩散角 θ_d。

$$\theta_u = \beta_2 - \beta$$
$$\theta_d = \beta - \beta_1$$
$$\sin\beta_1 = a - b, \quad \sin\beta_2 = a + b \quad (3\text{–}26)$$
$$a = \sin\beta\sqrt{1 - \left(\frac{1.22\lambda_{L1}}{D_S}\right)^2}$$

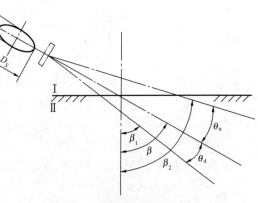

图 3–22 横波声场半扩散角

51

$$b = \frac{1.22\lambda_{L1}c_{S2}}{D_s c_{L1}}\cos\alpha$$

（2）横波垂直入射。其声束对称于轴线，这时半扩散角 θ_0 可按下式计算。

对于圆片形声源

$$\theta_0 = \arcsin 1.22\frac{\lambda_{S2}}{D_s} \approx 70\frac{\lambda_{S2}}{D_s} \tag{3-27}$$

对于矩形正方形声源

$$\theta_0 = \arcsin 1.22\frac{\lambda_{S2}}{2a} \approx 57\frac{\lambda_{S2}}{2a} \tag{3-28}$$

下面举例说明横波和纵波声场半扩散角的比较。

【例3-3】用 2.5MHz、ϕ14 K2 横波斜探头检测钢制工件，已知探头中有机玻璃纵波声速 c_{L1}=2730m/s，钢中横波声速 c_{S2}=3230m/s，求钢中横波声场的半扩散角。

解：（1）有机玻璃中纵波波长

$$\lambda_{L1} = \frac{c_{L1}}{f} = \frac{2.73}{2.5} \approx 1.09\,(\text{mm})$$

（2）钢中横波波长

$$\lambda_2 = \frac{c_{S2}}{f} = \frac{3.23}{2.5} \approx 1.29\,(\text{mm})$$

（3）过轴线与入射平面垂直的平面内

$$\theta_0 = 70\frac{\lambda_{S2}}{D_s} = 70 \times \frac{1.29}{14} \approx 6.45°$$

（4）入射平面内半扩散角 $\theta_{上}$、$\theta_{下}$：

由 $K = \tan\beta = 2$，得 $\beta = 63.4°$

由 $\dfrac{\sin\alpha}{\sin\beta} = \dfrac{c_{L1}}{c_{S2}}$　得：$\alpha = \arcsin\left(\dfrac{2.73}{3.23}\times\sin 63.4°\right) = 49.1°$

$$a = \sin\beta\sqrt{1 - \left(\frac{1.22\lambda_{L1}}{D_s}\right)^2} = 0.895\times\sqrt{1 - \left(\frac{1.22\times 1.09}{14}\right)^2} = 0.89$$

$$b = \frac{1.22\lambda_{L1}c_{S2}}{D_s c_{L1}}\cos\alpha = \frac{1.22\times 1.09\times 3.23}{14\times 2.73}\times\cos 49.1° = 0.044$$

$$\beta_1 = \arcsin(a-b) = \arcsin(0.89-0.044) = 57.8°$$

$$\beta_2 = \arcsin(a+b) = \arcsin(0.89+0.044) = 69.1°$$

$$\theta_u = \beta_2 - \beta = 69.1° - 63.4° = 5.7°$$

$$\theta_d = \beta - \beta_1 = 63.4° - 57.8° = 5.6°$$

计算结果如图 3-23 所示。

【例3-4】用 2.5MHz、ϕ12 纵波直探头检测钢工件，钢中 c_L=5900m/s，求其半扩散角。

解：$\lambda_L = \dfrac{c_L}{f} = \dfrac{5.9}{2.5} = 2.36\,(\text{mm})$

$$\theta_0 = 70\frac{\lambda_L}{D_s} = 70 \times \frac{2.36}{12} \approx 13.8°$$

由上述两个例子可以看出，在其他条件相同时，横波声束的指向性比纵波好，横波能量更集中一些。

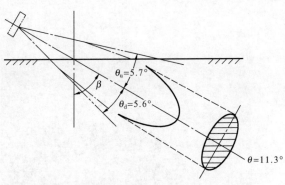

图 3-23　2.5MHz、$\phi 12$　$K2$ 斜探头半扩散角

八、爬波探头的声场

1. 爬波的产生

当斜探头以第一临界角（在有机玻璃/钢界面，约为 27°）入射时，纵波以平行于界面沿表面下传播，为了与纵波和横波区别，把横波和纵波叠加后能量最集中的前沿称为纵爬波，简称爬波。有的学者把它命名为次表面弹性波，头波（head wave）、侧向波、蠕动纵波或快速表面波。用得较多的名称有次表面波（SSL）和爬波。

2. 爬波声场的结构

当入射角 $\alpha = \arcsin\dfrac{c_{l1}}{c_{l2}}$ 时，纵波的折射角等于 90° 时，就会在第二种介质中激发爬波，此时的入射角 α 就称为第一临界角。爬波的产生和声场特性如图 3-24 所示。

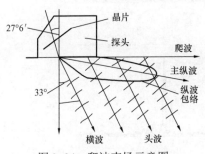

图 3-24　爬波声场示意图

由图 3-24 所示的爬波探头声场示意图可知：爬波探头所激发的声场具有多波型的特征，在产生爬波的同时还产生比较强的横波和头波。根据斯涅耳定律，压电晶片产生的纵波从一种材料（介质 Ⅰ）斜射到被检测材料（介质 Ⅱ）中，在介质 Ⅱ 中产生纵波和横波，它们角度有如下关系

$$\frac{c_{L1}}{\sin\alpha_{L1}} = \frac{c_{L2}}{\sin\beta_{L2}} = \frac{c_{S2}}{\sin\beta_{S2}}$$

若介质 Ⅰ 为有机玻璃楔块，介质 Ⅱ 为钢，在有机玻璃楔块和钢中的纵波波速分别是 2720m/s 和 5900m/s，根据上式可以计算出第一临界角为 27.6°，横波从探头入射点处以 33° 左右的折射角向前传播；头波是表面下的纵波向前传播过程中不断辐射出的横波，所以头波的入射点是不固定的。

可以通过图 3-25 的方法测量爬波声场结构。在纵波声速为 5900m/s 的 45 号钢质船型试块上，将 4MHz，晶片 4mm×4mm 双晶片并列爬波探头放置在图 3-25 所示位置上，选用 4Pϕ14 直探头作为接收器，将接收到的回波信号调至满屏高度的 80%，记录仪器的增益值。

根据测试结果绘制出爬波声场结构如图 3-26 所示。可以看出爬波探头的次表面波主声束主要集中在 70°～80° 之间。

同样，可以按图 3-27 的方法测试爬波探头的头波指向特性，将探头放置在图 3-27 所示的试块上，自右向左移动探头，观察波形和增益值的变化情况。当探头自右向左移动时，可以观察到横波幅度逐渐增加。

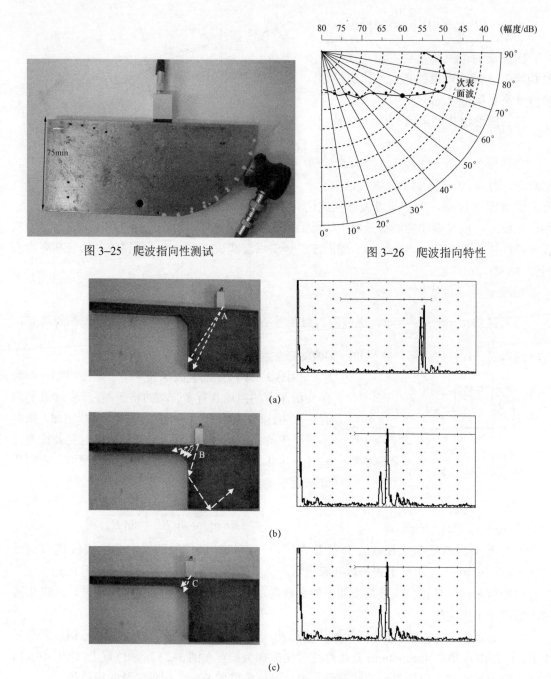

图 3-25　爬波指向性测试

图 3-26　爬波指向特性

(a)

(b)

(c)

图 3-27　爬波头波指向性测量试块

（a）爬波探头的横波反射（端角反射）；（b）爬波探头的头波反射；（c）爬波探头的横波反射（斜平面反射）

当探头位于位置 A 时［如图 3-27（a）所示］，横波端角反射波达到最高，将此波调至满屏高度的 80%，此时仪器的增益值为 42dB。继续向左移动探头，横波的波幅逐渐减小至消失，并出现头波的平面反射回波，当探头位于位置 B 时［如图 3-27（b）所示］，头波平面反射回波达到最高，将此时的头波调至满屏高度的 80%，此时仪器的增益值 $X_B = 44dB$。继续向左移动探头，头波的平面反射回波逐渐减小并消失，在位置 C 时 [如图 3-27（c）所示] 出现横波的平面反射回波，横波平面反射回波达到最高，将此时的回波调至满屏高度的80%，仪器的增益值 $X_C = 30\text{dB}$。

根据上述测量结果可知：爬波探头在产生横波的同时还在 30° 左右激发了相当强度的头波，在上述试验条件下，对大平底面反射而言，横波的强度比头波要高 $X_C - X_B = 14\text{dB}$。根据头波的传播方向和与横波的相对强度，计算出头波在31.6° 左右。

通过分析上述试验结果可知：爬波的最大幅值方向与表面呈一定的角度，在选用双晶片爬波探头的条件下，其最大幅值方向与表面的夹角约为15°。

爬波探头在产生爬波的同时还在 31° 左右激发了相当强度的横波，在选用双晶片爬波探头的条件下，对 $\phi 4\text{mm}$ 横孔的反射而言，横波的回波声压比爬波主瓣高 6dB。

爬波探头在产生爬波的同时还在 30° 左右激发了相当强的头波，选用双晶片爬波探头时，大平底反射的横波声压比头波高 14dB。

3. 爬波的特点

爬波由于其在表面下传播的特性，使其在传播过程中，受固体上表面状况（如粗糙度、油膜、附着层等）干扰较小，有利于检测表面下的缺陷。据相关文献：改变爬波探头的频率和晶片大小乘积（fD）值，可以改变探头对表面下缺陷的敏感程度。爬波速度与纵波速度相近，约为纵波的 0.9 倍，因为头波的原因，爬波再向前传播的过程中，衰减速度很快，通常检测距离在几十毫米。通过双晶片一发一收的探头模式可以提高探头的灵敏度。

九、介质对声波的衰减因子

根据声压衰减规律公式 $p = p_0 \mathrm{e}^{-ar}$ 可知，当平面波在对声波衰减的介质中沿 r 方向传播时，其声压按系数 e^{-ar} 随传播距离 r 的增加而衰减。因为平面波波束没有扩散现象，其衰减完全由介质所引起，故系数 e^{-ar} 单纯反映了介质对声波起衰减作用的规律。系数 e^{-ar} 叫做介质对声波的衰减因子。

由上所述，在对声波无衰减作用的理想介质中导出的所有声压公式，只需乘以 e^{-ar}，即适用于对声波有衰减作用的实际介质；例如，在实际介质中，圆盘源纵波声场声压分布公式为式（3-7）乘以 e^{-ar}，即

$$p_S(r,\theta) = \left(\frac{p_0 F_S}{\lambda_r}\right)\left[\frac{2J_1(kR_S\sin\theta)}{kR_S\sin\theta}\right]\mathrm{e}^{-ar}$$

式中　a——衰减系数，NP/mm。

第二节　脉冲波、连续波及脉冲波声场

一、脉冲波与连续波

连续波是指持续时间无穷的波动，而脉冲波则是指持续时间有限（通常是微秒数量级）的波动，如图 3-28 所示。

前面论述的都是连续正弦波。脉冲波的声场与连续波的声场大不相同。例如，两个相干

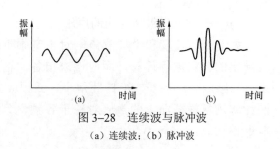

图 3-28　连续波与脉冲波

（a）连续波；（b）脉冲波

的连续波在介质中某点相遇时要产生干涉，对同一声源来说，自声源表面上诸点源辐射的连续波在声场中也将要产生干涉现象，但由于脉冲波是持续时间很短的波动，而两个脉冲波或自同一声源表面上诸点源辐射的脉冲子波并不一定同时到达观察点，所以它们可能是不产生干涉或只产生不完全的干涉。

前述章节讨论的反射率和透射率公式是在连续平面波垂直入射至无限大介质界面的前提下导出来的，推导过程中不用考虑相干波的干涉。当连续波垂直入射至有限介质的界面时，往往伴随相干波的干涉，此时公式是对连续波而言，也只能是近似的。但是当脉冲波垂直入射至有限介质的界面时，若其脉冲宽度窄到来不及产生干涉的程度，则公式仍然适用。

式（2–39）是连续平面波垂直入射于无限大介质中有限厚度异质层的前提下导出来的。推导过程中考虑了连续波在异质层中多次反射波和透射波所产生的干涉作用。当入射的是脉冲波，且其脉冲宽度窄到使夹层的多次反射波和透射波来不及产生干涉或只能产生不完全干涉时，则式（2–39）就不能成立。但是当夹层厚度相对脉冲宽度很窄时（例如气隙），入射的脉冲波（甚至窄脉冲）对于这种极薄的气隙来说，已经相当于连续波了，则式（2–39）还是适用的。

按傅里叶分析可知，一个周期性脉冲，可以分析为常数项和无限个 n 倍基频（n 为正整数）的正弦和余弦波（称为谐波）之和。如某一脉冲波可用时间的周期函数 $f(t)$ 表示，周期为 T，则 $f(t)$ 可展开成傅里叶级数

$$f(t) = \frac{a_0}{2} + \sum_{n-1}^{\infty}[a_n \cos n\omega t + b_n \sin n\omega t]\,(n = 1, 2, 3, \cdots) \qquad (3\text{–}29)$$

$$\omega = \frac{2\pi}{T}$$

式中 a_0、a_n、b_n——由 $f(t)$ 本身决定的常数。

二、脉冲波声场

一个脉冲波既然可以由多个正弦（余弦）波叠加而成，那么，就可以通过研究各种频率的正弦波声场来分析脉冲波声场。

对于脉冲波来说，可以看成许多不同频率的正弦波组成，其中每种频率的超声波决定一个声场，总的声场为各种频率的声场的叠加。由于各种频率的超声波声强叠加之和等于总的声强，所以总声压等于各分量声压平方和的开方，即

$$p = \sqrt{(p_1^2 + p_2^2 + p_3^2 + \cdots + p_n^2)}$$

式中 p——总声压；

p_n——n 次谐波所对应的声压。

关于近场长度和半扩散角，对于宽频带的脉冲波而言，原则上不能简单地按照连续波导出的公式进行计算，而应该求出各次谐波近场长度和半扩散角，然后求其合成的结果。高频成分近场长，半扩散角小，低频成分则相反。合成声压在近场的分布趋于均匀。圆盘源远场横截面上的声压对应于各频率分量有一年轮似地分布，高频成分的声压分量靠近轴线。

通常超声检测中使用的是窄频带的脉冲波。对于振荡次数为 10 次左右的辐射超声脉冲，其频带范围在标称频率的±5%左右。例如标称频率为 5MHz，则频带为 4.75～5.25MHz。按频带的定义，对应频带两端频率的声压与对应于中心频率的声压相比下降 3dB，所以仍然是标称频率对声场起决定作用。在这种情况下，近场声压分布趋向均匀，对于远场可近似应用由连续波导出的公式，代入标称频率计算声场参数。

以上所述是针对在工件内传播的超声波而言的。实际检测中，在荧光屏上所显示的电脉冲不仅与探头发射的超声脉冲有关，还与探头的声电转换、接收放大器的中心频率和放大器的频带有关。在检测中由连续波导出的公式用于脉冲波时，应充分注意放大器的中心频率和频带。

第三节 规则反射体的回波声压

在超声波检测中，由于缺陷是各种各样的，形状和性质也不尽相同，而目前通用的超声波探伤仪器和技术还难以直接反映缺陷的真实形状和尺寸。现行的方法是将超声波在缺陷上的反射量与在规则形状有限界面上的反射量加以比较，以反射量相当的规则形状有限界面的大小表示缺陷大小，这就是所谓的"当量法"。为了便于相对比较，在上述两种情况下，都以超声波的最大反射量为基准。显然，在整个声场中，除近场区之外，声束轴线上的声压为最大值，所以本节中入射波和反射波的声压都是按声束轴线上的声压来进行计算的。常用规则形状有限界面一般是机械加工的圆片形、球形、圆柱形等人工缺陷。对于这些人工缺陷的返回声压、声压反射率及反射回波高度的了解是非常重要的。

在超声波检测中，最广泛使用的是 A 型显示脉冲反射式超声波探伤仪和单探头脉冲反射法，探头既作发射超声脉冲的声源，还兼作返回超声的接收器，因此对于人工缺陷返回声压的计算是很必要的。

一、圆片状人工缺陷垂直返回声压

设在圆片状声源轴线上远场距离为 X 处，有一大于波长，直径为 ϕ 并与声源轴线相垂直的圆片形人工缺陷，假若超声波在此面积 F_ϕ 上完全被反射，对于反射波来说，根据惠更斯原理可以把这个圆片形人工缺陷当作一个新的圆片状声源来考虑，其起始声压就是此处的入射波声压 p。入射距离等于返回距离，如图 3–29 所示。由式（3–6）可以导出将圆片形人工缺陷作为新声源的近场区长度 N_ϕ 为

$$N_\phi = \frac{\phi^2}{4\pi}$$

一般圆片形人工缺陷直径较小，显然其返回声压 p_ϕ 为由式（3–4）可以得出

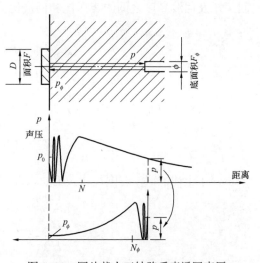

图 3–29 圆片状人工缺陷垂直返回声压

$$p_\phi = p \frac{\pi \phi^2}{4\lambda X} = p \frac{F_\phi}{\lambda X} \tag{3-30}$$

由于在远场所以入射声压 p 为

$$p = p_0 \frac{\pi \phi^2}{4\lambda X} = p_0 \frac{F}{\lambda X} \tag{3-31}$$

式中 p_ϕ ——声源起始声压；

$\quad D$ ——圆片状声源的直径；

$\quad F$ ——圆片状声源的面积。

将式（3-31）代入式（3-30）可得

$$p_\phi = p_0 \frac{\pi \phi^2}{4\lambda X} \times \frac{\pi \phi^2}{4\lambda X} = p_0 \frac{F F_\phi}{\lambda^2 X^2} \tag{3-32}$$

或写成

$$\frac{p_\phi}{p_0} = \frac{F F_\phi}{\lambda^2 X^2} \tag{3-33}$$

在探伤仪垂直线性良好的情况下，人工缺陷在荧光屏上的回波高度 H_ϕ 与返回声压成正比，即

$$\frac{H_\phi}{H_0} = \frac{F F_\phi}{\lambda^2 X^2} \tag{3-34}$$

式中 H_ϕ ——圆片形人工缺陷回波高度；

$\quad H_0$ ——声源起始声压所对应的波高。

从式（3-33）和式（3-34）中可以看出，对于给定的声源和检测条件（F 和 λ 为定值），圆片形人工缺陷返回声压及回波高度与缺陷面积成正比，与距离的平方成反比。

在同一检测条件下（F 和 λ 为定值），同距离处两个直径分别为 ϕ_1 和 ϕ_2 圆片形人工缺陷返回声压及回波高度之间的声压比和回波比为

$$\frac{H_{\phi 1}}{H_{\phi 2}} = \frac{p_{\phi 1}}{p_{\phi 2}} = \frac{p \dfrac{\pi \phi_1^2}{4\lambda^2 X^2}}{P \dfrac{\pi \phi_2^2}{4\lambda^2 X^2}} = \frac{\phi_1^2}{\phi_2^2} \tag{3-35}$$

引入分贝概念，式（3-35）返回声压比（或波高比）的分贝差值 K_ϕ 为

$$K_b = 20\lg \frac{\phi_1^2}{\phi_2^2} = 40\lg \frac{\phi_1}{\phi_2} \, \text{dB} \tag{3-36}$$

对于上述情况，若圆片状人工缺陷直径相同而距离分别 X_1 和 X_2 的返回声压比和回波比为

$$\frac{H_{\phi X1}}{H_{\phi X2}} = \frac{p_{\phi X1}}{p_{\phi X2}} = \frac{p \dfrac{\pi \phi^2}{4\lambda^2 X_1^2}}{p \dfrac{\pi \phi^2}{4\lambda^2 X_2^2}} = \frac{X_2^2}{X_1^2} \tag{3-37}$$

引入分贝概念，式（3-37）返回声压比（或波高比）的分贝差值 $K_{\phi X}$ 为

$$K_{\phi X} = 20\lg\frac{X_2^2}{X_1^2} = 40\lg\frac{X_2}{X_1} \tag{3-38}$$

例如在声源远场区相同条件下，距离相同直径相差一倍$\left(\dfrac{\phi_1}{\phi_2}=2\right)$的圆片形人工缺陷返回声压比（或波高比）的分贝差值$K_\phi$为

$$K_\phi = 40\lg\frac{\phi_1}{\phi_2} = 40\lg 2 \approx 12\,(\text{dB})$$

同样，当圆片形人工缺陷直径相同而距离相差一倍（$X_2 = 2X_1$）时，$K_{\phi X} \approx 12\text{dB}$。

二、圆柱形人工缺陷垂直返回声压

如果将"无限长"圆柱形人工缺陷代替上述圆片状人工缺陷，若圆柱的直径为ϕ，圆柱的轴线垂直于声束轴线，则其在声源远场区的返回声压p_ϕ为

$$p_\phi = p \times \frac{1}{2}\sqrt{\frac{\phi}{2X}} \tag{3-39}$$

$$p_\phi = p_0\frac{\pi D^2}{4\lambda X} \times \frac{1}{2}\sqrt{\frac{\phi}{2X}} = P_0\frac{\pi D^2}{8\lambda}\sqrt{\frac{\phi}{2X^3}}$$

$$\frac{H_\phi}{H_0} = \frac{p_\phi}{p_0} = \frac{\pi D^2}{8\lambda}\sqrt{\frac{\phi_1}{2X^3}} \tag{3-40}$$

从式（3-40）中可以看出，对于给定声源和检测条件（D和λ为定值），在声源远场区"无限长"人工缺陷返回声压（或回波高度）与圆柱直径的开方值$\left(\phi^{\frac{1}{2}}\right)$成正比，与距离的3/2次方$\left(X^{\frac{3}{2}}\right)$成反比。

同样，同距离、不同直径的声压比（或波高比）为

$$\frac{p_{\phi 1}}{p_{\phi 2}} = \frac{H_{\phi 1}}{H_{\phi 2}} = \frac{\dfrac{\pi D^2}{8\lambda} \times \sqrt{\dfrac{\phi_1}{2X^3}}}{\dfrac{\pi D^2}{8\lambda}\sqrt{\dfrac{\phi_2}{2X^3}}} = \sqrt{\frac{\phi_1}{\phi_2}} = \left(\frac{\phi_1}{\phi_2}\right)^{\frac{1}{2}} \tag{3-41}$$

式（3-41）声压比（或波高比）的分贝差值K_ϕ为

$$K_\phi = 20\lg\left(\frac{\phi_1}{\phi_2}\right)^{\frac{1}{2}} = 10\lg\frac{\phi_1}{\phi_2}\,\text{dB} \tag{3-42}$$

对于同样情况下，同直径不同距离的声压比（或波高比）为

$$\frac{H_{\phi X_1}}{H_{\phi X_2}} = \frac{p_{\phi X_1}}{p_{\phi X_2}} = \sqrt{\frac{X_2^3}{X_1^3}} = \left(\frac{X_2}{X_1}\right)^{\frac{3}{2}} \tag{3-43}$$

式（3-43）的声压比（或波高比）的分贝差值$K_{\phi X}$为

$$K_{\phi X} = 20\lg\left(\frac{X_2}{X_1}\right)^{\frac{3}{2}} = 30\lg\frac{X_2}{X_1}\,\text{dB} \tag{3-44}$$

通过计算可知，在相同情况下，同距离直径相差一倍（$\phi_1 = 2\phi_2$）的"无限长"圆柱形人

工缺陷的声压比（波高比）的分贝差值为 3dB；而同直径，距离相差一倍（$X_2 = 2X_1$）的声压比（波高比）的分贝差值为 9dB。

三、球形人工缺陷垂直返回声压

如果将直径 d 大于波长的球形人工缺陷代替上述圆片状人工缺陷，则其在声源远场区且 $X \gg d$ 时，返回声压 p_d 为

$$p_d = p \times \frac{d}{4X} \qquad (3\text{--}45)$$

或

$$p_d = p_0 \frac{\pi D^2}{4\lambda X} \times \frac{d}{4X} = p_0 \frac{\pi D^2 d}{16\lambda X^2}$$

$$\frac{H_d}{H_0} = \frac{p_d}{p_0} = \frac{\pi D^2 d}{16\lambda X^2} \qquad (3\text{--}46)$$

从式（3–46）中可以看出，对于给定声源和检测条件下，在声源远场区，且 $X \gg d$ 时，球形人工缺陷返回声压（或回波高度）与球的直径成正比，与距离的平方成反比。

同样，同距离不同直径的声压比（或波高比）为

$$\frac{p_{d1}}{p_{d2}} = \frac{H_{d1}}{H_{d2}} = \frac{p\dfrac{d_1}{4X}}{p\dfrac{d_2}{4X}} = \frac{d_1}{d_2} \qquad (3\text{--}47)$$

式（3–47）的分贝差值 K_d 为

$$K_d = 20\lg\frac{d_1}{d_2} \ \text{dB} \qquad (3\text{--}48)$$

对于上述情况下同直径、不同距离的声压比（或波高比）为

$$\frac{p_{dX_1}}{p_{dX_2}} = \frac{H_{dX_1}}{H_{dX_2}} = \frac{p_0\dfrac{\pi D^2 d}{16\lambda X_1^2}}{p_0\dfrac{\pi D^2 d}{16\lambda X_2^2}} = \left(\frac{X_2}{X_1}\right)^2 \qquad (3\text{--}49)$$

式（3–49）的分贝差值 K_{dX} 为

$$K_{dX} = 20\lg\left(\frac{X_2}{X_1}\right)^2 = 40\lg\frac{X_2}{X_1} \qquad (3\text{--}50)$$

通过计算可知，在相同情况下，同距离、直径相差一倍（$d_1 = 2d_2$）的球形人工缺陷的 $K_d = 6$dB；而同直径、距离相差一倍（$X_2 = 2X_1$）时 $K_{dX} = 12$dB。

四、大平底面垂直返回声压

在检测中，与探测表面平行的大平底面（底面积大于该处的声场截面积）是最容易获得的探测基准，所以作为标准反射面是经常使用的。若大平底面的粗糙程度远小于波长 λ，可以认为超声波在大平底面上为镜面反射。若大平底面在声源远场区的距离为 X，此时，返回声压相当于至声源两倍距离（即 $2X$）处的入射声压（如图 3–30 所示）。

大平底面返回声压 p_b 为

$$p_b = p_0 \frac{\pi D^2}{4\lambda(2X)} = p_0 \frac{F}{2\lambda X} \qquad (3\text{--}51)$$

或

$$\frac{H_b}{H_0} = \frac{p_b}{p_0} = \frac{F}{2\lambda X} \qquad (3\text{--}52)$$

从式（3–52）可以看出，在给定声源和检测条件下，在声源远场区，大平底面的返回声压仅与距离成反比。

其不同距离处的声压比（或波高比）的分贝差值 K_b 为

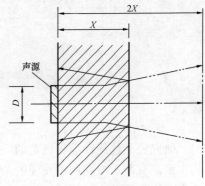

图 3–30 大平底面返回声压

$$K_b = 20\lg \frac{X_1}{X_2} \quad \text{dB}$$

通过计算可知，在相同条件下距离相差一倍（$X_2 = 2X_1$）的大平底面返回声压比（或波高比）之间的分贝差值为6dB。

瓷支柱绝缘子及瓷套制造工艺

研究瓷支柱绝缘子和瓷套的坯料配方、工艺流程、烧结缺陷的成因，了解制造工艺方面的常识，有助于对检测中发现的缺陷信号做出正确判定。本章分八节分别介绍瓷支柱绝缘子及瓷套的制造工艺过程以及常见缺陷形貌。

第一节　电瓷的分类、结构和特性

一、概述

电瓷是电力工业发展中必不可少的绝缘材料。目前，在高压输变电及高压电器设备中，各部分的绝缘、机械支持等方面有着最广泛地应用。用电瓷制造的高压输电用绝缘子已有一百多年的历史，这种材料具有优良的性能，绝缘性能好、机械强度高、耐冷热急变性能强、抗老化。目前，在防污等级上也有很大的提高，因此，在恶劣的环境下有着不可比拟的优越性。

二、分类

电瓷按其耐电压等级的高低可分低电压电瓷（1kV 以下）和高压电瓷（1kV 以上）。目前，我国可生产的电瓷可达 1000kV 电压等级。

按输送电的性质分类有交流和直流输变电用电瓷，也已装备在我国直流输变电线路中，按其用途可分为电瓷绝缘子和电瓷瓷套两大类产品；按其生产的方式不同可分为湿法成型和干法成型电瓷。尤其是干法成型生产线在我国发展迅速，高电压等级及大型产品中绝缘支柱及瓷套干法成型合格率在不断提升，全过程合格率可达到 95% 以上。其中绝缘子可分为线路绝缘子，如针式、蝶形、盘形悬式、横担、棒型悬式等，电站用绝缘子可分为空心支柱及实心棒形支柱等，电瓷瓷套有穿墙式套管、电容器套管、避雷器套管等。

三、组成

绝缘子及瓷套一般由绝缘体、金属附件及胶合剂三部分组成，绝缘体主要起绝缘、支撑、保护作用。金属附件一般用铸铁低碳钢、铝及合金等制成，起机械固定、连接、导体（如套管内导体）作用，而胶合体的作用是将绝缘体和金属附件胶合起来。目前，广泛使用的胶合体为高标号（如 500 号以上）水泥。为了增强胶合剂强度，一般在绝缘体的两端也就是金属附件连接部分进行滚花或作上砂处理。

四、几种典型产品的结构图形

典型的棒型支柱绝缘子和瓷套的结构图，如图 4-1 所示。

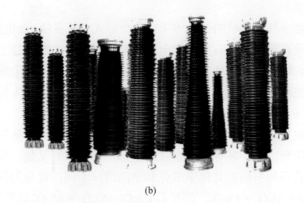

(a)　　　　　　　　　　　　　　　　(b)

图 4-1　棒型绝缘子和瓷套

（a）棒型绝缘子；（b）瓷套

第二节　电瓷原料及工艺流程

一、原料的组成

电瓷的坯、釉料的成分主要有二氧化硅 SiO_2、三氧化二铝 Al_2O_3 及少量的碱金属氧化物（如氧化钾 K_2O、氧化钠 Na_2O 等）以及碱土金属氧化物（如氧化钙 CaO、氧化镁 MgO）等。这些化学成分都以矿物质形式存在于自然界中。我国地域广阔，电瓷用矿物质含量丰富，遍布全国各地。如石英晶体含有大量的二氧化硅 SiO_2，长石中含有大量的碱金属氧化物以及碱土金属氧化物，而黏土中含有丰富的氧化铝 Al_2O_3 等，因此电瓷坯料是由黏土、长石、石英以适当比例配合而成，在一般高强瓷中需要使用高铝及其他原料，而在电瓷釉料中，还需加入一些金属氧化物等。

1. 黏土

黏土是一种天然的土状矿物，是由硅酸盐岩经风化而形成，黏土原料的主要化学成分是含水硅酸铝（$x\mathrm{Al_2O_3} \cdot y\mathrm{SiO_2} \cdot z\mathrm{H_2O}$）。在自然界中，黏土一般都混有不同性质的氧化物及其他杂质。电瓷坯料中的 Al_2O_3 是由黏土引入的，黏土的工艺性能主要有可塑性，黏土中加入一定量的水调和以后能塑成电瓷所需要的各种形状，第二黏土有一定的结合特性，它能和其他电瓷原料黏合形成泥团，并且在干燥后保持原有的形状，具有一定的强度，再者黏土具有良好的泥浆性能、流动性强、稳定的悬浮性能，另外黏土还具有收缩性能，在电瓷制造中包括泥坯干燥收缩以及在烧成过程中的烧成收缩，所以，在泥浆制造过程中一定要考虑其收缩性能，按照收缩率设计出泥坯的尺寸。

黏土的加入使电瓷坯体烧成后变得更加坚硬、致密，具有良好的机械性能和优良的电气性能，同时还具有良好的冷热性能。

黏土按其矿物质组成分类可分为：

（1）高岭石类。如高岭石、多水高岭石、迪开石以及珍珠陶土等。

（2）微晶高岭石类。如蒙脱石、拜来石等。

（3）水云母类。如绢云母、伊利水云母等。

2. 石英

石英是一种结晶状的 SiO_2 矿物，存在形式多种多样，在电瓷生产中常用的石英为脉石英、石英岩以及石英砂等。石英也是电瓷坯釉料配方中主要原料之一。一般作为瘠性原料掺入到坯料中，它可以降低坯体干燥过程中的收缩和变形，加速干燥过程，同时增强瓷件的机械强度及提高绝缘性能。石英在高温下发生体积变化可抵消坯体的部分收缩，改善烧成条件。

3. 长石

长石也是电瓷坯釉料配方中主要原料之一。一般作为瘠性原料加入，它可使电瓷坯体的干燥时间缩短，减少坯体的干燥收缩变形，同时长石又是一种熔剂原料，可以降低坯体的烧成温度。长石原料根据其化学成分和结晶情况不同，可分为钾长石 $K_2O \cdot Al_2O_3 \cdot 6SiO_2$、钠长石 $Na_2O \cdot Al_2O_3 \cdot 6SiO_2$、钙长石 $Ca_2O \cdot Al_2O_3 \cdot 6SiO_2$ 以及钡长石 $BaO \cdot Al_2O_3 \cdot 2SiO_2$ 等。（富）钠长石比钾长石的熔融范围小许多，高温黏度又低，故在电瓷坯体中应慎重地使用钠长石及钠长石比例大的钾长石原料。釉料中有时需要改善高温流动性和防止某些釉面缺陷，希望釉熔体的高温黏度下降，钠正好可符合这一要求。电瓷（陶瓷）工业中常用的长石为钾钠长石，尤其是微斜长石，微斜长石的熔融温度范围宽，可以保持坯体有较宽的烧结温度范围，高温黏度较大，瓷体不易变形，烧成收缩也小于钠为熔剂的收缩。在电瓷釉料中，长石的 K_2O 过多，釉玻璃因很多的微小气泡而成乳浊状，为提高釉的透光性和改善流动性，可采用钠长石比例稍高的钾钠长石，钡长石晶体介电损耗很低，电瓷生产一般不用。在选用长石时，应对长石的熔融温度、熔融范围及熔体黏度作熔烧实验。陶瓷生产中适用的长石要求共熔温度低于 1230℃，熔融温度范围应不小于 30～50℃。长石玻璃性能对瓷绝缘子的机械性能，电气性能稳定性有影响。钠长石及钙长石玻璃热膨胀系数大于钾长石的热膨胀系数，不容易形成压应力状态釉层，由于膨胀系数大，釉面有开裂危险。钙长石玻璃高温黏度很小，本身的熔点又高（1550℃），冷却时经常析晶。电瓷的电气性能在很大程度上又与玻璃相的电气性能相关，原因是相对而言的，晶相比玻璃相有较好的电气性能。而长石玻璃有关电气性能与玻璃中 K^+ 和 Na^+ 的浓度关系密切，玻璃相的电导（体积电阻率的倒数）和介电损耗均随氧化钠含量的增多而增大，即电绝缘性变差。

4. 其他原料

根据电瓷瓷质性能及釉料不同还需添加一些其他原料，这些原料一般包括：

（1）高铝原料。如铝矾土、工业氧化铝等以制造不同等级的高强度电瓷。

（2）碳酸盐类原料。如方解石、白云石等，它们可以增大坯釉的烧成温度范围，提高釉面的光泽度等。另外在釉料中还有滑石、萤石等。

二、工艺流程

在电瓷制造中，生产周期长，工艺流程多。目前一般分为湿法成型和干法成型两种。

典型的湿法工艺流程为：原料验收→选料粉碎→配料→球磨→制浆→过筛除铁→脱水榨泥→荒炼→真空炼泥→阴干→修坯→干燥→上釉上砂→烧成→瓷件检验→切割研磨→胶装→产品养护→成品检验→外观清理→包装入库。其中从原料验收到荒炼为制泥部分，真空炼泥到上釉为成型部分。

目前在我国，成型部分除了湿法成型外，还有干法成型，主要为等静压成型。等静压成型是经过筛除铁后的泥浆进入喷雾干燥或干粉状，然后采用高压（压力约为160MPa）成型，成型后再进行修坯，之后的工序和湿法成型基本一致。

第三节　泥料的制备

泥料制备是电瓷生产中第一道工序，也是最重要的工序。只有做到配料准确，料、水、研磨体配比合理，泥浆及泥浆水分含量以及料方的颗粒细度、杂质等符合工艺要求，才能得到质量较高的电瓷产品。

一、原料筛选

原料筛选的目的是剔除含有杂质较多的原料，如含有黄砂、煤炭、草根、树皮及表面有铁锈的原料。对一些硬质原料（含硬质黏土）必须经过粗碎、中碎工序。目前我国很多厂家的进厂原料为粉料，则省去这道工序。

二、原料配制

将粉料或水化性能很好的黏土，按料方要求进行称量配比，然后一次性倒入浆池，加水进行搅拌，待符合要求后一次性注入球磨机进行球磨。

三、球磨

1. 球磨目的

球磨是为了保证料浆细度和颗粒级配，同时，使各种原料均匀混合，一般对不同的料方（如普通料、中强度料、高强度料等），球磨细度要求不一，一般250目筛筛余1.2%～2.2%。

2. 球磨机的种类及原理

当球磨机（如图4-2所示）运行时，球磨机回转筒按一定的角速度滚旋转运行，球磨机内的研磨体由于离心力的作用贴紧筒内壁上升，在一定高度下，由于重力作用而落下并撞击物料达到球磨目的。

四、过筛与除铁

经球磨机球磨后的泥浆在输送过程中会混入一定量的杂质，如不去除将影响瓷性能，需通过过筛工序将其剔除。坯釉料在这道工序混入的机械铁质也可以通过过筛而得到部分剔除。因此，在一般情况下，使筛网密度大一些为好，但太大会影响过筛的效率，所以，不同厂家可根据实际情况分几道过筛工序进行过筛。

图4-2　球磨机

而铁杂质除了对瓷的白度及釉面影响外，对瓷的其他性能也有影响，随着铁含量的增加，烧成温度范围变窄，电击穿性能、机械抗弯强度、冷热性能等都有明显下降。因此，生产厂家在工序设计上将过筛和除铁放在一起。通常，过筛设备和除铁设备紧密相连，过筛后的泥浆立即除铁。目前，除铁的方法为电磁除铁器和永久磁铁除铁器。过筛与除铁如图4-3所示。

五、脱水、榨泥

为了达到挤制成毛坯的要求，首先要将合格泥浆进行脱水处理，也就是榨泥。榨泥的过程就是合格泥浆经榨泥机后形成合格泥饼以便于真空练泥的需要。

图 4-3　过筛与除铁

榨泥时，泥浆泵将合格泥浆通过榨泥机的进浆管注入榨泥机内，在送浆压力为 1.5～2.0MPa 的作用下，泥浆水分经滤布流动，而浆料附着在滤布上，形成泥饼。

六、真空练泥

真空练泥的目的就是为后一道工序——成型提供具有一定强度、含水量较低的毛坯。这种毛坯包含棒型支柱毛坯及电瓷瓷套毛坯，一般棒型支柱毛坯是圆柱形实心体，而瓷套为圆柱形空心体。

1. 真空练泥的作用

（1）排除产品的气体。排除泥料中的气体，提高泥料的可塑性能。真空练泥的真空度一般不低于 95%当地标准大气压（当环境温度高于 30℃时，真空度不低于当地标准大气压的 94%）。

（2）提高产品的合格率和瓷质性能。经过真空练泥后，排除了泥料中的空气，另外，通过真空练泥机螺旋对泥料的揉练和挤压作用，提高了泥料的可塑性能，对泥料的均匀性和致密度都得到了提高，改善了泥料的收缩率，从而减少在干燥和烧成过程中的毛坯变形和开裂，提高了成品合格率。

2. 真空练泥机的工作原理

真空练泥机的工作原理简单地讲就是泥饼经过加料螺旋破碎、搅拌、输送后，通过栅板成为较小的泥条进入真空室，在真空室内，泥料中的空气被大量地抽走。真空处理后的泥料在挤出螺旋的挤压下，通过机头和出口，然后根据产品的尺寸进行切割，从而得到所需要的空心或实心的泥段毛坯。

七、阴干

阴干的目的就是将真空练泥后挤制的泥段毛坯放在一定场地让其自然（或通过电加热）方式进一步阴干硬化，以达到下道工序——修坯所需的合格毛坯，毛坯中水分进一步散发，使毛坯的可塑性进一步提高，同时机械强度也得到提高，避免在修坯时发生变形，一般阴干水分控制在 15%～16.2%之间。

由于冬季厂房环境温度低，毛坯自然阴干时间长，为了缩短毛坯阴干时间，目前我国许多厂家使用毛坯电阴干控制系统，根据设置升温速度自动控制，人工翻动毛坯，可缩短阴干时间 40%～50%，使毛坯水分内外散发更加均匀。

第四节　成　型

将阴干后的泥段毛坯按照产品的放尺及几何图形的要求，通过一系列的修坯工序后，形成具有一定机械强度及符合图纸要求的几何形状的坯件，这个过程就是成型。目前就国内来说，棒形支柱绝缘子及大中型电瓷瓷套的成型一般分为两种：一种为塑性成型，主要是湿法立修和横修；另一种就是干压成型，主要为等静压干法干修。

一、湿法成型

对于 110kV 及以上棒形支柱绝缘子及套管，湿法成型可分为横修和立修，目前大部分采用立式修坯。

1. 横修

横修车床修坯多用于瓷套修坯，它采用半自动车床，用多刀多刃切削，先将泥段毛坯用车坯铁心穿上，然后横向固定在修坯车床上，然后毛坯随主轴转动，而样板刀随刀背做横向运动，走完样板刀后，就完成符合图纸的几何图形的修坯，然后通过手修刀完成伞沿等部分的修理，抿坯后卸车，完成整个修坯程序。

2. 立修

立修与横修区别不大，也是采用样板刀修坯，然而目前大都采用单双工位数控修坯机修坯，一方面减轻了劳动强度，另一方面，大大降低人为因素对产品质量的影响，而且双工位数控修坯机大大提高了工作效率。首先，技术人员根据产品修坯图纸将相关参数（如半径、伞径、高度、伞距、进刀尺寸、旋转速度等）按要求编成一定的工艺程序，然后将程序按步骤输入在数控修坯机内，而后将毛坯泥段固定在数控修坯机上，经过对刀后，固定在刀架上的不同正反刀具自上而下地经过剥皮—修坯成型，然后有的部分如伞沿等再用手修刀处理，通过多遍的抹坯完成修坯工序。

二、干法成型——等静压成型

等静压成型可分为粉料的制备、毛坯压制和修坯三步。粉料过筛除铁后经过喷雾干燥后收集即可进行毛坯压制。将干粉料通过等静压压机的加料口加入成型模中，粉料在加料过程中通过震动装置的震动，充分地填充在模具中，然后通过液压装置进行压制。压制过程可分为升压、保压、卸压三个阶段。卸压时如卸压速度控制不好，极易导致毛坯开裂。毛坯压制好后需进行修坯操作。这种修坯方式较湿法修坯，坯体尺寸容易掌握，也比较准确，避免了湿法修坯后干燥阶段坯体失水后收缩造成的尺寸误差。干法修坯机目前采用数控修坯方法，与湿法不同的是修坯刀不同。干法修坯刀具所受的切削阻力增大，因此对刀具的强度、刚性及耐磨性有较高的要求，刀刃一般采用刚玉、氧化锆、氮化硅原料制作。干法等静压成型修坯如图 4-4 所示。

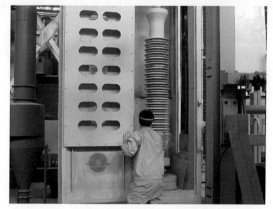

图 4-4　干法等静压成型修坯

三、干燥

陶瓷的干燥是电瓷生产工艺重要工序之一，主要作用是排除湿坯内的水分。电瓷产品的质量缺陷，有很大部分是由干燥不当引起的。干燥不当主要体现在干燥速率上，坯体的干燥速率又取决于干燥时内扩散与外扩散条件。传统的干燥工艺过程，一般无法保证低温高湿度的条件，坯体外表温度较高，水分的扩散速率较快；内部温度较低，水分扩散速率较慢；而水分扩散时伴随着坯体体积的变化，易引起坯裂，合理的控制干燥速率，将会减少干燥中出现的缺陷。

电瓷干燥过程分为四个阶段：① 干燥预热阶段（介质相对湿度 75%～80%，介质温度约

30℃）；② 低温度高湿度阶段（相对湿度 75%～80%，热气温度 30～40℃）；③ 高温干燥阶段（达到第二临界点，热气温度不大于 100℃）；④ 冷却阶段（冷却速率小于 10℃/h 坯体出烘房温度与环境温度不超过 10℃，夏季不超过 40℃）。

干坯表面十分容易吸湿膨胀，造成微裂纹、开裂、掉伞等干燥缺陷。当雨季车间相对湿度很高时（≥90%），则坯体出烘房后应及时施釉和进窑。

四、上釉

釉是覆盖在电瓷表面上一层的玻璃态物质，一般厚度为 0.2～0.3mm，釉不能离开坯体单独存在，总是与坯体结合在一起。电瓷坯体上釉目的就是为了改善产品性能，可提高电瓷的机械强度 20%～40%，同时釉的绝缘性能极佳，具有良好的耐电弧性能。

1. 上釉方法

上釉的方法从目前情况看有浸釉法、喷釉法、淋釉法等。浸釉法又可分为立式浸釉法和卧式浸釉法。浸釉时坯件全部浸入釉浆池中，同时，釉浆要不断搅拌，一般可从釉浆池底部用压缩空气进行搅拌。喷釉法是用喷枪以压缩空气将釉浆喷散成雾状，喷在坯件上。喷釉法的优点是釉层均匀，但喷釉效率比较低。淋釉法是将坯件固定在上釉机上，并不停地沿轴线向作圆周运动，而釉料出口沿坯件径向运动，釉浆从坯件上方淋洒在坯件上，坯件下方用一槽型物体盛放多余的釉浆。

2. 釉浆浓度的控制

釉浆不能过稀，以免造成脱釉或花釉现象，并且还会出现吸釉现象；而釉浆浓度过大时，釉层不易均匀，易产生堆釉或缺釉现象。一般釉浆的密度为 1.60～1.85g/cm³，另外，釉料细度一般为 320 目筛，筛余应小于 0.1%，若釉料过细时，釉层不易干燥，收缩性大，易开裂，釉料太粗时，则烧成后釉面不光滑。

五、上砂

上砂的目的是为了使瓷件和金属附件在胶装时能更好地牢固接触在一起。一般上砂用的釉浆与上釉用的釉浆相同，并且上砂一般与上釉连接在一起，在上釉机上运行。上砂一般用瓷砂，瓷砂是将废瓷破碎后过筛而得。上砂的大致工艺过程：上釉的坯胶装部位涂胶黏剂（涂胶）→上砂→喷加固釉。供较小坯体用瓷砂粒度 1.2～1.5mm，供较大坯体用瓷砂粒度 1.5～2.0mm。胶黏剂采用 70%电瓷生料釉加 30%水玻璃或饴糖溶液调配而成，胶黏剂的黏结砂强度较低，容易掉砂与成片脱落。严格控制胶黏剂—有机胶与釉粉的配比，有机胶黏剂如 107胶；1%聚乙烯溶液或其他的有机胶黏剂溶液，与釉粉的比例 1:1.5 配成黏结胶，配胶时胶黏剂过多或胶层过厚时，上砂时易堆砂，搬运或烧成后出现成片脱落；胶中有机胶黏度比例低或涂层薄，瓷砂黏结不牢，也容易掉砂，产生缺砂、少砂。上砂的理想状态是砂既埋入釉中，又有部分突出。

第五节 烧 成

烧成是电瓷生产工艺中很重要的工序。坯体烧成就是坯体经历的热处理过程。影响烧成质量因素的原因很多，如温度、气氛、燃料、窑炉、窑具、助燃空气、窑压等，因此在实际操作过程中，要根据具体情况来确定不同的烧成制度。成功的烧成过程必须在合理的烧成制度下进行。烧成制度包括温度制度、气氛制度和压力制度。其中压力制度是保证温度制度和气氛制度实现的条件。随着自控水平的不断提高及控制模式的多样化，窑后质量不断提高。目前在国内，大型棒型绝缘支柱及瓷套几乎都采用高速等温喷嘴抽屉窑烧成。集散系统控制及 PLC（可编程序控制器）及变频技术等应用，使窑炉在温度控制、气氛控制及窑压控制等实现全过程自动控制。

一、燃料

燃料在烧成过程中是影响烧成质量的重要因素，燃料一般可分为固体、液体和气体燃料。目前随着窑炉技术及控制技术的不断提高及中大产品数量不断增加，固体（如煤）、液体（如重油原油）等燃料，应用越来越少，逐步被气态燃料所取代，一方面固态或液态燃料杂质含量较多，影响烧成质量，另外也造成管道、阀门及控制执行机构堵塞，对环境造成污染。目前电瓷行业比较广泛使用的气体燃料有发生炉煤气、焦炉煤气及天然气。随着我国"西气东输"工程的实施，全国许多地方都通上了热值高、清洁的天然气，也为电瓷窑炉烧成提供了燃料保障，同时有利于窑炉自动化控制的实现。

二、电瓷坯体在烧成过程中的物理变化

1. 体积的变化

从常温至 300℃左右，由于坯体水分的蒸发，坯体的体积将缩小，当温度达到 573℃时，由于β–石英转化为α–石英，体积突变，达到 900℃以后，体积收缩逐渐加剧，达到最大。

2. 质量的变化

由于坯体中的水分在小火阶段不断蒸发，中火阶段坯体的失重为 3.5%～7.0%，这是由于结晶水分的排除及可燃物质与矿物杂质的氧化分解的结果。

3. 气孔率的改变

气孔率由小火阶段开始逐渐增加，到氧化阶段末期达到最大。以后由于体积的缩小和液相的形成，气孔率又逐步降低，达到适当的烧成温度时最小。产品过火时，气孔率又逐渐增加，甚至使坯体形成海绵状的组织。

4. 颜色的变化

有色的坯体随温度的提高，色逐渐变淡，而以氧化期终了时最淡。在这个时期，坯体呈现为粉红色或肉红色，因为坯体内的铁质均被氧化成 Fe_2O_3，以后随着温度的提高 Fe_2O_3 变为 FeO，并生成硅酸亚铁，颜色因而变为青白色、灰色，并逐渐加深。过烧坯体往往具有黄色瘢痕的特征。

5. 强度及硬度的变化

在小火阶段，坯体的强度略有增加，在 900℃以后，坯体强度会逐渐增加，且由于形成长石–石英玻璃及莫来石晶体，使坯体的硬度逐渐提高，最高时达到莫氏 7～8 级。

三、烧成各阶段的划分及变化

1. 低温烧成阶段（室温～300℃）

这个阶段，根据坯体大小的不同，所用时间及升温曲线有所不同，实心棒形绝缘支柱和空心瓷套也有区别。这个阶段主要是排除水分。首先是自由水，也就是加入到泥料中存在坯体中的水分，大部分自由水在这个阶段将被除去。另外，还有坯体在空气中的吸附水，根据现场温湿度及干燥程度，坯体放置时间的不同，吸附水的含量也有区别。还有就是结晶水，就是原料中以化学结合状态存在的水分，这些结合水需要在一定温度下才能被分解，且温度范围比较宽，一般在150～700℃。控制入窑坯体水分率在1%～2%，升温速度可加快；反之，如入窑坯体含水率较高，特别是壁厚及形状复杂产品，入窑水分急剧（蒸发）汽化产生巨大体积膨胀导致坯体炸裂（或爆裂）。因此应控制升温不能太快，该阶段对气氛没有特殊要求，通常为氧化气氛。

2. 氧化阶段（氧化分解阶段或中温阶段，300～950℃）

这个阶段将会发生一系列的化学变化，该阶段升温曲线应比较平滑，且窑炉的热循环要好，使反应进行得比较彻底。其中，坯体中的碳素被氧化，生成二氧化碳而排出，其次化学结合水会被分解，如高岭石 $Al_2O_3 \cdot 2SiO_2 \cdot 2H_2O$、迪开石 $Al_2O_3 \cdot 2SiO_2 \cdot 2H_2O$、铝土矿 $Al_2O_3 \cdot 2H_2O$，$Fe(OH)_2$ 等。如坯体密度、尺寸大小、壁厚、坯体细度大都影响气体排出，若这些因素影响较小则快速升温。石英用量较多的坯体，应考虑 573℃左右，由于晶型转变引起体积膨胀，需适当控制升温速度。

3. 中火保温阶段（900～950℃）

这时窑内温度要均匀，以便排尽剩余的结晶水分，在氧气充足的条件下，并使坯体残留碳素充分氧化（或完全烧尽）碳酸盐彻底分解，此时，窑炉气氛 O_2 含量8%～12%，CO 含量为0。当氧含量增大到12%窑内温度趋于下降。

4. 还原阶段（950～1160℃）

在该温度范围内进行还原焰烧成，一般氧化转强还原的温度（称为转换温度或临界温度）、气氛的具体数值随坯釉配方的不同而不同。一般情况下，临界温度宜控制在釉（始熔）软化前100～150℃，较有效强还原温度在1100℃之前。强还原阶段950～1080℃或1000～1100℃，窑内气氛 CO 含量是3%～4%波动，O_2 含量0.2%，弱还原阶段1090～1130℃或1200℃到止火温度，其目的是为了使坯体内的高价铁还原为低价铁，并使瓷质具有白洁度，窑内气氛 CO 含量为1%～2.5%，O_2 含量为0.2%～0.4%。但是窑内还原气氛不能过浓，否则坯体釉面会吸附碳粒，而这时釉料开始熔融，以致使坯体变色，或出现斑点。

5. 高火保温阶段（1160～1250℃）

这个阶段坯体内各种化学反应更趋彻底，采用强还原焙烧，这时坯体在高温的作用下发生烧结瓷化，烧结就是原料在加热过程中陆续产生液相填充在固体颗料间的空隙中。棕釉色泽亮丽而美观，为消除坯体内外的温差，应用适当的高火保温，但时间不宜过长。

6. 冷却阶段（1250℃～常温）

高保阶段完成后进入熄火冷却阶段，780℃瓷体形成固态时，冷却速度过快，易造成局部冷却收缩应力过大，否则会引起瓷体开裂，这一阶段，瓷坯由高温可塑状态转变为常温固态。800℃以下的冷却速度必须控制（或有的资料认为850℃以下由于液相开始固化，石英晶型转化，故应缓冷，缓冷的速率为40～70℃/h）。

四、窑炉

窑炉是烧成过程中重大设备，窑炉的好坏，直接关系到烧成合格率，窑炉的硬件形式如窑炉结构大小、保温程度、装载方式、烧嘴、排烟方式、窑内温差、窑内压力、气氛均匀程度以及窑炉软件方面的控制模式、自动化程度、检测精度等都对烧成影响很大。20 世纪 90 年代以前，国内大都采用倒陷窑（如圆窑、方窑）、隧道窑等居多，随着窑炉技术的不断发展，目前采用高速等温烧嘴下排烟方式的抽屉窑以其灵活、自控、节能、烧成周期短而迅速普及，其具有以下特点：

1. 窑炉结构

（1）窑体内腔尺寸可根据装烧产品尺寸的不同及装载量的多少可自行设计。目前，国内等温高速喷射抽屉窑一般高度 2.1～6.0m 不等，如大棒形绝缘支柱及大瓷套、多节无机黏接瓷套的烧成要求窑炉高度至少在 3m 以上，整体容积一般 50～160m³ 之间。一般根据烧嘴的排列方式和火道距离，可划分多个区域，窑高在 2.3m 以上，一般采用 3 层或 4 层烧嘴，要求烧嘴布局在窑体两侧及上下分布均匀，每区温度、气氛等控制互不干扰，另外根据窑体大小及烧嘴多少选择烧嘴功率，不同的烧嘴其功率节能效果、火焰喷射距离、火焰检测方式不尽相同，这种烧嘴国内外都有生产。

（2）目前，国内高速等温喷射抽屉窑大都会采用气体燃料，且天然气居多，这种窑炉一般采用下排烟方式，排烟风机的大小可根据窑体大小设计，如图 4-5 所示。

（3）窑顶结构一般分为轻质保温悬挂式窑顶，窑门的开启方式有液压提升式及手推侧拉式等，而窑车的数量可根据窑体的长短而定，一般为 2～4 辆窑车。

图 4-5　等温高速喷射抽屉窑炉

（4）窑体首先为钢结构框架，内设铆固件窑墙，窑墙厚度一般为 350mm 左右，由轻质莫来石绝热砖、硅酸铝板和硅酸纤维组成，烧嘴周围及窑体膨胀缝隙采用氧化铝多晶纤维填充，而窑车窑门密封处采用含锆纤维，窑体四周钢板内侧加涂稀土保温层。

2. 安全联保系统

安全联保系统由窑压、风机变频器、燃气总管压力及各风机启停按钮由急停按钮、火焰监测器、燃气管道电磁阀、报警器等组成，这些都是相互联锁，一旦发现异常，首先进行声光报警，在报警时间范围内排除故障。否则为了防止事故发生，系统做出紧急关停相关电磁阀切断燃气总管等程序。

第六节　切割、研磨和胶装

由于电瓷产品受坯料釉料成分、颗粒粗细程度、成型后水分含量、烧成过程等因素的影响，是修坯后工件工艺尺寸和电瓷成品的尺寸存在一定的差异。因此无论采用吊烧方法或坐烧方法制造的瓷件产品，一般都需要切割去除吊烧头部分或预留的坐烧底座。对于一些低电压等级、小型电瓷产品为了提高生产效率，充分利用窑炉装载量，同种产品两三个连在一起加工、烧成，烧成后也需要进行切割。

瓷件通过切割后为了提高胶装强度，瓷件的端面边缘需一定的倒角，而大型或超大型瓷套特别是要求高度超过单节瓷套的产品，需要通过有机或无机黏接的方法，将多节瓷套连接在一起，这样就需要对瓷件的端面的接口部分进行研磨，从而达到一定的光洁度和平行度及不同的几何形状等。

电瓷是一种脆性材料，不能通过焊接、铆接以及螺钉配合进行安装，一般是通过法兰、钢帽、钢脚等来固定安装，因此瓷件和这些金属附件就需要通过胶装方法固定在一起。

一、切割、研磨

切割方法就是将瓷柱固定在切割机床上，加工大型瓷套时，一般采用内外卡装方式，根据切割、研磨产品工艺图的要求进行切割和研磨。目前，广泛采用湿法切割研磨，也就是在切割刀具及磨具和瓷件的接触处加水。这样，一方面，对刀具降温；另一方面，消除粉尘对操作污染危害。瓷件切割的刀具一般为金刚砂刀片，研磨砂轮一般采用倒角形砂轮和圆弧形砂轮，通过切割研磨后的产品总长公差一般要求不大于 1mm。绝缘子切割如图 4-6 所示。

图 4-6　绝缘子切割

二、胶装

电瓷产品的胶装就是通过胶合剂将瓷件与附件牢固地接合在一起。目前国内电瓷行业采用的胶合剂一般为硅酸盐水泥。根据国家标准，硅酸盐水泥一般分为 42.5、52.5、62.5 和 72.5 四个标号。

1. 水泥胶合剂胶装工艺

电瓷产品水泥胶装工艺一般可包括瓷件、附件的准备，其中包含清洗、除锈、除油污、刷防护层、配制胶合剂、检查胶装架、胶注、养护、硬化、检查等，如图 4-7 所示。

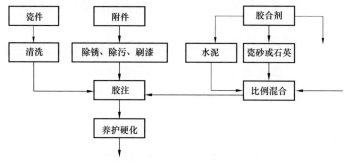

图 4-7　水泥胶装工艺图

2. 硅酸盐水泥胶合剂

胶合剂一般由胶结料、填充料和外加剂三部分组成，而水泥胶合剂中胶结料是水泥。填充料能改善胶合剂的性能，它一般不与胶结料反应，在水泥胶合剂中，填充料一般使用瓷砂或石英砂。外加剂一般加入量很少，但它能有效地改善水泥胶合的性能，常用的外加剂有减水剂、促凝剂和缓凝剂及引气剂。减水剂是一种有机表面活性物质，在胶合剂中加入减水剂后它在水泥砂浆中电离，离解出阴离子吸附到水泥颗粒表面，从而增加了水泥颗粒之间的静电斥力，提高水泥砂浆的流动性，常见的减水剂有亚硫酸盐、酒精废液、环烷酸钠皂、硬脂酸、NF 减水剂（β-萘磺酸盐甲醛缩合物）等；促凝剂有氯气、碳酸盐、硅酸盐、铝酸盐、硼酸盐等；缓凝剂常用的有硼酸、磷酸，氢氟酸等；引气剂一般有松香热浆物、松香皂、烷基苯磺酸钠等。

3. 硅酸盐水泥胶合剂胶装的工艺过程

（1）瓷件及附件准备。瓷件在胶装前应对瓷件进行切割、研磨等加工，然后进行清洁处理，并使瓷件保持干燥，附件包括法兰等。首先对这些附件进行除锈、除油污处理，如酸洗、碱洗、毛刺处理，有些附件还要经过电镀处理，然后对附件进行烘干。另外在胶装部位的瓷件及附件的内表面刷缓冲防护层，防（保）护层能有效地防（保护）止硬化水泥浆体（碱性的水化物）对金属附件及瓷件的腐蚀或侵蚀，同时可缓和附件、瓷件及胶合剂三者由于热膨胀系数和弹性模量的失配引起的热应力的不利作用。一般采用高分子材料做缓冲保护层。目前，电瓷行业大多采用价廉的沥青作为防护层，沥青涂料经 120 号汽油溶解后密度一般为 $0.74\sim0.78g/cm^3$，涂层厚度控制在 $55\sim80\mu m$ 之间，且涂层均匀，不漏底、不起皱。

（2）胶合剂的配制。支柱绝缘子及瓷套胶装采用硅酸盐水泥胶合剂。水泥:石英砂（或瓷砂）=1:0.5，石英砂的粒度大小以 $0.3\sim1mm$ 为宜。采用高标号的水泥配置高强度的水泥胶合剂时，水砂比（用水调制水泥浆时，水与水泥重量之比称为水砂比）控制在 0.3 左右，砂浆使用时严禁加水，或将剩余砂浆留在搅拌机内等的违规操作。其中填充料为石英砂（瓷砂），加水量为 $30\%\sim32\%$，减水剂为 $0.45\%\sim0.6\%$。步骤一般首先加入少量砂和水并缓慢搅拌，然后加入水泥，使水泥将每颗粒砂包裹，然后快速搅拌，加入剩余水和外加剂。

（3）胶装方法。首先将瓷件和附件在胶装架上定位，然后根据不同类型的产品及定位方法的不同，采用不同的胶合剂填充方式，如抹灰、灌注及振动胶装方式。胶装常用厚薄不等的塑料薄膜作为隔离垫片来调整瓷与法兰附件的间隙尺寸公差，垫片配合工作应在准备阶段完成。同时，在刷好沥青保护层后将选好的平面滑块用螺栓固定在刷好保护层的附件上，并与附件一同干燥。涂防水胶如图 4-8 所示。

三、养护

首先将胶装后的产品在室内放置 $1\sim2$ 天，使其自然硬化，室内温度应保持 15℃，夏天温度高时应洒水降温，防止高温产生不利影响。

图 4-8 涂防水胶

氧化周期根据绝缘子类型和胶装方法而定，一般需 $1\sim2$ 天，最短也不能低于水泥的中凝时间。然后根据实际情况采取不同的养护方式，养护方式包括自然养护、蒸汽养护和温水养护。

（1）自然养护。保湿时间不低于 72h，环境温度大于 70%。

（2）蒸汽养护。时间一般在 24h 以上，相对湿度 100%（饱和湿度）采用蒸汽养护时，应根据绝缘子的尺寸与形状制定合理的升温和冷却曲线。

（3）温水养护。水温控制在 50℃ 之内，推荐的温水养护温度 (37 ± 3)℃，同样升温和降温应趋于平缓。养护水的 pH 值小于 9，一般情况下对于高强度的棒形支柱绝缘子和瓷套采用温水养护，时间在 72h 以上。

第七节 产 品 检 验

电瓷产品的检验的依据主要有 GB/T 772《高压绝缘子瓷件 技术条件》、GB/T 775.1～775.4《绝缘子试验方法》检验方法的分类一般分为例行检验（逐个试验）、抽样试验。其中抽样试中包含抽查检验和形式试验。检验一般分为外观质量及尺寸检查、瓷件的性能试验及绝缘子性能（强度、电气）检验，下面就其中的关键检验作简要介绍。

一、外观及尺寸检查

在 GB/T 772 中，将瓷件目测发现缺陷分为斑点、烧缺、杂质、气泡、釉面针孔、釉泡、开裂、堆釉、缺釉、折痕、压痕、刀痕、波纹（釉缕）、黏釉、碰损、生烧、过火、氯化起泡、缺砂、堆砂、标记不清等 21 种。

瓷件外观检验以外表面缺陷的总面积为判定依据，但单个缺陷尺寸不能超出表 4-1 的规定。瓷件上体部位外表面积不应超过表中规定的外表面积的 0.7 倍，釉面针孔在任意 500mm² 面积范围内不得超过 20 个，瓷件表面存在的缺陷常以点、线、块的形式出现，通常把线状和块状缺陷看成矩形，而将点状缺陷看成圆形。

外观检查除按相关规定进行检查外，还要注意以下几个方面，首先瓷件单个缺陷与总缺陷面积都符合标准规定的要求，但若沿产品放电方向均匀排列，则会影响产品放电性能，故为不合格产品；其次，对瓷件伞表面缺陷要求要严，因为伞表面缺陷过多时，运行中易积灰尘，发生闪络事故；再者釉下有指纹或开裂，釉面无裂口，长度小于 5mm 上不多于三处时，一般可判为合格产品；另外，瓷件表面上的缺陷最好不要用錾、磨等办法除去，以免伤及瓷件。

表 4-1 瓷 件 外 观 检 验

瓷件分类		单 个 缺 陷					外表缺陷
类别	H 高度×最大外径（cm²）	杂质、烧缺、气泡（mm²）	黏碰磁（mm²）	外表面缺陷（mm²）	内表面缺陷（mm²）	深或高（mm）	总面积（mm²）
1	≤50	3	20	40	80	1	100
2	50～400	3.5	25	50	100	1	150（100）
3	400	4	35	70	140	2	200（140）
4	1000～3000	5	40	80	160	2	400
5	3000～7500	6	50	100	200	2	600
6	7500～15 000	9	70	140	280	2	1200
7	>15 000	12	100	200	400	2	100+HD/1000

二、瓷件的性能试验

依据 GB/T 772 中相关规定，电瓷瓷件必须进行的例行试验见表 4-2。

不同生产厂家为了更好地提高产品质量，确保用户使用安全可靠，根据自己的实际情况，除国标规定检查项目之外，在厂标中对瓷件的检查作了更加详细的规定，增加了很多试验检查项目，如打击试验、冷热试验（温度循环试验）、孔隙性试验（吸虹试验或渗透检验）、四向抗弯试验、抗扭试验、水压试验、抗剪破坏试验、温升试验等。

表 4–2　　　　　　　　　　　　　　例 行 试 验 项 目

序号	试 验 项 目	试 验 依 据	试 验 方 法
1	外观检查	GB/T 772—2005 中 2.3 及 4.2 条	GB/T 775.1
2	尺寸检查	GB/T 772—2005 中 2.1 条	GB/T 775.1
3	形位公差检查	GB/T 772—2005 中 2.2 条	GB/T 775.1
4	超声波探测检查	GB/T 772—2005 中 2.9 条	JB/T 9674
5	工频火花电压试验	GB/T 772—2005 中 2.7 条	GB/T 775.1
6	瓷壁耐压试验	GB/T 772—2005 中 2.8 条	GB/T 775.2
7	机械负荷试验	GB/T 772—2005 中 2.10 条	GB/T 775.3

1. 冷热试验

由于一年四季交替、昼夜轮换、地域差异、气候等变化，因此，电瓷产品在实际运行中，环境温差很大，有时在炎热夏季也会突然遭到冰雹袭击、温度骤降，所以冷热试验就是考核瓷件在一定温度变化下，瓷的耐温度急剧变性能。一般根据瓷件大小的不同，冷热两池的温差也不同，一般冷热池温差范围为 40～70℃。经过冷热试后可通过工频电压试验以及机械负荷试验、检验试品在冷热试验是否有缺陷或损坏。冷热试验如图 4–9 所示。

图 4–9　冷热试验

2. 瓷壁耐压试验

瓷壁耐压试验一般针对非主绝缘用瓷套的例行试验,瓷套的壁厚应承受 1min 工频电压而不被击穿。其壁厚与工频击穿电压值见表 4–3。

表 4–3　　　　　　　　　　　　　　壁 厚 击 穿 电 压

壁厚（mm）	10	15	20	25	30	40	50	60
击穿电压 （kV）	65	80	90	100	105	115	125	135

3. 水压试验

首先将试品通过法兰等途径密封，固定在试验装置上，然后以水为介质，通过压力泵均匀增加试品内腔压力，等压力达到规定值后并保持规定时间，若试品不被破坏，即通过水压试验，一般普通瓷套应承受 0.5MPa 例行水压试验。需要指出的是水压试验不是万能的，无法保证临界缺陷的检出和阻止裂纹的扩张。

4. 弯曲负荷试验

由于电瓷产品在实际线路运行中往往受到导线的牵引力、风力、地震等环境因素的影响，所以瓷件应具有一定的机械强度。所以一般电瓷生产厂家在产品出厂时最后一道试验就是弯曲负荷试验。目前我国弯曲负荷试验装置分为单方向抗弯试验机和四方向抗弯试验

图4-10 四向弯曲试验

机（如图4-10所示）。四方向抗弯试验机中有单一负荷传感器，一般通过旋转平台，使瓷件逐一旋转90°，完成四方向抗弯试验。另外，四个加力缸带动四个不同方向负荷传感器（相邻两负荷传感器夹角90°），逐次加力方式，完成四方向抗弯试验，这种试验机效率高，测出的力矩值精度高。通过弯曲负荷试验，如果瓷件未被破坏，胶装部分未发现松动，附件未发生永久变形等，试品通过试验。

5. 孔隙性试验

孔隙性试验的目的是防止绝缘子在运行中吸潮后绝缘性能降低造成事故，通常称为吸虹试验，孔隙性试验是检查瓷质结构的均匀性和致密性的有效方法。其基本步骤介绍如下。

（1）试块准备。将上釉面积不超过试块面积的一半的次块（从瓷件最后部分选取）。

（2）试验溶液。在100g工业乙醇中加入1g品红配制而成。

（3）试验程序。试验时，将试块完全盛在特制容器的试液中，施加不低于20MPa，持续时间（h）与压力（MPa）乘积不小于180h·MPa。

（4）试验结果。试验后取出试块，清洗并干燥然后击碎，观察其新断面有无渗透现象，由于击碎试块时引起的微小裂纹而形成的染色现象不应视为渗透。如样品新断面无任何染色溶液渗透现象，俗称不吸虹，表明无开口孔隙，烧成状态良好 [如图4-11（a）所示]；若断面边缘或全部吸虹 [如图4-11（b）所示]，表明有开口孔隙，样品生烧或有其他烧成缺陷，吸虹的深度或范围越大，生烧越严重；若断面边缘或全部出现网状或水草状不均匀吸虹，表明有开口连通气孔，样品过火或其他烧成缺陷。

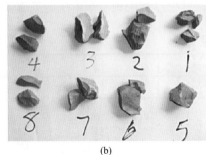

(a)   (b)

图4-11 孔隙性试验

（a）试验通过的碎瓷块；（b）试验不通过的碎瓷块

第八节　瓷支柱绝缘子及瓷套常见缺陷

电瓷是一种力学、电气、热学及化学稳定性要求较高的瓷质制品，其生产采用的天然原料成分复杂，均匀性较差，同时制造工序多，周期长，人员及工艺复杂，因此，各类缺陷的形貌特征、产生原因也各不相同。总体而言，电瓷产品缺陷可大致分为坯体缺陷、瓷体缺陷、釉面缺陷及附件缺陷等。

一、坯体缺陷

坯体缺陷包括从真空练泥机挤制的泥段、阴干、成型、干燥及上釉等工序产生的缺陷。坯体（毛坯）在各道工序中，由于颗粒分布、水分分布、结构尺寸、体密度都存在一定的不均匀性，致使在阴干、干燥、烧制等工序过程中收缩不一致，在坯体中形成了不均匀的收缩应力，正常的工况下这种不均匀收缩应力，尚低于坯体的变形应力，但诸如真空练泥机的真空度不够，挤制力下降，挤制水分偏高或偏低，成型水分改变，成型机械工况不佳等情况则加剧了结构的不均匀性或破坏结构的规律，从而使干燥缩应力增大，超过坯体的变形应力时，坯体形状改变，如超过坯体的强度结构遭破坏，开裂就会产生。这些缺陷包括变形、跳刀、划痕、刀痕、水分含量不均、伞裂、掉伞、主体开裂、釉斑、施釉不均等缺陷，其中常见和危害最大的缺陷为变形和开裂。其中一些缺陷形貌如图 4-12 所示。

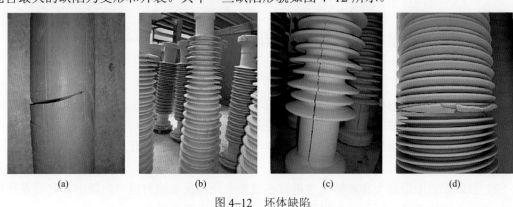

图 4-12 坯体缺陷
（a）坯体开裂；（b）主体变形；（c）主体开裂；（d）伞体开裂

（一）变形

1. 实心棒型类产品变形

这类产品的变形主要表现为弯曲变形。产生原因有坯料成分组成比例不当引起变形、阴干及干燥时坯体不均匀收缩引起的变形及坯体结构的不均匀性引起的变形。

（1）泥料的可塑性过大，黏土含量多，致使产品变形，改进的方法为调整配方，适当引入非可塑性物料。

（2）挤制螺旋中心轴等出口中心轴偏移，出口内壁粗糙度不均匀，使毛坯形成不均匀结构。改进的方法为调整设备。

（3）挤制泥段在接泥段、运输过程中泥段受力不均匀引起变形。

（4）阴干时坯体侧面水分含量不同使毛坯发生变形。

（5）干燥时，烘房温度湿度不均匀造成坯体变形。

（6）修坯成型时，修坯机中心轴与毛坯中心轴偏差大，使成型后坯体按结构不对称，造成变形。

2. 空心瓷套产品变形

瓷套产品变形的原因和棒形产品一样，如坯料配方、阴干工序、干燥工序、挤制时接泥段等，可参考实心棒形产品变形。

（1）挤制泥段偏心和坯体壁厚不均产生变形。

（2）大型套管产品在阴干干燥时，坯体与坯垫成分和含水量不一致造成二者之间有间隙使坯体发生变形。

（3）修坯时心子轴线、坯体轴线和修坯机回转轴不一致引起坯体变形。

（二）开裂

（1）坯料配方因素引起的开裂。如因温度变化而收缩膨胀很大的物质（SiO_2、MgO、可塑性强的黏土等）坯料黏性太大，在干燥时容易引起开裂，泥料黏性太小，在成型时容易引起开裂。

（2）在修坯成型时，抹坯时造成凹槽处积水、阴干时局部水分失散太快、阴干时环境因素（风力过大等）造成收缩应力过大引起的干裂。

（3）烘房干燥时温湿度控制不当，坯体内外收缩不一引起的开裂。

（4）刀具、修坯样板、修坯时坯体旋转速度过快或下刀快、刀具安装斜度太小时，出泥阻力大引起的开裂。

（5）修坯时刀具质量不好，刀口变钝引起的开裂。

（6）真空练泥机存在缺陷引起的开裂。

（三）上釉缺陷

上釉缺陷主要表现为釉珠和堆釉、上釉时坯体起层和吸湿膨胀。造成釉珠和堆釉主要因素是釉层太厚，而造成釉层太厚的原因有多种多样。

（1）浸釉时，当采用立式浸釉时，对大型产品而言，当产品离开釉池时，由于釉的流动性，造成产品底部釉层较上部的厚。

（2）釉的配方中生黏土和高岭土含量过高或黏土原料保水能力强时，釉中水分很难从釉浆中分离进入坯体表面，因而在伞裙边形成釉珠和堆釉的概率就大。

二、瓷件缺陷

（一）变形

在瓷件检测中，"变形"一词含义广泛，通常瓷件的形位公差超过了相应的技术标准或图纸中的规定称为变形。坯件在烧制过程中形变多发生在高温阶段，主要原因是在烧成过程中出现液相后坯体加速烧结时不均匀收缩，在局部烧结热影响区附近大的温度梯度变化，引起的残余应力，产生收缩应力使坯体变形甚至开裂。另外烧成温度过高，瓷体中熔体黏度低，由于自重作用无法维持原有形状而产生变形。所以，要克服烧成过程引起的变形，首先要有合理的烧成曲线及窑炉内温度的一致性，正确掌握装窑方法，另外坯料配方要合理、准确。

（二）开裂

瓷件开裂指的是瓷体主体内外表面的危害电瓷运行安全的各种开裂缺陷（包括切割后上下端面各种宏观目测缺陷）。图4-13为瓷窑内常见的伞体开裂和主体断裂的照片。

对陶瓷材料的开裂来说，其原因是多方面的，有材料本身的原因，也有外部的原因。就材料本身来说，陶瓷材料内部存在较多的薄弱部位，如气孔、粗大晶粒（特别严重异常长大晶粒）、夹杂物、晶界、表面损伤以及成型和烧成中形成的裂纹或应力集中，这些部位容易形成微裂纹或本身就是裂纹，往往成为材料断裂的起源，它们都导致材料强度下降，在烧制过程中产生的热应力以及运行过程中产生的附加应力的作用下，很容易沿晶或穿晶开裂。对于

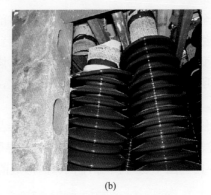

(a)　　　　　　　　　　　　　　　(b)

图 4-13　瓷件开裂

(a) 伞体开裂；(b) 主体断裂

外部原因，烧成前的工序、烧成的升温和冷却、产品结构形状（坯体厚度变化）等因素均会造成瓷体的开裂。习惯上将电瓷烧成开裂细分为低温开裂（炸裂）、高温开裂和冷却开裂（结构开裂）。

1. 低温开裂

低温开裂原因有坯体在干燥阶段水分含量高、干燥不彻底、施釉坯体入窑前停放时间太久，吸潮（吸湿、返潮）等。另外，不合理的升温速度引起开裂也可能造成低温开裂。

低温开裂一般裂口钝，开裂面发黄且粗糙不平，开裂的坯体有时坯裂或断裂成几块，严重时开裂部位炸得粉碎，明焰烧成时可殃及其他完好的坯体，多发生在棒型实心产品及厚壁瓷套中。低温开裂形成的瓷套内壁裂缝如图 4-14 所示。

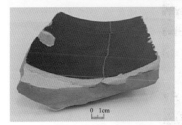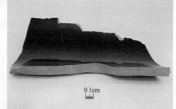

图 4-14　低温开裂形成的瓷套内壁裂缝

2. 高温开裂

高温开裂裂纹细而直，深度不一，断面泛黄。裂口不锋利，多表现为断口、边缘开裂、底裂以及结构开裂。引起原因主要介绍如下。

（1）断口。烧成时，断口部位一般处于高温烟气接触面积较大、受热较快的部位。断口处与坯体其他部位之间的温差产生的不均匀收缩应力过大而导致开裂。

（2）边缘开裂。烧成升温速度过快引起边缘开裂，多出现在伞裙边缘。

（3）底裂。由于坯体的质量由底部承受，底部受外力冲击或震动时易受损伤形成内应力及不易觉察的隐裂纹，烧成时坯体的残余应力与收缩应力叠加，或者因裂纹在收缩应力作用下扩展而形成底部开裂。如大型套管坯垫偏薄或装窑时的开裂，坯体与坯垫之间接触不好（不平）造成烧成局部黏连等，使的底部烧成时均匀自如收缩受阻，产生很大的收缩应力时，底部变形其至同时出现开裂或延伸至瓷砂主体部位。

（4）结构开裂。结构开裂指坯体外形，特别是主体的厚度发生明显的变化时造成的开裂。坯体尺寸变化的部位易产生附加收缩应力，烧成时易出现开裂。防止措施有修改设计、使尺寸的变化所引起的附加收缩应力平缓的变化，避免烧成中收缩应力在结构变化部位的急剧增大或降低。

（5）修坯刀具、样板、模具及加工设备结构不匹配导致加工工艺不当易产生微裂纹，烧成时形成高温开裂。如釉侵入坯体微裂纹时高温烧成后形成开裂的特点为裂缝中可见棕釉的痕迹。

图4-15～图4-30列举了不同原因形成的高温开裂裂纹的形貌特征。

图4-15　釉侵入坯体微裂纹高温中形成开裂

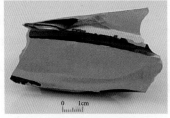

图4-16　釉侵入坯体伞根部微裂纹
高温中形成开裂

图4-17　坯体损伤高温中扩展
形成瓷体开裂

图4-18　坯体扭伤高温中扩展
形成瓷体延伸开裂

图4-19　坯体加工工艺不当损伤高温中
形成边缘开裂

图4-20　坯体损伤形成内壁
裂纹高温中开裂

图4-21　坯体损伤形成内壁
裂纹高温中开裂

图 4-22　加工工艺不当形成坯体裂纹高温中开裂

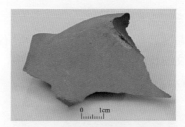

图 4-23　釉侵入坯体微裂纹高温中开裂

图 4-24　坯体放置不当产生内部裂纹高温中开裂

图 4-25　修坯刮擦形成瓷套内壁裂纹高温中开裂

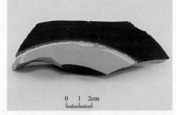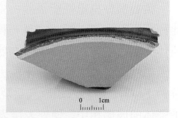

图 4-26　加工工艺不当导致坯体扭伤形成伞根部裂纹高温中开裂

图 4-27　修坯工艺不当形成瓷套内壁裂纹高温中开裂

图 4-28　坯体夹层高温中形成裂缝

图 4-29　釉侵入坯体夹层高温中形成开裂

3. 冷却开裂

瓷件出窑温度过高，冷却过快，冷却时石英晶体转变时的体积收缩引起，冷裂的裂纹一般为直线，裂纹细长，裂纹断面发亮，色白，轻轻敲击时有破裂声，瓷套断裂面平滑状冷裂纹如图 4-31 所示。

图 4-30　釉侵入坯体夹层高温烧成后形成裂缝

图 4-31　瓷套断裂面平滑状冷裂纹

（三）黄心

黄心主要出现在实心制品的主体心部。黄心表现在瓷体断面心部为浅黄色，结构比较疏松，外层瓷体呈现正常青白色，含较多闭口气孔—氧化泡。黄心的外层颜色为青白色的正常结构，使得瓷体形成了色调不同的两个部分，如图 4-32～图 4-35 所示。

黄心部分机电性能很差，瓷件机械强度很低，严重的黄心缺陷可使棒形在烧成中断裂，此种断裂称为黄心断，它是一种与烧成气氛制度密切相关的断裂。形成黄心的主要原因主要坯体的实心主体在还原期没彻底还原。制泥过筛除铁工序中，坯料中存在的一定量的弱磁性和无磁性硫酸盐或碳酸盐未能去除干净，使得坯料中有"铁杂质"，烧制过程中，首先氧化分解为 Fe_2O_3，当转入还原气氛烧成时，主体外表层中的铁被还原以低价的蓝灰色的 Fe^{2+} 存在于瓷体的玻璃相中，使外表层表现为青白色，而坯体内部的 Fe^{3+} 由于还原不足而未能完全地转变为低价的铁，特别是坯体的心部，烧成的还原气氛中的 CO 和 H_2 扩散到心部阻力较大，由于坯体厚，受还原气氛的浓度、还原时间等因素的影响，心部的 Fe_2O_3 在还原时仍保留下来，从而呈现黄色。心部和表层的结构和相组成（玻璃相）相差较大，膨胀系数和弹性模量、体密度的不同，使主体在高温烧成中收缩不同而产生较大的收缩应力，使瓷体强度下降（强度下降的原因为心部较不致密，气孔率高），黄心部分电性能很差，瓷体机械强度很低，严重的黄心缺陷可使电瓷在烧成中出现断裂，或出窑后一敲击即断裂。出现这种断裂被称为黄心断。克服此缺陷的方法是烧好还原焰，随坯体厚度增加而延长还原期，使心部的高价铁得以彻底还原。

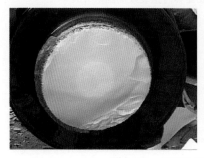

图 4-32　500kV 闸刀支柱绝缘子黄心

图 4-33　220kV 支柱绝缘子心部黄心　　图 4-34　500kV 闸刀支柱绝缘子环状黄心

（四）黑心

黑心主要是坯料中含有较多的有机质和碳素，在氧化阶段未能将碳素和有机质完全分解氧化，保持在坯体内的碳素在还原期也无法烧掉（强还原焰不利于碳素的氧化），弱还原焰和中性焰中氧气已很难通过熔融的釉层扩散到坯体中使碳素氧化，保留下来的碳素以高分散度在坯体中将瓷体染黑，因氧化分解时，氧气从外向内扩散，越向里保留的碳素越多，瓷体就越黑。烧成后坯体截面成灰黑色，并且越接近中心，黑心颜色越强，严重时使坯体鼓起形成空心。导致支柱绝缘子强

图 4-35　220kV 瓷套黄心

度下降，易断裂，是一种不允许存在的缺陷。图 4-36 为某支柱绝缘子断裂后纵向和横向剖面形貌，为典型的黑心缺陷。

要克服黑心，一方面在氧化阶段掌握好氧化气氛，烧好氧化焰，使碳素在 1000℃ 之内充分氧化（燃烧干净）；另一方面，调整坯料配比，适当延长氧化保温时间。

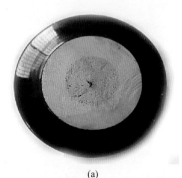

(a)　　　　　　　　　　　　　　　　(b)

图 4-36　支柱绝缘子黑心

（a）黑心断面形貌；（b）黑心纵向解剖呈现的缺陷分布范围

（五）高温氧化

高温氧化为一种特殊的烧成气氛有关的烧成缺陷，出现高温氧化缺陷的瓷体断面特征正好与黄心缺陷的断面特征相反。例如，棒形主体，心部为正常烧结的致密的青白色，外层为结构改

83

变的泛黄色瓷体。高温氧化的产品，机械的强度下降，用超声波探伤仪也不易检出和剔除。其原因是，烧成的高火保温阶段出现了氧化焰，使已还原并充分烧结的瓷体外表面重新被氧化，低价铁再次氧化为高价铁，瓷体表面层随之由青白色转变为黄色。高温氧化瓷体强度下降的主要原因在于，瓷体中形成了结构和性质存在明显差异的两部分，使瓷体中形成了较大的残余收缩应力，泛黄色的外表层烧结致密度不及青白色的心体，而断裂多从表面开始，故高温氧化使强度明显下降。一般通过控制好高火温度阶段窑内烟气的性质，保持弱还原气氛（CO 相对含量约为 1%）和中性气氛直接就可以有效地防止高温氧化缺陷的出现。支柱绝缘子高温氧化如图 4-37 所示。

(a)

(b)

(c)

图 4-37　支柱绝缘子高温氧化

（a）心部高温氧化；（b）近表面高温氧化；（c）表面高温氧化

（六）硬泥块（泥豆或干泥）

硬泥块产生于毛坯中，当真空练泥机工作时，泥料可能长时间黏附在泥槽四周形成死泥后落入挤制的泥料中形成硬泥块，硬泥团和周围的泥料存在较大的水分差值，干燥过程中，由于收缩不一致产生的收缩应力常在硬泥团（块）四周界面形成一圈隐形的微裂纹，烧成中裂纹不能弥合反而进一步扩张，使瓷体局部出现微开裂引起的突起，隐性的微裂纹，特别是存在于坯体内部时，检测中不易发现，但它们的存在导致机械强度的下降和瓷体不能通过吸虹试验。对质量的危害极大。图 4-38～图 4-44 为各种类型干泥块在瓷体内形貌。

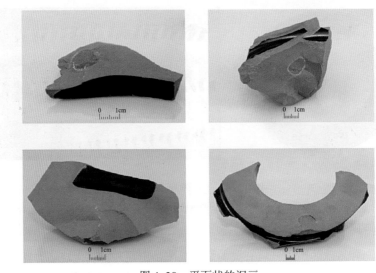

图 4-38　平面状的泥豆

图 4-39 长条状的泥豆

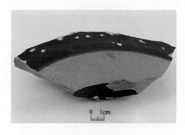

图 4-40 麦粒状的泥豆

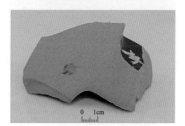

图 4-41 尺寸较小的球形泥豆

图4-42　尺寸稍大的球形泥豆

图4-43　不规则形状的泥豆

图4-44　凸起的泥豆及泥豆脱落后形成的凹陷

（七）杂质

电瓷材料的显微结构中可能存在一些杂质相，如水杂质、铁杂质、非刚玉杂质，因为电瓷的制造是以天然的矿物为原料，这些天然矿物原料在制造工艺过程中不可避免地会带入

Fe_2O_3 和 TiO_2 等杂质氧化物。杂质存在于原料中或在粉末处理和制备过程中混入。在烧或后处理时，杂质氧化物以聚集状态不均匀地集中分布在坯体之中，往往是材料破坏或断裂的起源，对产品最终性能造成极大损害。图 4-45～图 4-54 为各种类型杂质在瓷体内形貌。

图 4-45　烧成中形成深灰色
非金属夹杂物

图 4-46　坯体内杂质烧成中
形成白色片状杂质

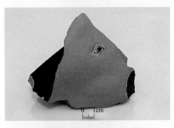

图 4-47　泥料中混入的玻璃
烧成后形成的空洞

图 4-48　非金属杂质

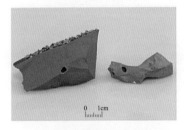

图 4-49　泥料中混入铁杂质烧成后形成的空洞

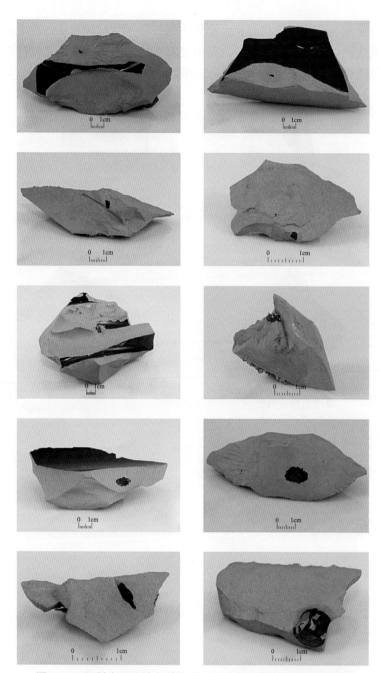

图 4-50　泥料中混入铁杂质烧成后形成的黑色斑点或点状杂质

图 4-51　泥料中混入铁杂质烧成后形成的近表面扁平状杂质

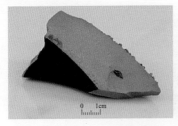

图 4-52　泥料中混入铁杂质烧成后形成的杂质尖端带有裂纹

图 4-53　泥料中混入铁杂质烧成后形成裂缝

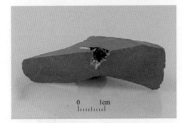

图 4-54　泥料中混入铁杂质烧成后形成类似渣状杂质

（八）分层和开裂

由于真空练泥机本身是螺旋结构，在挤出的泥段内部多少都存在螺旋分层结构，特别是泥料可塑性差，细度过细，真空度不够，挤制水分不合适或分布不均匀，形成了滑动带，减弱了泥料的相互黏合，将加剧分层结构和颗粒定向排列，成型时又没有把这部分不均匀泥料去除掉，结果留在了加工成型后的坯体中形成分层。

另外，由于坯体脱水不彻底，含水率不同，造成泥段中的部分泥料的水分不均匀，坯体干燥过程中，若内部与外表的温度梯度与水分梯度相差过大，会产生表面龟裂，已干燥的坯体与潮湿空气接触时，会从周围空气中湿，在坯体表面形成吸附结合水膜导则微细裂隙出现。随吸附水增多，裂纹会扩大。图 4-55～图 4-67 为瓷体内各类分层与开裂形貌。

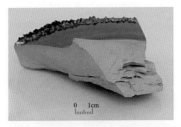

图 4-55　湿泥引起的分层

图 4-56　小分层

图 4-57　泥水混合不均匀产生的豆腐渣状水杂质分层

图 4-58　海带状夹层　　　　　图 4-59　羽毛状的夹层

图 4-60　分层开裂

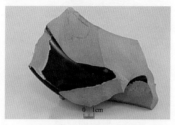

图 4-61　断续状分层　　　　图 4-62　内壁周向分层　　　　图 4-63　周向分层开裂

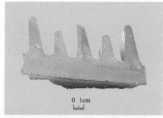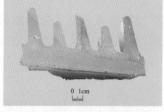

图 4-64　纵向分层开裂

图 4-65　海带状开裂断口　　　　图 4-66　层状开裂断口

图 4-67　现场绝缘子断裂后层状断口形貌

（九）空洞

黏土矿物原料中杂质矿物种类很多，如云母、硫化铁、锰铁矿、钛铁矿、磁铁矿、针铁矿、褐铁矿、石英、长石等瘠性原料加工粉末有时可带入铁，金属铁和强磁性铁可除去，无磁性和弱磁性矿物难以除去。黑云母难以磨细。因而在烧成过程中，由于其膨胀系数和泥料膨胀系数存在较大的差异，膨胀大于泥料的膨胀形成了空洞。图4-68～图4-70为三种不同类型杂质引起的孔洞。

  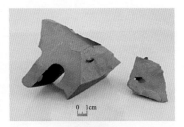

图4-68　有机物烧缺后　　　　图4-69　无机物烧缺后　　　　图4-70　混入坯体的木材烧成后
　　　　形成的空洞　　　　　　　　　形成的空洞　　　　　　　　　形成的不规则空洞

（十）青边

电瓷配方中如采用了含铁较高的铝矾土原料，坯体在烧制过程中，由于坯体内的铁质氧化成了 Fe_2O_3，若炉内气氛控制不当，致使氧化阶段的碳素未能完全分解氧化，还原阶段三价铁还原不足，未能完全转变为低价铁，随着温度的提高 Fe_2O_3 逐渐生成硅酸亚铁，颜色因而变为青白灰色，并逐渐加深。在相同的焙烧条件下，随含铁量的增加，烧成温度降低，烧成温度范围变窄，形成青边。

青边易导致支柱绝缘子及瓷套电击穿强度和抗折强度下降，易运行中断裂。图4-71为现场发现的支柱绝缘子因青边断裂后断口的形貌。

三、釉面缺陷

釉面缺陷一般包括釉泡、釉裂、析晶、浑浊、剥釉、釉面失光、滚釉（缩釉）、面渣、橘釉、堆釉、釉面针孔、烟熏、斑点、釉面无光失光等主要缺陷。以下介绍主要常见的几种缺陷及分析。

1. 釉泡

釉泡产生的原因很多，一般水边泡发生在瓷件的边缘釉面上。产生的原因是釉料中可溶性碱金属及碱土金属的碳酸盐和硫酸盐，在毛坯干燥时吸潮或低温烧成时窑内水蒸气含量高，窑内气氛循环不畅，使可溶性盐集中在坯体的边缘，高温时盐分解产生的气体而形成水边泡。另外，釉面上的水晶泡，其特征为一个个透明的水泡，遍及釉面，其成因很多，如釉浆过细、釉层过厚，从而造成气体难以从釉中释放。其次，氧化阶段升温过快，氧化时间短；毛坯含水量过高，或由于燃气等带进的水分而造成窑内水汽含量高而造成釉泡；另外还原阶段气氛过浓，造成釉面积碳，釉溶化后氧化而造成釉泡。

2. 橘釉

橘釉特征为釉面无光泽，釉面不平滑，如同橘皮。产生的原因毛坯上釉时釉层厚度不均，导致烧成后釉面不平；其次，釉的高温黏度较高而出现橘釉；还原阶段还原气氛过浓，高温烧成时升温速度过快等都可能引起橘釉。

图4-71　支柱绝缘子因青边断裂后断口的形貌

3. 釉面针孔

釉面针孔其特征为釉面出现类似针孔状的凹陷。形成的原因也很多，如毛坯成型时已形成坯体表面有微小空洞；上釉时操作不当而使釉中形成气泡；上釉时毛坯不洁等都可能使釉面形成针孔。釉面针孔如图4-72所示。

其实，釉泡、橘釉、针孔他们三者都是烧成坯釉反应互相影响的问题。由于釉覆盖在坯体表面，因此坯体产生的气体必须通过釉层逸出，未产生液相前釉层是多孔体，气体通过顺利，而当釉层大部分熔融时，气体通过就很困难。气体以气泡形式通过液态的釉层逸出，这时往往会有气泡滞留在釉层中形成釉泡缺陷。另外，当釉熔体

图4-72　釉面针孔

图 4-73　釉面裂纹

黏度较大或坯体张力较小时，气体冲出釉面在其表面产生凹坑不能恢复平整，最后形成针孔、橘釉等缺陷。同时由于气体逸出不畅，坯体中有机物等物质的氧化分解反应进行不完全，残余碳素残留在坯体中形成黑心，严重时会使坯体鼓起形成空心。

4. 釉裂

烧成中的釉剥离中出现开裂，也称为惊釉。主要原因是釉的热膨胀系数大与坯体的膨胀系数。釉面裂纹如图 4-73 所示。

5. 剥釉

剥釉为冷却釉玻璃从瓷体表面剥落或翘起。出现剥釉的主要原因与釉裂的原因正好相反，此时坯的热膨胀系数大大地超过了釉热膨胀系数。施釉时生料釉和光坯表面的附着情况对剥釉也有直接影响。

6. 析晶

烧成时 SiO_2 溶解于釉料之中，若冷却甚慢或釉在半熔融状态下所处的时间较长，则 SiO_2 呈晶粒析出。如釉的析晶时由于釉在适当结晶温度下停留的太长所引起的，所以釉均有在一定范围内易于结晶的性质。

7. 面渣

由于坯釉原料中存在可溶解的盐类，或在烧制过程中混入了或产生了溶解盐类引起的，易于产生面渣的可溶性盐类有 K、Na、Al、Mg、Ca 的硫酸盐和碳酸盐以及这些物质的氧化物。

8. 浑浊

浑浊现象由以下原因引起，烧成温度不够，釉没有适当融化，偶然混入难熔融的物质，釉料配方不恰当。当此缺陷显著时就在坯体表面形成蛋壳形的物质。将此缺陷重烧时，由于提高了温度，有时又可得到正常光滑的釉面。

9. 滚釉（缩釉）

当釉的表面张力过大时，阻碍气体排除和熔体均化。在高温时对坯体润湿不利，易造成"缩釉""滚釉"缺陷，表面张力过小时容易造成"流釉"（当釉的黏度也很小时，情况更严重），并使釉面小气泡破裂时所形成难以弥补的针孔。一般釉料的细度比坯料要细，万孔筛的筛余不大于 0.1%，过粗，容易造成化学成分不均，烧成中不能与坯料充分反应，并形成发育的坯釉中间层引起釉裂。釉浆过细则因为坯釉反应过分的激烈可能产生缩釉。釉层厚度适中，过薄出现干釉，过厚时，则易出现流釉，釉泡和釉裂。在釉成熟温度下，釉的黏度过小，流动性大，则容易出现流釉、堆釉及干釉缺陷。釉的黏度过大时，流动性差则容易引起橘釉、针眼、釉面不光滑、光泽不好等缺陷。流动性适当的釉，不仅能填补坯体表面的一些凹坑，而且有利于釉与坯体的相互结合，生成中间层，影响釉黏度的因素是釉的组成及烧成温度。熔融时，若釉的内聚力大于釉对坯的附着力，则釉形成片状或球体。滚釉形成原因很多，如釉的高温黏度过大、坯体附着尘埃、釉施得太厚等。

10. 无光

釉面产生无光主要原因是釉的结晶与釉层熔融不良。产生无光主要有三方面原因：生烧，即釉未熟而产生无光,这种无光不能叫真正意义上的无光;用 HF 酸腐蚀的釉面形成无光;由于釉中生成了许多微晶。这些微晶在釉面上均匀分布,当其大小大于光的波长时,就会在釉面形成丝光或玉石状光泽而无强烈的反射光。无光釉中生成的微晶主要是钙长石、鳞石英、莫来石、硅灰石等,当然与釉本身组成有关。当 CaO 高的釉料在冷却时,有较大的结晶倾向,因此冷却初期(从烧成温度至 750℃左右)采取快速而冷却,防止釉层析晶,克服无光,提高光泽度措施。

11. 堆釉(釉缕)

一般釉中生黏土含量不超过 10%,过多时容易产生釉珠和堆釉,釉珠和釉流失有关,堆釉为产品底部釉层过厚,上部则为釉的流失而釉层过薄。产生的原因为釉层的厚薄不均。对于颜色釉而言,堆釉和釉的流失同时会造成颜色深浅不一。

12. 烟熏

烟熏是指瓷件制品局部或全部呈现灰黑、褐色现象。它是由于附着釉面的碳素,在釉层熔融温度范围内未被氧化而形成的,由于火焰气氛控制不当,氧化不足或还原过强所致,因此在釉开始熔融时,用弱还原焰或中性焰烧成;含有机物多的坯体要有足够多的氧化时间,燃料中含硫的成分低,同时要使含硫的气体不要在窑内停留的时间过久。

超声波检测通用检测技术

为了适应各种检测对象和不同的检测要求，超声波检测有很多不同方法，其操作也不尽相同，但它们在探测条件，耦合与补偿，仪器的调节，缺陷的定位、定量、定性等方面却存在一些通用的技术问题。掌握这些通用技术对于发现缺陷并做出正确的评价是很重要的。

第一节　超声检测方法概述

超声波检测方法虽然很多，但根据原理、采用的波型、使用探头数量及探头与工件接触方式可对其进行分类。

一、按原理分类

超声波检测方法按原理分类，可分为脉冲反射法、穿透法和共振法。

（一）脉冲反射法

超声波探头发射脉冲波到检试件内，根据反射波的情况来检测试件缺陷的方法，称为脉冲反射法。脉冲反射法包括缺陷回波法、底波高度法和多次底波法。

1. 缺陷回波法

根据仪器显示屏上的缺陷波形进行判断的方法称为缺陷回波法。

缺陷回波法的基本原理如图 5-1 所示。当工件内没有缺陷时，超声波穿透工件到达工件底面并产生反射，仪器显示屏上只有发射脉冲 T 和底面回波 B，如图 5-1（a）所示。若工件内存在缺陷，超声波在缺陷处反射，仪器显示屏上发射脉冲 T 和底面回波 B 之间有缺陷回波 F，如图 5-1（b）所示。

2. 底波高度法

当工件的材质和厚度一定时，底面回波的高度应是基本不变的。但若工件内存在缺陷，由于部分或全部超声波在缺陷处产生部分或全部反射，底面回波高度会下降甚至消失，如图 5-2 所示。因此根据底面回波高度情况可判断工件内存在缺陷情况，这种方法称为底波高度法。

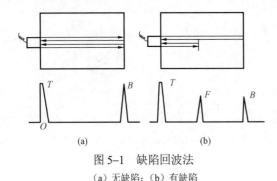

图 5-1　缺陷回波法
（a）无缺陷；（b）有缺陷

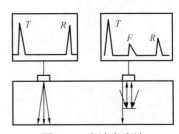

图 5-2　底波高度法

3. 多次底波法

当透入工件的超声波的能量较高，而工件的厚度较小时，超声波可在探测面与底面之间往复传播多次，仪器显示屏上出现多次底面回波 B_1、B_2、B_3、…，且其高度有规律地依次降低。但若工件内存在缺陷，由于缺陷对超声波的反射及散射增加了声能的损耗，使底面回波次数减少，并打乱各次底面回波高度依次降低的规律，如图 5-3 所示。因此根据多次底面回波的变化，可判断工件内存在缺陷情况，这种方法称为多次底波法。

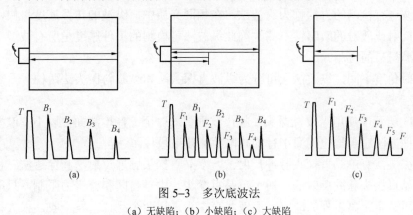

图 5-3　多次底波法

（a）无缺陷；（b）小缺陷；（c）大缺陷

多次底波法主要用于厚度不大、形状简单、底面与检测面平行的工件的检测，其缺陷检出灵敏度低于缺陷回波法。

（二）穿透法

穿透法是根据超声波穿透工件后能量变化来判断缺陷情况的一种方法。如图 5-4 所示，由发射探头产生超声波穿透工件后被接收探头接收，仪器仪器显示屏上出现透射波，如图 5-4（a）所示。若工件内存在缺陷，由于缺陷对超声波的反射及散射，透射波高度下降甚至消失，如图 5-4（b）所示。

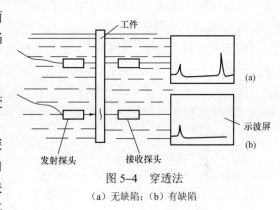

图 5-4　穿透法

（a）无缺陷；（b）有缺陷

（三）共振法

超声波在被检工件内传播时，若工件的厚度为超声波半波长的整数倍，将产生共振，仪器显示共振频率。用相邻的两个共振频率之差，由以下公式可计算出工件的厚度

$$\delta = \frac{\lambda}{2} = \frac{c}{2f_0} = \frac{c}{2(f_m - f_{m-1})} \qquad (5-1)$$

式中　δ——工件厚度；

$\quad\lambda$——波长；

$\quad c$——工件的声速；

$\quad f_0$——工件的固有频率；

f_m、f_{m-1}——相邻的两个共振频率。

当工件内部存在缺陷或其厚度发生变化时，共振频率也将改变，根据工件的共振特性来判断缺陷情况和工件厚度的方法称为共振法。共振法常用于工件厚度测定。

二、按波型分类

根据所采用超声波的波型，超声波检测方法可分为纵波法、横波法、表面波法和爬波法等。

（一）纵波法

使用纵波进行检测的方法称为纵波法。在相同介质中，纵波的传播速度最快，穿透能力强，对晶界反射或散射的敏感性不高，因此纵波法可检测的工件厚度是所有波型中最厚的，且可用于粗晶材料的检测。

根据入射角度不同，纵波法又可分为纵波直探头法和纵波斜探头法两种。

1. 纵波直探头法

如图 5-5 所示，使用纵波直探头，超声波垂直入射至工件检测面，以不变波型和方向透入工件。这种方法对于与检测面平行的缺陷检测效果最佳。

纵波直探头法有单晶直探头脉冲反射法、双晶直探头脉冲反射法和穿透法三种，常用的是单晶和双晶直探头脉冲反射法。对于单晶直探头，由于盲区和分辨力限制，只能发现工件内部离检测面一定距离以外的缺陷，而双晶直探头采用两个晶片一发一收，很大程度上克服了盲区的影响，因此，适用于检测近表面缺陷和薄壁工件。

2. 纵波斜探头法

将纵波倾斜入射至工件检测面，利用折射纵波进行检测的方法。纵波斜探头的入射角小于第一临界角 α_1，通常比横波斜探头的入射角小得多，因此也称为小角度纵波斜探头。

电力行业运用纵波小角度探头，用斜入射法在汽轮机转子焊缝、发电机护环、高温紧固螺栓、锅炉的联箱焊缝以及电网瓷支柱绝缘子等多种部件检测中都收到了很好的效果。

（二）横波法

将纵波通过倾斜入射至工件检测面，利用波型转换在工件内产生折射横波进行检测的方法称为横波法，由于横波声束与检测面成一定角度，所以又称为斜射法，如图 5-6 所示。

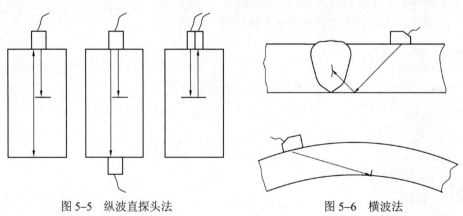

图 5-5　纵波直探头法　　　　　　图 5-6　横波法

横波法主要用于管材、焊接接头的检测，对于其他工件，则作为一种有效的辅助手段，用以发现与检测面成一定角度的缺陷。

（三）表面波法

使用表面波进行检测的方法称为表面波法，由于表面波仅沿表面传播，而且衰减较大，因此表面波法主要用于表面光滑的工件表面缺陷的检测。

（四）爬波法

当纵波入射角位于第一临界角附近时在工件中产生的表面下纵波称为爬波，利用爬波进行检测的方法即爬波法，这种方法对于检测表面比较粗糙的工件的表面缺陷具有比表面波法更高的灵敏度和分辨力。

三、按探头数目分类

（一）单探头法

使用一个探头兼作发射和接收超声波的检测方法称为单探头法。单探头法操作方便，能检出大多数缺陷，是使用最为广泛的一种方法。

单探头法检测时，对于与波束轴线垂直的面状缺陷和立体型缺陷检出效果最好，与波束轴线平行的面状缺陷难以检出。当缺陷与波束轴线成一定倾角时，则根据倾斜角度不同，能够接收到部分回波或因反射波束全部在探头之外而无法检出。

（二）双探头法

使用两个探头（一个发射、一个接收）进行检测的方法称为双探头法。主要用于发现单探头法难以检出的缺陷。

双探头法根据两个探头的排列方式和工作方式不同，又可进一步分为并列式、交叉式、V形串列式、K形串列式、串列式等，如图5-7所示。

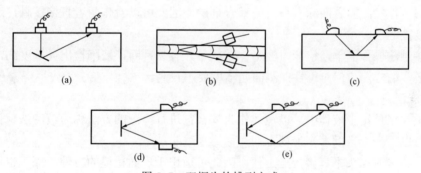

图5-7 双探头的排列方式

（a）并列式；（b）交叉式；（c）V形串列式；（d）K形串列式；（e）串列式

（1）并列式。两个探头并列放置，检测时两者作同步同向移动。但直探头作并列放置时，通常是一个探头固定，另一个探头移动，以便发现与检测面倾斜的缺陷，如图5-7（a）所示。

（2）交叉式。两个探头轴线交叉，交叉点为要检测的部位，如图5-7（b）所示。这种方法可用来发现与检测面垂直的面状缺陷，在焊缝检测中，常用来检测横向缺陷。

（3）V形串列式。两探头相对放置在同一面上，一个探头发射的超声波被缺陷反射，反射波被另一探头接收，如图5-7（c）所示。这种方法主要用来发现与检测面平行的面状缺陷。

（4）K形串列式。两探头以相同方向分别放置在工件上下表面上，一个探头发射的超声波被缺陷反射，反射波被另一探头接收，如图5-7（d）所示。这种方法主要用来发现与检测面垂直的面状缺陷。

（5）串列式。两探头一前一后，以相同方向放置同一表面上，一个探头发射的超声波被缺陷反射，反射波经底面再次反射后被另一探头接收，如图 5-7（e）所示。这种方法主要用来发现与检测面垂直的面状缺陷。

（三）多探头法

使用两个以上探头成对地组合在一起进行检测的方法称为多探头法。多探头法主要是通过增加声束来提高检测速度或发现各种取向的缺陷，通常与多通道仪器和自动扫查装置配合，如图 5-8 所示。

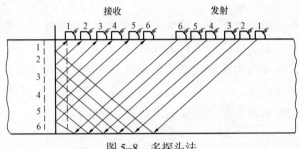

图 5-8　多探头法

四、按探头接触方式分类

依据检测时探头与试件的接触方式，可以分为直接接触法与液浸法。

（一）直接接触法

探头与工件接触面之间涂有很薄的耦合剂层，因此可以看作两者直接接触，这种检测方法称为直接接触法。

直接接触法操作简单，检测时波形比较简单，容易判断，缺陷检出灵敏度高，是实际检测中使用最多的方法，但对工件探测面光洁度要求较高。

（二）液浸法

将探头与工件浸于液体中，以液体作为耦合剂进行检测的方法称为液浸法。耦合剂可以是水，也可以是油，当以水作为耦合剂，称为水浸法。

液浸法检测时探头不直接接触工件，因此可适用于表面粗糙的工件，探头也不易磨损，耦合效果好且稳定，探测结果重复性好，便于实现自动化检测。

液浸法按检测方式不同又分为全浸没式和局部浸没式。

（1）全浸没式。被检工件全部浸没于液体中，适用于体积不大，形状复杂的工件的检测，如图 5-9（a）所示。

（2）局部浸没式。将被检工件局部浸没于液体中或被检工件与探头之间保持一定的液体层，适用于大体积工件的检测。局部浸没式又分为喷液式、通水式和满溢式。

1）喷液式。超声波通过以一定压力喷射至检测面的液流进入工件，如图 5-9（b）所示。

2）通水式。借助于一个专用的具有进、出水口的液罩，使液罩内保持一定容量的液体，如图 5-9（c）所示。

3）满溢式。满溢罩结构与通水式，但只有进水口，多余液体从罩的上部溢出，如图 5-9（d）所示。

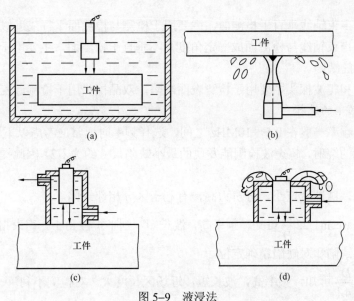

图 5-9 液浸法

（a）全浸没式；（b）喷液式；（c）通水式；（d）满溢式

第二节 仪器与探头的选择

合理选择仪器和探头对于缺陷的有效检出和正确定位、定量、定性至关重要。实际检测中应根据被检工件的结构形状、尺寸、材质、加工工艺及检测要求选择仪器和探头。

一、探伤仪的选择

目前国内外检测仪器种类繁多，性能各异，检测前应根据工件、检测要求及现场条件选择仪器。一般根据以下情况进行选择。

（1）对于定位要求高的情况，应选择水平线性误差小的仪器。

（2）对于定量要求高的情况，应选择垂直线性好，衰减器精度高的仪器。

（3）对于大型零件或材质衰减大的工件的检测，应选择灵敏度余量高、信噪比高、功率大的仪器。

（4）为了有效地发现近表面缺陷和区分相邻缺陷，应选择盲区小、分辨力好的仪器。

（5）对于室外现场检测，应选择质量轻，荧光屏亮度高，抗干扰能力强的便携式仪器。

此外要求选择性能稳定、重复性好和可靠性好的仪器。

二、探头的选择

超声波检测时，超声波的发射和接收都是通过探头来实现的。探头的种类很多，结构形式也不一样。检测前应根据被检工件的结构尺寸、声学特性和检测要求来选择探头。探头的选择包括探头形式、频率、晶片尺寸和斜探头 K 值的选择等。

（一）探头形式的选择

常用的探头形式有纵波直探头、横波斜探头、双晶探头、表面波探头、爬波探头等。一般根据工件形状和可能出现的缺陷的部位、方向等条件来选择探头，使声束轴线尽量与缺陷垂直。

纵波直探头声束轴线垂直于检测面，主要用于检测与检测面平行或近似平行的缺陷。

横波斜探头声束轴线与检测面成一定角度，不垂直于检测面，主要用于检测与检测面垂直或成一定角度的缺陷。

表面波探头和爬波探头主要用于检测表面缺陷，双晶探头用于检测近表面缺陷。

（二）探头频率的选择

超声波检测频率一般在 0.5～10MHz 之间，选择频率时通常应考虑以下因素。

（1）由于波的绕射，超声波检测能发现的最小缺陷尺寸约为 $\lambda/2$，因此提高频率有利于发现更小缺陷。

（2）频率高，脉冲宽度小，分辨力高，有利于区分相邻缺陷。

（3）由 $\theta_0 = \arcsin 1.22 \dfrac{\lambda}{D}$ 可知，频率高，波长短，则半扩散角小，声束指向性好，能量集中，有利于发现缺陷和对缺陷精确定位。

（4）由 $N = \dfrac{D^2}{4\lambda}$ 可知，频率高，波长短，近场区长度大，对检测不利。

（5）由 $a_3 = C_2 F d^3 f^4$ 可知，频率增大，衰减急剧增加，对检测不利。

由以上分析可见，频率的高低对检测有很大影响。频率高，灵敏度和分辨力高，指向性好，对检测有利。但另一方面，频率高，近场区长度大，衰减大，又对检测不利。在实际检测中应综合考虑各方面因素，合理选择频率。通常在保证检测灵敏度的前提下尽可能选择较低频率。

对于晶粒较细的工件，由于衰减较小，可选用较高频率，常用 2.5～5MHz。而对于晶粒较粗的工件，由于晶界对声波的散射，若频率过高，则衰减严重，产生林状回波，信噪比下降，严重时甚至无法检测，因此应选择较低频率，常用 0.5～2.5MHz。

（三）探头晶片尺寸的选择

探头晶片面积一般不大于 500mm^2，圆晶片直径尺寸一般不大于 25mm。晶片大小对检测也有一定影响，主要表现在以下几个方面。

（1）由 $\theta_0 = \arcsin 1.22 \dfrac{\lambda}{D}$ 可知，晶片尺寸增大，半扩散角小，声束指向性好，能量集中，有利于发现缺陷和对缺陷精确定位。

（2）由 $N = \dfrac{D^2}{4\lambda}$ 可知，晶片尺寸增大，近场区长度增大，对检测不利。

（3）晶片尺寸大，辐射的超声波能量大，声束未扩散区长，发现远距离缺陷的能力强。

以上分析说明，晶片大小影响声束指向性、近场区长度和远距离缺陷检出能力。实际检测中，检测面积范围大的工件时，为了提高检测效率，宜选用晶片尺寸较大的探头。检测厚度大的工件时，为了有效发现远距离缺陷，也应选用晶片尺寸较大的探头。而对于小型工件，为了减小近场区长度，增大有效检测范围，应选用晶片尺寸较小的探头。对于检测面不太平整、曲率较大的工件，为了保证探头与工件良好接触、减小耦合损失，也应选用晶片尺寸较小的探头。

（四）横波斜探头 K 值的选择

在横波检测中，探头的 K 值决定了声束轴线方向，并影响一次波声程（入射点至底面反射点的距离），在实际检测中应综合考虑以下因素选择合适的探头 K 值。

（1）应考虑到可能存在的缺陷的方位，尽量使声束轴线垂直于缺陷，还要保证主声束能扫查到整个欲检测的截面。

（2）当工件厚度较小时，应选用较大的 K 值，以便增加一次波声程，避免近场区检测。而当工件厚度较大时，应选用较小的 K 值，以减少声程过大引起的衰减，便于发现深度较大处的缺陷。

（3）对于单面焊焊缝根部未焊透的检测，还应考虑端角反射问题，应选择 K 值在 0.7～1.5 之间的探头，以避免因端角反射率过低而造成漏检。

第三节　耦　合　与　补　偿

一、影响声耦合的主要因素

影响耦合的主要因素有耦合层的厚度、耦合剂的声阻抗、工件表面粗糙度和工件表面形状。

（一）耦合层厚度的影响

耦合层厚度对耦合的影响如图 5-10 所示。当耦合层厚度等于 $\lambda/4$ 的奇数倍时，耦合效果差，声强透射率低，反射回波低。当耦合层厚度等于 $\lambda/2$ 的整数倍或耦合层厚度很小时，耦合效果好，声强透射率高，反射回波高。

（二）耦合剂声阻抗的影响

由图 5-11 可以看出，耦合剂声阻抗对耦合有明显影响。对于同一检测面，耦合剂声阻抗大，耦合效果好，声强透射率高，反射回波高。

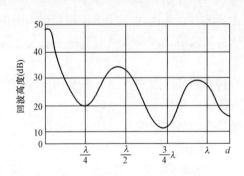

图 5-10　耦合层厚度 d 对耦合的影响

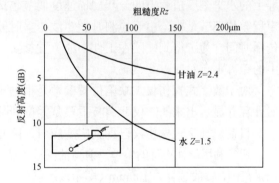

图 5-11　粗糙度及耦合剂声阻抗对耦合的影响

（三）工件表面粗糙度的影响

由图 5-11 还可以看出，工件表面粗糙度对耦合也有明显影响。对于同一耦合剂，表面粗糙度高，耦合效果差，声强透射率低，反射回波低。当耦合剂声阻抗较低时，耦合效果随表面粗糙度的增大，耦合效果降低得更快。因此检测时通常对工件表面粗糙度有一定要求，但表面粗糙度也不必太低，因为粗糙度太低，耦合效果并无明显增加，而且使探头因吸附力大而移动困难。

（四）工件表面形状的影响

工件表面形状不同，耦合效果也不一样。因为探头表面通常为平面，因此平面的耦合效果最好，探头与曲面的接触为线接触或点接触，其耦合效果较差，尤其是凹曲面，探头中心与检测面不接触，耦合效果更差。

对于曲面，耦合效果还与曲率半径有关，曲率半径越大，耦合效果越好。

二、表面耦合损耗差的补偿

超声波透过耦合层进入工件时总是会产生一定的能量损失，称为表面耦合损耗。在实际检测中，常采用试块来调节仪器的检测灵敏度。当试块与工件的表面粗糙度、曲率半径不同时，其表面耦合损耗也不同，即存在表面耦合损耗差。

通常，工件的表面耦合损耗大于试块，因此为了保证足够的检测灵敏度及缺陷定量的准确性，必须增大仪器的输出来对表面耦合损耗差进行补偿，具体补偿量应根据相关标准的规定，通过实测确定。

第四节 探伤仪的调节

在实际检测中，为了在确定的探测范围内发现规定大小的缺陷，并准确对缺陷定位和定量，必须在检测前正确调节仪器。仪器的调节通常包括扫描速度的调节和灵敏度的调节。

一、扫描速度的调节

仪器示波屏上时基扫描线的水平刻度值与实际声程的比例关系称为扫描速度或时基扫描线比例。

采用模拟式探伤仪进行检测时，缺陷位置参数（声程、深度或水平距离）是从仪器示波屏上的水平刻度值读出的，其扫描速度调节包括时基扫描线比例调节和声程零位调节。所谓声程零位调节是指，由于检测时超声波传播时间包含了波在探头楔块、保护膜和耦合剂中的传播时间，为了得到缺陷在工件中的位置参数，必须将始波适当左移，使时基线零点与工件中的距离零点对应。

对于数字式探伤仪，缺陷位置参数是根据超声波传播时间、材料声速、探头折射角由仪器计算并显示出来的，仪器调节主要是零位调节、声速调节和探头折射角调节。

目前，数字式探伤仪已得到广泛应用，因此下面只介绍数字式探伤仪的调节方法。

通常利用已知声程的参考反射体的回波来调节仪器。首先根据参考反射体的声程选择合适的扫描范围，一般选择为100mm（即示波屏满刻度代表声程100mm），并大致设定声速，然后利用具有不同声程的两个参考反射体回波，反复调节仪器的声速和零位，使两个回波的前沿分别位于示波屏上与其声程相对应的水平刻度处，最后根据实测结果设定探头折射角，并根据实际检测范围调整合适的扫描范围。必须指出的是，对于数字式探伤仪，扫描范围（时基扫描线比例）只是影响示波屏的显示范围，在检测中可以根据需要任意调节，并不影响缺陷位置参数的正确显示。

纵波检测一般利用具有不同厚度的试块的底面反射来调节仪器，如图 5-12（a）所示；表面波检测采用不同声程的端角反射来调节，如图 5-12（b）所示；爬波检测常采用表面加工有线切割槽的试块进行调节，如图 5-12（c）所示；而横波检测则通常利用校准试块上不同半径的圆弧面反射来调节，如图 5-12（d）所示。

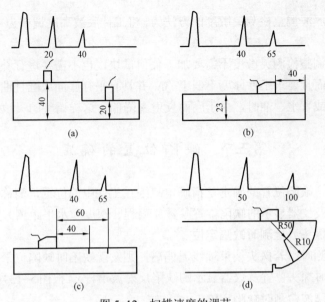

图 5-12　扫描速度的调节
（a）纵波检测；（b）表面波检测；（c）爬波检测；（d）横波检测

二、检测灵敏度的调节

检测灵敏度是指在确定的声程范围内发现规定大小缺陷的能力，一般根据产品技术要求或有关标准确定。

调整检测灵敏度的目的在于发现工件中规定大小的缺陷，并对缺陷定量。检测灵敏度太高或太低都对检测不利。灵敏度太高，示波屏上杂波多，判断困难。灵敏度太低，容易引起漏检。

实际检测中，在粗探时为了提高扫查速度而又不致引起漏检，常常将检测灵敏度适当提高，这种在检测灵敏度的基础上适当提高后的灵敏度叫做搜索灵敏度或扫查灵敏度。

调整检测灵敏度的常用方法有试块调整法和工件底波调整法两种。

（一）试块调整法

根据工件对灵敏度的要求选择相应的试块，将探头对准试块上的人工缺陷，调整仪器上的有关灵敏度旋钮，使示波屏上人工缺陷的最高反射回波达基准高，这时灵敏度就调好了。

利用试块调整灵敏度，操作简单方便，适用于各种检测方法和检测对象。但需要加工有不同声程不同当量尺寸人工缺陷的试块，成本高，携带不便，同时还要考虑对工件与试块因耦合和衰减不同而引起的声能传输损耗差进行补偿。

（二）工件底波调整法

超声波检测灵敏度通常以规则反射体的回波高度表示，对于具有平行低面或圆柱曲底面的工件的纵波检测，当声程不低于 $3N$ 时，由于底面回波高度与规则反射体的回波高度存在一定关系，因此可以利用工件底波来调整检测灵敏度。

例如，对于具有平行底面的工件的纵波检测，要求检测灵敏度不低于最大检测距离处平底孔当量直径 ϕ，由于底面与平底孔回波幅度的分贝差为

$$\Delta = 20\lg\frac{2\lambda x}{\pi\phi^2} \tag{5-2}$$

105

因此利用工件底波调整检测灵敏度的方法为，将工件底波高度调整为基准高，再增益ΔdB即可。

利用工件底波调整检测灵敏度不需要加工任何试块，也不需要进行补偿。但该方法一般只用于纵波检测，而且要求工件厚度不低于 $3N$ 并具有平行底面或圆柱曲底面，底面应光洁干净。若底面粗糙或有水、油时，由于底面反射率降低，这样调整的灵敏度将会偏高。

第五节 缺陷位置的确定

超声波检测中，缺陷位置的确定是指确定缺陷在工件中的位置，简称定位，一般根据发现缺陷时探头位置及仪器显示的缺陷位置参数（声程、深度和水平距离）来进行缺陷定位。

一、纵波（直探头）检测时缺陷定位

纵波直探头检测时，若探头波束轴线无偏离，则发现缺陷时缺陷位于中心轴线上，可根据缺陷反射波最高时探头位置及仪器显示的缺陷反射波声程x_f，按图5-13所示确定缺陷位置。

二、表面波及爬波检测时缺陷定位

表面波及爬波检测时缺陷定位方法与纵波检测基本相同，只是缺陷位于工件表面，并正对探头中心轴线，如图 5-14 所示。

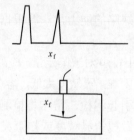

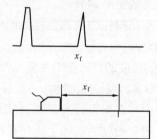

图 5-13　纵波检测缺陷定位　　　图 5-14　表面波及爬波检测缺陷定位

三、横波检测平面工件时缺陷定位

横波斜探头检测平面时，缺陷的位置一般根据发现缺陷时探头位置、缺陷与入射点的水平距离 l_f（简称水平距离）及缺陷埋藏深度 d_f（即缺陷至检测面的距离）确定，如图5-15所示。

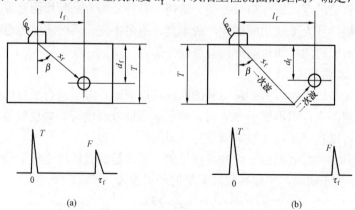

(a)　　　　　　　　　　　　　(b)

图 5-15　横波检测平面工件时的缺陷定位
（a）一次波；（b）二次波

对于数字式超声波探伤仪，仪器可同时显示缺陷反射波的声程 x_f、水平距离 l_f 和深度 h_f 三个参数。仪器显示的水平距离即缺陷与入射点的水平距离，缺陷埋藏深度与仪器显示的缺陷反射波深度关系如下

$$\begin{cases} d_f = h_f & \text{（一次波检测）} \\ d_f = 2T - h_f & \text{（二次波检测）} \end{cases} \tag{5-3}$$

对于模拟式探伤仪，由于从仪器示波屏水平刻度只能读出一个参数，必须根据以下关系计算出其他参数，再按上述方法进行缺陷定位

$$\begin{cases} h_f = x_f \sin\beta \\ l_f = x_f \cos\beta \\ h_f = l_f \tan\beta \end{cases} \tag{5-4}$$

四、横波周向检测圆柱曲面工件时缺陷定位

当横波检测圆柱曲面工件时，若沿轴向扫查，缺陷定位方法与平面检测时相同，若沿周向扫查，则缺陷的定位比较复杂。下面分外圆和内壁检测两种情况加以讨论。

（一）外圆周向检测

外圆周向检测圆柱曲面工件时，缺陷位置由探头位置、缺陷埋藏深度 H（距外表面距离）和弧长确定，如图 5-16 所示。显然，H、$\widehat{L}$ 与仪器显示的深度 d 和水平距离 l 是有较大差别的。

图 5-16 中

$AC = d$

$BC = l = d\tan\beta = Kd$

$AO = R$，$CO = R - d$

$$\tan\theta = \frac{BC}{OC} = \frac{Kd}{R-d}, \quad \theta = \arctan\frac{Kd}{R-d}$$

$$BO = \sqrt{(Kd)^2 + (R-d)^2}$$

因此可得

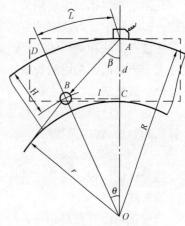

图 5-16 外圆周向检测缺陷定位

$$\begin{cases} H = OD - OB = R - \sqrt{(Kd)^2 + (R-d)^2} \\ \widehat{L} = \frac{R\pi\theta}{180} = \frac{R\pi}{180}\arctan\frac{Kd}{R-d} \end{cases} \tag{5-5}$$

由式（5-5）可知，当探头从圆柱曲面外壁作周向探测时，弧长 $\widehat{L}$ 总比水平距离 l 值大，但深度 H 却总比 d 值小，而且差值随 d 值增加而增大。

（二）内壁周向探测

内壁周向检测圆柱曲面工件时，缺陷位置由探头位置、缺陷埋藏深度 h（距内表面距离）和弧长 $\widehat{l}$ 确定，如图 5-17 所示。同样地，h、$\widehat{l}$ 与仪器显示的深度 d 和水平距离 l 也是有较大差别的。

图 5-17 中

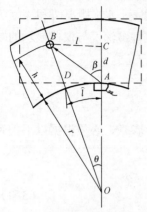

图5-17　内壁周向检测缺陷定位

$$AC = d$$

$$BC = l = d\tan\beta = Kd$$

$$AO = r, \quad CO = r + d$$

$$\tan\theta = \frac{BC}{OC} = \frac{Kd}{r+d}, \quad \theta = \arctan\frac{Kd}{r+d}$$

$$BO = \sqrt{(Kd)^2 + (r+d)^2}$$

从而可得

$$\begin{cases} h = OB - OD = \sqrt{(Kd)^2 + (r+d)^2} - r \\ \hat{l} = \dfrac{r\pi\theta}{180} = \dfrac{r\pi}{180}\arctan\dfrac{Kd}{r+d} \end{cases} \tag{5-6}$$

由式（5-6）可知，当探头从圆柱曲面内壁作周向探测时，弧长 $\hat{l}$ 比水平距离 l 小，但深度 h 却总比 d 值大。

第六节　缺陷大小的测定

缺陷定量包括确定缺陷的大小和数量，而缺陷的大小指缺陷的面积和长度。目前，在工业超声波检测中，对缺陷的定量的方法很多，但均有一定的局限性。常用的定量方法有当量法、底波高度法和测长法三种。对于缺陷尺寸小于声束截面采用当量法和底波高度法，缺陷尺寸大于声束截面采用测长法。

一、当量法

采用当量法确定的缺陷尺寸是缺陷的当量尺寸。常用的当量法有当量试块比较法、当量计算法和当量 AVG 曲线法。

（一）当量试块比较法

当量试块比较法是将工件中的自然缺陷回波与试块上的人工缺陷回波进行比较来对缺陷定量的方法。

当量试块比较法是超声波检测中应用最早的一种当量方法，其优点是直观易懂，当量概念明确，当量比较稳妥可靠。但这种方法需要制作大量试块，成本高。同时操作也比较烦琐，现场检测要携带很多试块，很不方便。因此当量试块比较法应用不多，仅在 $x < 3N$ 的情况下或特别重要零件的精确定量时应用。

（二）当量计算法

当 $x \geq 3N$ 时，规则反射体的回波声压变化规律基本符合理论回波声压公式。当量计算法就是根据检测中测得的缺陷波波高的 dB 值，利用各种规则反射体的理论回波声压公式进行计算来确定缺陷当量尺寸的定量方法。应用当量计算法对缺陷定量不需要任何试块，是目前比较常用的一种定量方法。

（三）当量 AVG 曲线法

当量 AVG 曲线法是利用通用 AVG 或实用 AVG 曲线来确定工件中缺陷的当量尺寸。

二、测长法

当工件中缺陷尺寸大于声束截面时，一般采用测长法来确定缺陷的长度。

测长法是根据缺陷波高与探头移动距离来确定缺陷的尺寸。按规定的方法测定的缺陷长度称为缺陷的指示长度。由于实际工件中缺陷的取向、性质、表面状态都会影响缺陷回波高，因此缺陷的指示长度总是小于或等于缺陷的实际长度。

根据测定缺陷长度时的灵敏度基准不同将测长法分为相对灵敏度法、绝对灵敏度法和端点峰值法。

（一）相对灵敏度测长法

相对灵敏度测长法是以缺陷最高回波为相对基准、沿缺陷的长度方向移动探头，降低一定的 dB 值来测定缺陷的长度。常用的是 6dB 法和端点 6dB 法，如图 5-18 所示。

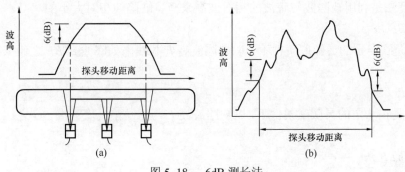

图 5-18　6dB 测长法

（a）6dB 法；（b）端点 6dB 法

（1）6dB 法（半波高度法）：由于波高降低 6dB 后正好为原来的一半，因此 6dB 法又称为半波高度法。

当缺陷反射波只有一个高点时，用 6dB 法测量缺陷的指示长度。具体做法：移动探头找到缺陷最大波高，然后沿缺陷方向左右移动探头，当缺陷波高降低一半时，探头中心线之间的距离就是缺陷的指示长度。

（2）端点 6dB（端点半波高度法）：当缺陷各部分反射波高有很大变化时，测长采用端点 6dB 法。

当缺陷反射波有多个高点时，用端点 6dB 法测量缺陷的指示长度。具体做法：发现缺陷后，沿缺陷方向左右移动探头，找到缺陷两端的最大波高，分别以这两个端点最大波高为基准，继续向左右移动探头，当端点最大波高降低一半时，探头中心线之间的距离为缺陷的指示长度。

（二）绝对灵敏度测长法

绝对灵敏度测长法是在仪器灵敏度一定的条件下，探头沿缺陷长度方向平行移动，当缺陷波高降到规定位置时，探头移动的距离，即为缺陷的指示长度。

绝对灵敏度测长法测得的缺陷指示长度与测长灵敏度有关。测长灵敏度高，缺陷长度大。在自动检测中常用绝对灵敏度法测长，如图 5-19 所示。

（三）端点峰值法

探头在测长扫查过程中，如发现缺陷反射波峰值起伏变化，有多个高点时，则以缺陷两端最大反射波之间的探头移动距离来确定为缺陷指示长度，如图 5-20 所示。端点峰值法是另一类测长法，它比端点 6dB 法测得的指示长度要短。

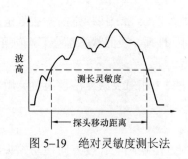

图 5-19　绝对灵敏度测长法

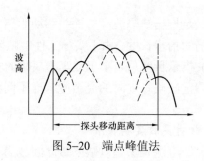

图 5-20　端点峰值法

三、底波高度法

底波高度法是利用缺陷波与底波的相对波高来衡量缺陷的相对大小的。

（一）F/BF 法

F/BF 法是在一定的灵敏度条件下，以缺陷波高 F 与缺陷处底波高 BF 之比来衡量缺陷的相对大小。

（二）F/BG 法

F/BG 法是在一定的灵敏度条件下，以缺陷波高 F 与无缺陷处底波高 BG 之比来衡量缺陷的相对大小。

（三）BG/BF 法

BG/BF 法是在一定的灵敏度条件下，以无缺陷处底波 BG 与缺陷处底波 GF 之比来衡量缺陷的相对大小。

底波高度法不用试块，可以直接利用底波调节灵敏度和比较缺陷的相对大小，操作方便。但不能给出缺陷的当量尺寸，同样大小的缺陷会因所处探测面的距离不同而不同。此外底波高度法只适用于具有平行底面的工件。

对于较小的缺陷底波 B_1 往往饱和；对于密集缺陷往往缺陷波不明显，这时上述底波高度法就不合适了，但这时可借助于底波的次数来判定缺陷的相对大小和缺陷的密集程度。底波次数少，缺陷尺寸大或密集程度严重。

底波高度法可用于测定缺陷的相对大小、密集程度、材质晶粒和石墨化程度等。

第七节　缺陷自身高度的测定

设备的安全可靠性除与缺陷长度有关外，还与缺陷自身高度有关。在断裂力学"工程临界分析法（ECA）"中，缺陷的自身高度比缺陷的长度更为重要。然而，测量缺陷自身高度比测量缺陷长度困难更大。下面简略介绍几种常用测量缺陷自身高度的方法。

一、表面波波高法

对于上表面开口缺陷，且缺陷深度较小时，表面反射法波的波高随缺陷深度的增加而升高。（如图 5-21 所示）实际探测中，常加工一些具有不同深度的人工缺陷试块，利用试块比较法来确定缺陷的深度。

二、表面波时延法

对于上表面开口缺陷，且缺陷开口较大并具有一定深度时，可利用表面波在缺陷表面端点以及缺陷尖端两个反射回波的声程差来确定缺陷深度。

三、端部回波峰值法

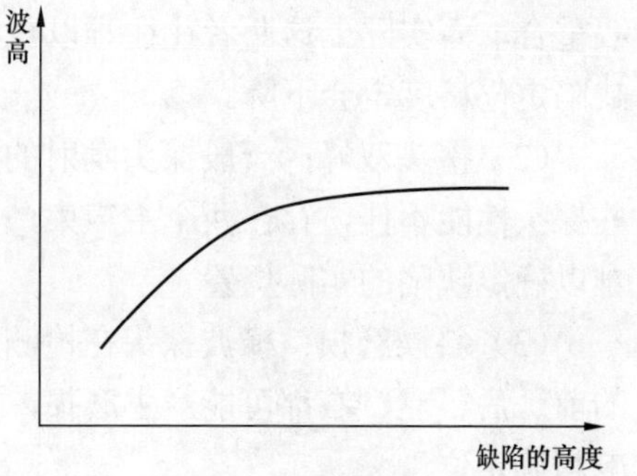

对于表面开口缺陷，且缺陷具有一定深度时，若用横波斜探头进行探测时，当横波主声束打到缺陷端部时，产生一个较强的回波，利用简单的三角函数关系来确定缺陷高度。另外此法还可测定埋藏在工件内部的非开口性缺陷，测定缺陷上、下端点的位置参数，利用三角关系确定缺陷高度。

图 5-21　表面波波高和缺陷深度之间的关系

四、横波端角反射法

当横波入射到下表面开口缺陷时，产生端角反射，其回波高度与缺陷深度 h 与波长 λ 之比有关，缺陷深度在 2mm 以内时，波高随 h/λ 的变化不是单调的，而是起伏变化。特别是探头折射角较大时，这种起伏变化更大。因此实测中常用参考试块来测定缺陷的深度。但当缺陷深度较大时（常用大于 4mm 左右），反射回波便处于饱和，而不再随缺陷深度的变化而变化。

五、横波串列式双探头法

对于表面光洁且垂直于探测面的缺陷，单探头接收不到缺陷反射波。需要用两个 K（β）值相同的斜探头进行串列式探测来测定缺陷的高度。这时两个探头作一发一收，当工件中无缺陷时，接收探头接收不到回波。当工件中存在缺陷时，发射探头发出的波从缺陷反射到底面，再从底面反射至接收探头，在示波屏上产生一个回波。该回波位置固定不动。两探头前后平行扫查，确定声束轴线入射到缺陷上下端点的位置，利用三角函数关系求得缺陷高度。

六、相对灵敏度 10dB 法

当用横波斜入射测定倾斜缺陷的高度时，先用一次波找到缺陷最高回波，前后移动探头，确定缺陷回波下降 10dB 时探头的位置，最后根据探头位置和探头在关参数，利用三角函数关系确定缺陷高度。相对灵敏度法也可采用 6dB、20dB 法。目前国内外用得较多的是 10dB 法。

七、衍射波时差法（TOFD）

衍射波时差法是采用一发一收双探头工作模式，主要利用缺陷端点的衍射波信号探测和测定缺陷尺寸的一种特殊的检测方法。该方法通过缺陷尖端衍射的信号来测量缺陷自身高度，是一种非常有效的测量方法。

第八节　影响缺陷定位、定量的主要因素

一、影响缺陷定位的主要因素

（一）仪器的影响

（1）仪器水平线性：仪器的水平线性的好坏直接影响到缺陷定位是否准确。

（2）仪器水平刻度精度：仪器时基线比例是根据示波屏上水平刻度来调节的，当仪器水平刻度不准时，缺陷定位便会出现误差。

（二）探头的影响

（1）声束偏离：无论是垂直入射还是倾斜入射检测，都假定波束轴线与探头晶片几何中

心重合，而实际上这两者往往难以重合。当实际声束与探头晶片中心几何轴线偏离较大时，缺陷定位精度定会下降。

（2）探头双峰：一般探头发射的声场只有一个主声束，远场区轴线上的声压最高。但有些探头性能不佳，存在两个主声束，发现缺陷时，不能判定是哪个主声束发现的，因此也就难以确定缺陷的实际位置。

（3）斜锲磨损：横波探头在检测过程中，斜楔将会磨损。当操作者用力不均匀时，探头的前、后、左、右都可能产生磨损，造成探头折射角、入射点以及主声束方向变化，从而影响精确定位。

（4）探头指向性：探头半扩散角小，指向性好，缺陷定位误差小，反之定位误差大。

（三）工件的影响

（1）工件表面粗糙度：工件表面粗糙，不仅耦合不良，而且会出现表面凸凹不平现象，使声波进入工件的时间产生差异，进而还会造成主声束分叉或偏斜，影响定位准确性。

（2）工件材质：工件材质对缺陷定位的影响可从声速和内应力两个方面来讨论。当工件的声速变化时，就会使探头的 K 值发生变化。另外，工件存在内应力时，会导致声速和波的传播方向发生变化，影响定位精度。

（3）工件表面形状：探测曲面工件时，探头与工件接触有两种情况。一种是平面与曲面接触，这时为点或线接触，握持不当，探头折射角容易发生变化。另一种是将探头斜楔磨成曲面，探头与工件曲面接触，这时折射角和声束形状将发生变化，影响缺陷定位。

（4）工件边界：当缺陷靠近工件边界时，由于侧壁反射波与直接入射波在缺陷处发生干涉，使声场声压分布发生变化，声束轴线发生偏离使缺陷定位误差增加。

（5）工件温度：探头的 K 值一般在室温下测定的。当探测工件的温度变化时，会造成声速发生变化，从而产生折射角变化，影响缺陷定位。

（6）工件中缺陷情况：工件内缺陷方向也会影响缺陷定位。缺陷倾斜时，扩散声束入射至缺陷时的回波较高，而定位时误认为缺陷在轴线上，从而导致定位不准。

（四）操作人员的影响

（1）仪器时基比例：仪器时基线比例一般在试块上调节，当工件与试块的声速不同时，仪器的时基线比例发生变化，影响缺陷定位精度。另外，调节比例时，回波前沿没有对准相应水平刻度或读数不准，使缺陷定位误差增加。

（2）入射点、K 值：横波检测时，探头入射点、K 值误差较大时，也会影响缺陷定位。

（3）定位方法不当：横波周向探测圆柱筒形工件时，缺陷定位与平板不同，若仍按平板工件处理，那么定位误差将会增加。

二、影响缺陷定量的因素

（一）仪器及探头性能的影响

（1）频率的影响：超声波频率 f 对于大平底与平底孔回波高度的分贝差有直接影响，因此，在实际检测中，频率 f 偏差不仅影响利用底波调节灵敏度，而且影响用当量法对缺陷定量。

（2）衰减器精度和垂直线性的影响：A 型脉冲反射式超声波探伤仪是根据相对波高来对缺陷定量的。而相对波高常常用衰减器来度量。因此衰减器精度直接影响缺陷定量。

（3）探头形式和晶片尺寸的影响：不同部位不同方向的缺陷，应采用不同形式的探头，否则会增加缺陷定量误差。

晶片尺寸影响近场区长度和波束指向性，因此对定量也有一定的影响。

（4）探头 K 值的影响：超声波倾斜入射时，声压往复透射率与入射角有关，因此 K 值的偏差也会影响缺陷定量。

（二）耦合与衰减的影响

（1）耦合的影响：超声波检测中，耦合剂的声阻抗和耦合层厚度对回波高度有较大的影响，因此，实际检测中耦合剂的声阻抗，对探头施加的压力大小都会影响缺陷回波高度，进而影响缺陷定量。

（2）衰减的影响：实际工件是存在介质衰减的，衰减系数较大或距离较远时，引起的衰减也较大。这时仍不考虑介质衰减的影响，那么定量精度势必会受到影响。

（三）工件几何形状和尺寸的影响

试件底面形状不同，回波高度不同；试件底面与探测面的平行度以及底面光洁度、干净程度等都会对缺陷定量有较大的影响。

试件尺寸的大小对定量也有一定的影响。当试件尺寸较小，缺陷位于 $3N$ 以内时，利用底波调灵敏度并定量，将会使定量误差增加。

（四）缺陷的影响

（1）缺陷形状的影响。试件中实际缺陷的形状是多种多样的，它的具体形状与工件、材料的制造工艺和运行状况有关。缺陷的形状对其回波波高有很大的影响。同样尺寸的缺陷，由于形状的不同，其波高会有很大差别。如平底孔、球孔、长横孔和短横孔的回波声压均有很大差异。

（2）缺陷方位的影响。理论研究中常常假定超声波入射方向与缺陷表面是垂直的，但实际缺陷表面相对于超声波入射方向往往不垂直。因此对缺陷尺寸估计偏小的可能性很大。

（3）缺陷波的指向性。缺陷波高与缺陷波的指向性有关，缺陷波的指向性与缺陷的大小有关，而且差别较大。

（4）缺陷表面粗糙度的影响。缺陷表面的光滑程度，用波长衡量。如果表面的凹凸不平的高度差小于 $\lambda/3$ 波长，就认为该表面是平滑的。这样的表面反射声束类似镜子反射光束。否则就是粗糙表面。

对于表面粗糙的缺陷，当声波垂直入射时，声波被乱反射，同时各部分反射波由于有相位差而产生干涉，使缺陷回波波高随粗糙度的增加而下降。当声波倾斜入射时，缺陷回波波高随着凹凸程度与波长的比例增大而增高。当凹凸程度接近波长时，即使入射角度再大，也能接到回波。

（5）缺陷性质的影响。缺陷回波波高受缺陷性质的影响。声波在界面的反射率是由界面两边介质的声阻抗以及介质层厚度决定的。因此的缺陷内是气体或是非金属夹杂物或是金属夹杂物其回波波高有较大差异。

（6）缺陷位置的影响。缺陷波高还与缺陷位置有关。缺陷位于近场区时，同样大小的缺陷随位置起伏变化，定量误差大。

第九节 缺 陷 性 质 分 析

超声波检测除了确定工件中缺陷的位置和大小外，还应尽可能判定缺陷的性质。不同性质的缺陷危害程度不同，例如裂纹就比气孔、夹渣危害大得多。因此，缺陷定性十分重要。

缺陷定性是一个很复杂的问题，A型超声波探伤仪只能提供缺陷回波的时间和幅度两方面的信息。检测人员根据这两方面信息来判断缺陷的性质是有困难的。实际检测中常常是根据经验结合试件的加工工艺、缺陷特征、缺陷波形和底波情况来分析估计缺陷的性质。

一、根据加工工艺分析缺陷性质

工件内所形成的各种缺陷与加工工艺密切相关。因此，在检测前应查阅有关工件的图纸和资料，了解工件的材料、结构特点、几何尺寸和加工工艺，这对于正确判定估计缺陷的性质是十分有益的。

二、根据缺陷特征分析缺陷性质

缺陷特性是指缺陷的形状、大小和密集程度。

对于平面形缺陷，在不同的方向上探测，其缺陷回波高度显著不同。对于点状缺陷，在不同的方向探测，缺陷回波无明显变化。一般气孔、小夹渣等属于点状缺陷。对于密集形缺陷，缺陷波密集互相彼连，在不同方向上探测，缺陷回波情况类似。一般白点、疏松、密集气孔等属于密集形缺陷。

三、根据缺陷波形分析缺陷性质

缺陷波形为静态波形和动态波形两大类。静态波形是指探头不动时缺陷波的高度、形状和密集程度。动态波形是指探头在探测面上的移动过程中，缺陷波的变形情况。

（一）静态波形

缺陷内含物的声阻抗对缺陷回波高度有较大的影响。白点、气孔等内含气体，声阻抗很小，反射回波高。非金属或金属夹杂物声阻抗较大，反射回波低。另外不同类型缺陷反射波的形状也有一定差别。例如气孔与夹渣，气孔表面较平滑，界面反射率高，波形陡直尖锐。而夹渣表面粗糙，界面反射率低，同时还有部分声波透入夹渣层，形成多次反射，波形宽度大并带锯齿，以上特点对于区别气孔与夹渣是有参考价值的。

单个缺陷与密集缺陷的区分比较容易。一般单个缺陷回波是独立出现的，而密集缺陷则是杂乱出现，且互相彼连。

（二）动态波形

超声波入射到不同性质的缺陷上，其动态波形是不同的。为了便于分析估计缺陷的性质，常绘出动态波形图。动态波形图横坐标为探头移动距离，纵坐标为波高。

四、根据底波分析缺陷的性质

工件内部存在缺陷时，超声波被缺陷反射使到达底面的声能减少，底波高度下降，甚至消失。不同性质的缺陷，反射面不同，底波高度也不一样，因此在某种情况下可以利用底波情况来分析估计缺陷的性质。

当缺陷波很强，底波消失时，可认为是大面积缺陷，如夹层、裂纹等。

当缺陷波与底波共存时，可认为是点状缺陷（如气孔、夹渣）或面积较小的其他缺陷。

当缺陷波为互相彼连高低不同的缺陷波，底波明显下降时，可认为是密集缺陷，如白点、疏松、密集气孔和夹渣等。

当缺陷波和底波都很低，或者两者都消失时，可认为是大而倾斜的缺陷或是疏松。若出现"林状回波"，可认为是内部组织粗大。

第十节 常见非缺陷回波

超声波检测中，示波屏上常常除了始波、底波和缺陷波外，还会出现一引起其他的信号波，如迟到波、三角反射波、61°反射波以及其他原因引起的非缺陷回波，影响对缺陷波的正确判别。因此，分析了解常见非缺陷回波产生的原因和特点是十分必要的。

一、迟到波

当纵波直探头置于细长（或扁长）工件或试块端面时，扩散纵波波束在侧壁产生波型转换，转换为横波，此横波在另一侧面又转换为纵波，最后经底面回到探头，从而在示波屏上出现一个回波。由于转换的横波声程长，波速小，传播时间较直接从底面反射的纵波长，因此，转换后的波总是出现在第一次底波之后，故称为迟到波。迟到波常常出现数个，每个迟到波之间的纵波声程差是特定的。

二、61°反射

当纵波以61°入射至钢/空气界时，会产生一个很强的横波反射波，且横波反射角与纵波入射角之和为90°。

三、三角反射

当纵波直探头径向探测实心圆柱体时，由于探头平面与柱面接触面积很小，使波束扩散角增加，这样扩散波束就会在圆柱面上形成三角反射路径，从而在示波屏上出现三角反射回波，人们把这种反射称为三角反射。

纵波扩散束在圆柱面上不发生波型转换，形成等边三角形反射。若发生波型转换，即L—S—L，形成等腰三角形反射。

四、侧壁干涉

纵波检测时，探头若靠近侧壁，则经侧壁反射的纵波或横波与直接传播的纵波相遇产生干涉，对检测带来不利影响。对于靠近侧壁的缺陷，探头靠近侧壁对缺陷检测，缺陷回波低，探头远离侧壁检测反而缺陷回波高。当缺陷的位置给定时，存在一个最佳的探头位置，使缺陷回波最高，这个最佳探头位置总是偏离缺陷。这说明由于侧壁干涉的影响，改变了探头的指向性，缺陷最高的回波不在探头轴线上，这样不仅会影响缺陷定量，而且会影响缺陷定位。

在脉冲反射法检测中，一般脉冲持续的时间所对应的声程不大于4λ。因此，只要测壁反射波束与直接传播的波束声程差大于4λ就可以避免侧壁干涉。

五、其他非缺陷回波

实际检测中，还可能产生其他一些非缺陷回波。如探头杂波、工件轮廓回波、耦合剂反射波以及其他一些波等。

（1）探头杂波。当探头吸收块不良或当斜探头楔块设计不合理时，会在始波后的一定范围内出现一些杂波。

（2）工件轮廓回波。当超声波射达工件的台阶、螺纹等轮廓时，在示波屏上将引起一些轮廓回波。

（3）耦合剂反射波。表面波检测时，工件表面的耦合剂，如油滴或水滴都会引起回波，影响对缺陷的判断。

（4）幻象波。手动检测中，提高重复频率可提高单位时间内扫描次数，增强示波屏亮度。但当重复频率过高时，第一个同步脉冲回波未来得及完整出现第二个同步脉冲又重新扫描。这样在示波屏上产生幻象波，影响缺陷的判别。降低重复频率，幻象波消失。

（5）草状回波（林状回波）。超声波检测中，当选用较高的频率检测晶粒粗大的工件时，声波在粗大晶粒之间的界面上产生散乱反射，在示波屏上形成草状回波（又叫林状回波），影响对缺陷波的判别。降低探头频率，草状回波降低，信噪比提高。

（6）其他变形波。横波检测时可能出现由于变形纵波引起的回波或表面波检测时可能出现变形横波引起的回波等。

瓷支柱绝缘子及瓷套超声检测设备

瓷支柱绝缘子及瓷套超声检测设备和金属材料及构件超声波检测设备比较类似，主要包括超声波检测仪、探头、耦合剂、试块以及其他辅助工具等，且具有三个基本功能：① 声源产生超声波，超声波以一定的方式进入绝缘子和瓷套中传播；② 超声波在绝缘子及瓷套中传播遇到裂纹、气孔等不同介质界面，使其传播方向或特征发生改变；③ 改变后的超声波通过检测设备被接收，并进行处理和分析，评估绝缘子及瓷套内部是否存在缺陷及缺陷的特性。超声波探伤仪、探头和试块是超声波检测的重要设备。了解这些设备的原理、构造和作用及其主要性能的测试方法是正确选择检测设备进行有效检测的保证。

第一节　瓷支柱绝缘子及瓷套超声波探伤仪

一、超声波探伤仪的简要分类

超声波探伤仪是超声波检测系统的主体设备，它的作用是产生电振荡并加于换能器（探头）上，激励探头发射超声波，同时将探头送回的电信号进行放大，通过一定方式显示出来，从而得到被探工件内部有无缺陷及缺陷位置和大小等信息。超声波探伤仪简要分类如图 6-1 所示。

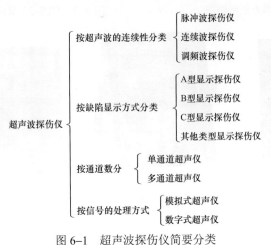

图 6-1　超声波探伤仪简要分类

二、瓷支柱绝缘子及瓷套超声波探伤仪

1. A 型显示（又称 A 扫描，A-scan）脉冲式超声波检测仪

目前，电网瓷支柱绝缘子及瓷套的超声波检测普遍采用传统的 A 型显示脉冲反射式超声波检测仪。该类仪器主要是利用超声波在传播过程中的反射特性和速度特性，根据反

射回波的传播时间（传播距离或声程）判断缺陷位置，根据反射回波幅度高度判断缺陷大小。大致结构和工作原理可用图 6-2 方框电路图进行说明。从图中可以看出，超声波探伤仪按功能大致可分为同步电路、发射电路、扫描电路、接收放大电路、电源系统以及一些辅助电路（如延迟电路、标距电路，闸门电路、深度补偿电路等）。发射电路在同步电路的触发下以一定的脉冲重复周期发射激发超声波的高压电子脉冲→接收放大电路同步接收超声波电信号并通过衰减和放大电路对信号进行初步处理→对放大后的信号进行检波和滤波→在显示屏上显示回波信号波形→读出波形的幅度和延时时间→判读回波的大小和产生回波的位置。

A 型显示方式的仪器因具有操作简便、设备简单等诸多优点而获得最广泛的应用。早期超声波探伤仪一般都是模拟式超声波探伤仪，图 6-3 为国内使用最为广泛的一款模拟式超声波探伤仪。从 20 世纪 90 年代初开始，随着我国计算机技术的软、硬件迅猛发展，超大规模集成电路技术和不断开发的多种新颖显示技术在超声波仪器中得到大量应用，性能与功能更全、更加小型化、轻便化的数字化超声波探伤仪发展迅速，图 6-4 为几种瓷支柱绝缘子及瓷套检测用数字超声波探伤仪。

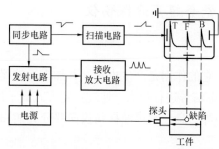

图 6-2　仪器方框电路图

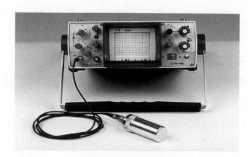

图 6-3　CTS-22 型模拟式超声波探伤仪

(a)

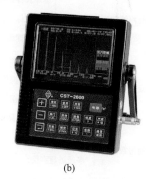

(b)

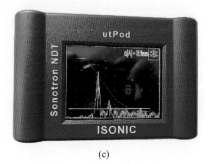

(c)

图 6-4　数字式超声波探伤仪

（a）HS612 型数字式超声波探伤仪；（b）CST-2600 数字式超声波探伤仪；（c）Isonic utPod 数字式超声波探伤仪

目前就瓷支柱绝缘子及瓷套制造阶段的检测，仍然是模拟式超声波探伤仪与数字式超声波探伤仪并存的局面，但有逐渐以数字式超声波探伤仪取代模拟式超声波探伤仪的趋势。电网在役瓷支柱绝缘子及瓷套的超声波检测，一般都在野外现场，且在高空进行，登高攀爬十分危险，仪器的移动和操作调整都非常困难，而且传统的荧屏显示方式在强阳光下难易观察。因此，一般选用具有 LCD 或 LED 显示屏幕的便携式数字式超声波探伤仪。

2. B 型显示（又称 B-扫描，B-scan）超声检测成像系统

B 型显示是一种图像显示，这种显示方式是在检测仪显示屏上以纵坐标显示被检试件的截面厚度和缺陷埋藏深度（以超声波传播时间为基础），以横坐标显示超声波探头在探测面上的移动位置（扫查轨迹），从而构成了被检试件的横截面图形。图 6-5 为某 B 型显示超声检测仪及其检测绝缘子时的照片与 B 扫图像。

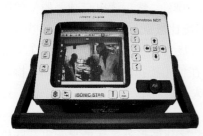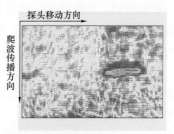

图 6-5　某 B 型显示超声检测仪及其检测绝缘子时的照片与 B 扫图像

由于 B 型显示可直观地显示出被检试件探测面下的缺陷在纵截面上的分布位置及相对形状大小、水平延伸长度等（二维图形），即能获得断面直观图。因此，目前这种方法已经在瓷支柱绝缘子及瓷套的超声波检测中得到应用，是可记录式超声波探伤的典型应用。

3. C 型显示（又称 C-扫描，C-scan）超声检测成像系统

C 型显示是一种三维成像，这种显示方式是在检测仪显示屏上以正视图显示被检试件的截面厚度（缺陷高度）与周向长度（缺陷长度），以侧视图显示被检工件的截面厚度（缺陷高度）与轴向宽度（缺陷宽度），以俯视图显示被检工件的扫查覆盖面积（缺陷长度与宽度构成的缺陷面积），从而构成了被检试件（缺陷）的三维图形。图 6-6 为某 C 型显示超声检测仪及其 C 扫描三维图像与 3D 成像。

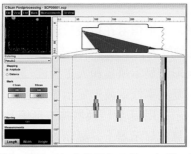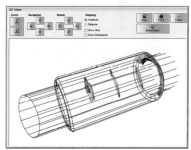

图 6-6　某 C 型显示超声检测仪及其 C 扫描三维图像与 3D 成像

由于 C 型显示可直观地显示出被检试件与缺陷三维影像，如缺陷位置、方向、长度、宽度、高度、面积、形态等，即能获得三维叠加影像，也可获取三维断层剖面图，是超声波成像方法中可获得最多数据的方法。因此，目前这种方法已经在瓷支柱绝缘子及瓷套的超声波检测中得到应用，C 型显示是可记录式超声波探伤的前沿技术。

随着 C 型显示超声检测成像系统技术的不断发展和完善，相信不久的将来，它在瓷支柱绝缘子及瓷套超声波检测中的应用将会越来越普遍。

三、数字式与模拟式超声波探伤仪

瓷支柱绝缘子及瓷套超声波检测使用的超声波检测仪中，模拟式和数字式并重。虽然二者在基本功能上是一致的，在许多场合是可以互相替换的，但也有一些区别，主要体现在以下几个方面。

1. 仪器读数区别

模拟超声波探伤仪只能显示出超声回波信号的电子扫描波形，因此，在读取回波信号大小和位置时，是通过将回波调整到一定的百分比高度线（如80%），然后读出衰减器的位置读数，从而得到回波信号大小。模拟波形相对刻度线的读数精度比较低，一般大于2%。模拟探伤仪对回波位置的读出过程是将已知距离的参考回波调整到整数格上，再将检测回波在屏幕上的位置刻度读出，按比例计算位置，读数误差大于1%。在使用模拟超声波探伤仪时，检测所需的其他一些间接参数（如缺陷当量）的估计需要操作人员进行手工计算，精度更低，过程复杂，不容易掌握。

而数字式超声波探伤仪除了能显示出超声回波信号的数字化波形外，还能显示出一些检测所需的直观数据，包括回波幅度和回波位置。数字式超声波探伤仪对波幅的读出过程是将模拟波形电信号放大到合适的大小后（一般是将波高放大至30%~100%之间），再用模/数转换器转换成数字信号，由计算机计算该数字信号和参考数字的比值或分贝值，自动加上放大器或衰减器的读数，用数字显示出来。读数误差以8位数字采样为例，能小于0.4%。数字式超声波探伤仪对回波位置的读出过程是由计算机读取回波峰值点或上升沿处相对同步脉冲的延时记数值，记数脉冲由晶体振荡器产生。计算机将延时数字扣除探头的延时，乘以声速的1/2，得到回波的声程，再根据折射角度和有关几何关系，计算出相应的水平距离的垂直深度，在屏幕上数值显示出来，相对精度优于0.5%。微电脑能够利用相关的参数自动计算更多的检测数据，包括缺陷当量、缺陷坐标、缺陷大小、折射角度等，更加准确、直观，操作简单，容易掌握。

2. 波形显示区别

模拟探伤仪用示波管显示波形，波形信号在检波后通过高压视频放大，作为Y轴偏转电压，同步的锯齿信号也通过高压视频放大，作为X轴偏转电压，使波形在示波管上显示出来。高压放大器的线性性能直接影响波形的显示质量和人工判读，波形显示和脉冲重复频率同步。重复频率高则波形显示亮度高，重复频率低则波形显示亮度暗。

数字式超声波探伤仪的波形显示是用模/数转换器将波形信号转换成数字信号，由数字逻辑电路或计算机将数字波形画在计算机显示器上。显示器可以是电磁偏转的监视器，也可以是平板显示器。前者虽然有偏转失真，但相对同样偏转的坐标格，没有误差，后者则根本不会失真。数字化波形显示频率和视频同步，亮度均匀。数字式超声波探伤仪在波形显示窗口能独立显示检测闸门，距离波幅曲线等辅助标识，比模拟超声波探伤仪的显示要灵活和准确得多。

3. 记录方式区别

使用模拟探伤仪时，检测记录需人工填写，抄录仪器旋钮设置，手描或拍照记录波形，用记录仪画出峰值曲线。上述工作用数字式超声波探伤仪时，都能由计算机轻易地完成，长期存储在机内或打印出来，传输给外部计算机。

因此，在进行瓷支柱绝缘子及瓷套超声波检测时，可结合自身情况选择合适类型的超声波探伤仪。

四、瓷支柱绝缘子及瓷套超声波探伤仪的基本参数及要求

超声波检测仪的基本参数主要有垂直线性、水平线性、动态范围、灵敏度余量、分辨力、信噪比等。垂直线性指仪器示波屏上波高与信号电压之间成比例的程度，用垂直线性误差表示。水平线性指示波屏时基线显示的水平刻度值与实际声程之间成正比的程度，取决于扫描电路锯齿波的线性，用水平线性误差表示。动态范围指仪器示波屏容纳信号大小的能力。灵敏度余量指仪器最大输出时，使规定反射体回波达到基准高度时仪器所剩余的增益余量。分辨力指示波屏上区分两个相邻缺陷的能力。信噪比是指示波屏上有用的最小缺陷信号幅度与无用的噪声杂波幅度之比。

对于上述参数，JB/T 9674 和 DL/T 303 以及国内超声波探伤仪均进行了详细的规定。表 6-1 列举了制造阶段检测用仪器主要参数和基本要求，表 6-2 列举了安装和在役阶段检测用仪器的主要参数和基本要求。

表 6-1　　　　　　　　制造阶段瓷支柱绝缘子及瓷套超声探伤仪基本参数及要求

序号	参 数 名 称	参 数 要 求
1	仪器类型	A 型脉冲反射式超声波探伤仪①
2	工作频率	0.5～10MHz
3	探测深度	不小于被探测样品高度
4	总衰减（增益）量	不小于 50dB②
5	衰减（增益）精度	不低于±1dB③
6	垂直线性误差	不大于 g8%
7	动态范围	不小于 26dB
8	水平线性误差	不大于 2%

注　1. 表中参数名称具体含义参见 JB/T 10061—1999《A 型脉冲反射式超声波探伤仪　通用技术条件》。

　　2. 表中只给出了仪器基本参数，选择仪器时还需考虑和探头组合起来后的性能。

① 瓷支柱绝缘子及瓷套制造阶段推荐数字式超声波探伤仪。

② JB/T 9674—1999《超声波探测瓷件内部缺陷》要求总衰减量不小于 50dB，但 JB/T 10061—1999《A 型脉冲反射式超声波探伤仪　通用技术条件》要求总衰减量不小于 60dB，在此以前者为准。

③ JB/T 9674—1999《超声波探测瓷件内部缺陷》要求衰减器精度不低于±1dB，但 JB/T 10061—1999《A 型脉冲反射式超声波探伤仪　通用技术条件》要求在探伤仪规定的工作频率范围内，衰减器每 12B 的工作误差不超出±1dB，在此以前者为准。

表 6-2　　　　　安装及在役阶段瓷支柱绝缘子及瓷套超声探伤仪基本参数及要求

序号	参 数 名 称	参 数 要 求
1	仪器类型	数字式 A 型脉冲反射式超声波探伤仪
2	工作频率	1～10MHz
3	总衰减（增益）量	不小于 60dB
4	衰减（增益）精度	每 12dB 不超±1dB
5	垂直线性误差	不大于 8%

续表

序号	参 数 名 称		参 数 要 求
6	动态范围		不小于 26dB
7	水平线性误差		不大于 2%
8	显示屏		高亮，在阳光下能清晰显示
9	仪器重量		便携式
10	供电方式		电池和市电
11	和探头组合后性能	电噪声水平	不大于垂直满刻度的 20%，且剩余增益大于 60dB
12		探伤灵敏度余量	不小于 42dB
13		分辨力	纵波斜探头远场：不小于 30dB，爬波分辨力：不小于 6dB

注　1. 表中参数名称具体含义参见 JB/T 10061—1999《A 型脉冲反射式超声波探伤仪　通用技术条件》。

　　2. 表中只给出了仪器的主要参数。

五、瓷支柱绝缘子及瓷套超声波探伤仪的维护和保养

瓷支柱绝缘子及瓷套超声波检测仪和普通超声波检测仪一样，虽然不属于强制检定的设备，但为保证了检查超声波检测仪的技术性能是否满足相关标准的要求，应定期对超声仪进行检定或检验。一般说来，仪器的电器性能和各项技术指标应于出厂前采用专门设备进行检验，合格者方能出厂。仪器在使用过程中，最好由具有仪器检定资质的法定单位定期进行整体性能检定。对于仪器使用者来说，只能通过简易方法和一般操作程序，检验仪器的使用性能是否满足相关标准的要求。检定具体要求和各种参数测量方法可参照 JJG 746—2004《超声探伤仪检定规程》和 JB/T 9214—2010《无损检测　A 型脉冲反射式超声检测系统工作性能测试方法》相关条目执行。由于不是本书的重点，在此就不一一赘述。

超声波检测仪，属于精密的电子仪器，在使用操作、搬运和存放过程中应该小心谨慎，并经常注意维护保养。

（1）操作仪器前应仔细阅读仪器使用说明书。

（2）开机前应仔细检变电源电压是否符合仪器要求否正常，连接是否牢靠。

（3）在较潮湿、炎热的环境下使用应加强通风、散热措施；如在寒冷环境下使用，可在仪器旁边加热或对仪器采取适当的保温措施；严防雨水进入仪器内。

（4）仪器使用环境应尽量避开强干扰源。加强烈振动、敲打，开动的电锯、电焊机及强烈的电磁场等。

（5）仪器不宜在含有强腐蚀性气体的环境中使用。

（6）仪器在搬动、运输过程中应防止碰撞和强烈振动。

（7）仪器应存放在干燥、阴凉、通风的环境。对于长期不使用的仪器期开机通电 2h 左右，以驱除机内潮气。

第二节　瓷支柱绝缘子及瓷套超声检测探头

超声波探头，也称超声换能器，即具有能量转换功能的传感器，其主要功能就是将电能

转换成超声能量（发射换能器），同时也可将超声能量转换成电能（接收换能器），是超声波检测检测系统的重要组件。

一、压电效应及压电体

1880 年，居里兄弟发现，当在某些不显电性的物体（如石英晶体、多晶复合陶瓷等）上施加拉力或压力而发生形变时，在其表面上就会出现电荷，这种现象称为正压电效应。1881年，又证实压电效应是可逆的，即能产生正压电效应的物体在电场的作用下会产生应变或应力，这种现象称为逆压电效应。正压电效应，逆压电效应统称压电效应。凡是能够产生压电效应的材料称为压电材料。

由于压电材料具有可逆压电效应，所以正、逆压电效应同时存在于同一材料之中。压电效应在一般情况下是线性的，即电场和形变的依赖关系呈线性关系。通常把压电效应近似地认为是即时发生的，当在压电材料某个方向上施加交变应力时，它将会产生同步的交变电场，当一定取向的交变电场加于压电材料某一方向上，它将产生与交变电场同频率的机械振动。当外加频率与压电材料固有频率一致时，则发生共振，此时获得最大形变或电荷量。超声波探头就是利用在固有频率下的逆压电效应发射超声波，同时利用正压电效应的原理接受来自被探测物的超声波使之提供电信号的。

压电材料必定是非金属、电介质晶体结构，故又称为压电晶体。压电晶体有单晶体及多晶体之分。单晶体系各向异性体，其压电效应与结晶轴向有关。它可以是天然形成的，如石英、电气石等，也可以由人工培养和提拉制成的单晶材料，如硫酸锂、碘酸锂、铌酸锂、酒石酸钾钠等。多晶体系各向同性体是由人工烧结的铁电体压电材料，俗称压电陶瓷，目前超声检测中常用的有钛酸钡 $BaTiO_3$、钛酸铅 $PbTiO_3$、锆钛酸铅 $Pb(Zr_xTi_{1-x})O_3$（国外商用型号为 PZT）等。

二、超声波探头的基本结构和作用

超声波探头主要由压电晶片、斜楔、阻尼块、保护膜和外壳组成。

1. 压电晶片

压电晶片是探头中最重要的元件，其性能决定了探头的性能。压电晶片的尺寸和谐振频率决定了发射声场的强度、距离幅度特性和指向性，其加工质量的优劣关系到探头的声场对称性、分辨力和信噪比。压电晶片的外形可以是圆形、正方形或长方形，有时还被制作成曲面。压电晶片的两个表面还涂覆有银层或其他导电良好的金属层作为电极，使晶片上的电压分布均匀。

2. 阻尼块

阻尼块通常是用环氧树脂加钨粉制作而成。阻尼块的作用主要有三个：一是它产生较大的阻尼作用，吸收压电晶片的振动；二是最大限度吸收掉晶片向后发射的声波（当探头比较小时，是很难做到完全吸收的）；另外它还起到了支撑晶片的作用。

晶片在高压脉冲的激励下产生振动后，由于惯性的作用，振动在一段时间内不易停止，从而使脉冲很宽。持续的振动又会妨碍晶片对回波信号的接收，导致深度分辨力降低。阻尼块可以增大晶片的阻尼，缩短晶片的振动时间，使振动的晶片尽快恢复到静止状态，以有利于晶片对回波信号的接收。阻尼块的阻尼作用越大，脉冲的宽度越窄，分辨力越高，但灵敏度会下降。

另外，晶片发射超声波是向晶片两面同时发射的，背面发射的超声波返回晶片后会产生杂乱信号，为了吸收背面的超声波，要求用衰减系数较大的吸声材料制作阻尼块。

3. 保护膜

保护膜是保护压电晶片不致磨损，一般分为硬、软保护膜两类。前者用于表面光洁度较高的工件。后者用于表面光洁度较低的工件探伤，但声能损失较大。当保护膜的厚度为 $\lambda_2/4$ 的奇数倍，且保护膜的声阻抗 Z_2 为晶片声阻抗 Z_1 和工件声阻抗 Z_3 的几何平均值时，超声波全透射。

4. 斜楔

斜楔主要用于斜探头中，是为了引导超声波进入工件方向而装于晶片前面的楔块。晶片发出的超声波通过斜楔倾斜入射到斜楔与工件的界面，在界面处发射折射或波形转换，可得到特定的波型和入射角度的声束。目前有机玻璃是最常用的斜楔材料。

5. 外壳

外壳的作用是支撑、容纳、保护上述各类器件，通常还作为接地电极使用。有的探头外壳上还带有便于抓持的金属环、塑料罩等。外壳上有电器接插件，一般是采用牢固耐用的小型电缆接插件，通常外壳上还有标称频率，晶片直径、晶片材料等标记。

三、瓷支柱绝缘子及瓷套常用超声检测探头

超声波探头种类繁多，适用范围也千差万别。根据产生超声波波型的不同，探头可分为纵波探头（也称直探头、平探头）、横波探头（也称斜探头、斜角探头）、爬波探头和表面波探头等类。根据检测方法区分，有接触检测用探头，水浸检测用探头。有些探头的发射功能与接受功能是由两个晶片分别担当的，叫做双晶片探头，亦称联合双探头。有些探头的声束聚成一点或一条线，叫做聚焦探头。有些探头入射角度是可以变化的，称可变角度探头。还有些探头是为达到某种检测目的而特制的，叫做专用探头。

瓷支柱绝缘子及瓷套超声波检测用探头主要包括纵波直探头、小角度纵波斜探头、双晶横波探头和双晶爬波探头四种，均属于压电型传感器。

1. 纵波直探头

瓷支柱绝缘子及瓷套超声波检测中，纵波直探头主要用于声速测量、制造阶段支柱绝缘子及瓷套内部缺陷的检测。检测时，纵波直探头可发射和接收纵波。其外观和典型内部结构如图 6-7 所示。主要由保护膜、压电晶片、阻尼块、外壳和电器接插件组成。有些类型纵波探头还带有机玻璃延迟块。

图 6-7　纵波直探头外观和典型内部结构示意图

瓷支柱绝缘子及瓷套声速测定采用的直探头为普通直探头，其型号一般由"标称频率+晶片种类+晶片尺寸"组成，如5Pϕ10，表示该探头标称中心频率为5MHz，晶片为锆钛酸铅材料，探头晶片直径为10mm，探头为普通直探头。瓷绝缘子及瓷套声速测量用探头一般用采用晶片较小尺寸，DL/T 303—2014标准推荐使用5Pϕ8。

2. 小角度纵波斜探头

小角度纵波斜探头主要用于支柱绝缘子一定范围内内部缺陷以及探头对侧缺陷的检测。其外观和内部结构如图6-8所示。其构成和纵波直探头差别不大，只是晶片一般做成矩形或方形，并倾斜一定的角度。

小角度纵波斜探头型号表示方式和普通直探头的差别主要体现在两个方面即纵波折射角和适用的探头弧度。如某厂生产的用于绝缘子检测的小角度纵波斜探头，其标识为"JYZ–2 5P6°ϕ180"，JYZ表示该探头为绝缘子专用探

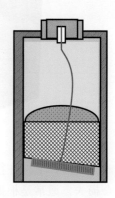

图6-8 小角度纵波斜探头外观和内部结构示意图

头，探头中心频率为5MHz，6°为有机玻璃入射角（入射到绝缘子中随声速变化折射角约为12°），ϕ180为探头弧度，允许检测大于ϕ160mm小于180mm的绝缘子。不同制造商对探头的命名方法略有区别，但频率、折射角以及探头弧度三个参数是选购探头需重点考虑。同时，由于支柱绝缘子安装前和在役检测时，放置探头空间较小，因此，需要根据间距选择探头的型号。

3. 爬波探头及双晶爬波探头

顾名思义，爬波探头就是能够在被检工件中从产生爬波的超声探头。主要用于瓷支柱绝缘子及瓷套法兰口附近瓷体表面裂纹等缺陷的检测。

爬波探头的入射角位于第一临界角附近。以声速与铝比较接近的高强瓷为例，其纵波声速大约为6350m/s，探头有机玻璃斜楔块纵波声速取c_{L1}=2720m/s，根据斯涅耳定律（折射定律），可计算出第一临界角

$$（有机玻璃→瓷）\quad \alpha_{L1} = \arcsin\frac{c_{L1}}{c_{L2}} = \arcsin\frac{2720}{6350} = 25°22'$$

也就是说，可用于该种绝缘子的爬波探头其入射角大约为25°22'。由于不同支柱绝缘子的瓷质差异较大，其声速差别也较大，因此，爬波探头的纵波入射角是随声速变化而变化的，虽然从理论上说，一种瓷质应对应一种探头，但由于探头产生的超声场并不是单纯的平面波或球面波，其实际入射角也是一个以标称入射角为中心的一个角度范围。

为改善爬波探头的信噪比，提高灵敏度，一般采用双晶片，结构形式主要分为双晶串联型和双晶并联型两种。双晶片爬波探头结构的特点是，一个用于发射超声爬波，另一个用于接收爬波遇到缺陷反射回来的回波，如图6-9所示。

双晶串联型爬波探头纵向尺寸大，易受移动范围限制，而双晶并联型爬波探头横向尺寸大，曲面耦合效果差。由于在役瓷支柱绝缘子法兰离最近伞群的间距很窄，探头可允许移动的范围非常小，因此，双晶串联型爬波探头对于检测间距很窄的瓷支柱绝缘子就显得非常困

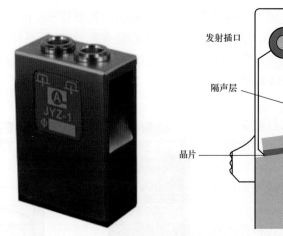

图 6-9　双晶并联型爬波探头外观及结构图

难。目前，电网在役瓷支柱绝缘子的检测普遍采用双晶并联型爬波探头。为了减小曲面的耦合损失，通常是根据被检瓷支柱绝缘子的规格，将探头加工成相应的弧面。对于瓷支柱绝缘子及瓷套超声检测用双晶并联型爬波探头来说，探头频率、晶片尺寸、信噪比、曲面弧度、接口类型等是采购和选用需重点考虑的参数。

4. 双晶横波探头

瓷套内部及瓷套内壁缺陷的检测常用双晶横波探头。双晶横波探头就是在一个探头中采用两个晶片，一个用于发射超声波，另外一个用于接收，两个晶片对称贴于透声楔块斜面上，产生的超声波进入瓷体后经波型转换，变型为横波的探头。其基本结构和双晶爬波探头比较类似，基本结构和实物照片如图 6-10 所示。

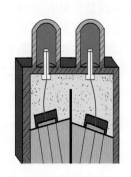

图 6-10　双晶横波探头外观及结构图

第三节　瓷支柱绝缘子及瓷套超声检测试块

在常规无损检测技术中，通常是采用未知量与已知量相比较的方法，来确定未知量的量值。为了保证检测结果的准确性、可比性和可重复性，必须用一个具有已知固定特性的试件对检测系统进行校准。这种按一定用途设计制造的、具有简单形状人工反射体的试件，通常称为试块。试块也是超声检测中的重要设备之一，与仪器和探头一样具有同等重要的地位。

一、试块的用途

试块的用途主要包括以下三个方面。

1. 校验仪器和测试探头性能

超声探伤仪和探头的性能主要包括电学性能和声学性能，其指标好坏直接关系着检测结果的可靠性和准确性。为此，人们设计了一系列测试用的校准试块。通常需用试块测试的仪器性能主要包括水平线性、垂直线性、动态范围、阻塞特性、灵敏度余量、始波宽度、远场分辨力和稳定性等；需要测试的探头性能主要包括回波频率、距离－波幅特性、斜探头入射点、前沿距离、K 值（折射角）、声束扩散特性、声束轴线偏斜、灵敏度余量和始波宽度等。

2. 确定检测灵敏度和评价缺陷大小

检测灵敏度是仪器和探头的综合指标。检测之前，应根据标准，确定仪器与探头组合后的探测灵敏度。当检测中发现缺陷回波信号后，还要根据信号幅度等特征对缺陷进行当量评价。通常，这些确定和评价工作都是借助于带有某种人工缺陷的试块来完成的。实际上，试块是检测标准的一个组成部分，是判定检测对象质量的重要尺度。

3. 调整扫描速度和探测距离

为了有效地利用有限的显示屏幕并使各种回波清晰可见，检测之前应根据检验对象的尺寸调整仪器的探测距离。另外还可利用试块调整仪器水平刻度值与实际声程之间的比例关系，即扫描速度，以便在检测中对缺陷进行定位。

二、试块的分类

超声检测用试块通常分为校准试块、参考试块和模拟试块三大类。校准试块通常是由权威机构制定的试块，其特性与制作要求有专门的标准规定。校准试块通常具有规定的材质、形状、尺寸及表面状态。校准试块用于仪器探头系统性能测试校准和检测校准。

参考试块主要用于检测校准以及评估缺陷的当量尺寸。它是以特定方法检测特定工件时采用的试块，含有意义明确的人工反射体（平底孔、槽等）。它与被检工件材料声学特性相似，其外形尺寸应尽可能简单，并能代表被检工件的特征，试块厚度应与被检工件的厚度相对应，试块粗糙度应与被检工件相近。

模拟试块是含模拟缺陷的试块，可以是模拟工件中实际缺陷而制作的样件，也可以是在以往检测中所发现含自然缺陷的样件。模拟试块材料应尽可能与被检工件相同或相近，外形应尽可能与被检工件一致，试块厚度应与被检工件的厚度相对应，试块粗糙度应与被检工件相近。模拟试块可用于检测方法的研究、无损检测人员资格考核和评定、评价和验证仪器探头系统的检测能力和检测工艺等。

三、瓷支柱绝缘子及瓷套超声波检测试块

1. JYZ–BX 系列校准试块

JYZ–BX 系列试块是专门用于瓷支柱绝缘子检测的校准试块。

（1）JYZ–BX 系列校准试块采用铝材质的原因。瓷支柱绝缘子及瓷套超声波检测，和其他材料或构件超声波检测方法一样，需采用和被检工件声速特性一致且稳定的材料制作标准试块，用于超声波检测系统扫描速度和检测灵敏度等参数的调节。

由于电瓷不同于常规金属材料，不同制造厂在原料配方、烧结工艺方面存在一定的差异，致使不同厂家即使是相同强度等级的瓷支柱绝缘子的声学特性（声速等）和微观结构（晶粒

大小、均匀性等）都有一定的差异，而这些因素直接影响反射波位移量及反射声压，而且，同一厂家也有不同强度等级的电瓷产品，用于不同的场合。因此，现场使用的瓷支柱绝缘子及瓷套其声学特征具有较大的差异性。另外一方面，电瓷材料是一种结构异常复杂的物理混合物，其内部存在大量的微裂纹、微小气隙等微观"欠缺"，且分布是不均匀的，即使同一绝缘子或瓷套不同区域的声学特性也有一定的差异，而且电瓷材料较脆，加工高尺寸精度的标准缺陷（孔或槽）难度较大，因此，不适宜作为通用的瓷支柱绝缘子及瓷套超声波探伤用标准试块材料。

试验证明，瓷支柱绝缘子及瓷套的声速一般在 6000~6700m/s 范围，该范围的中间值刚好和铝较为接近，铝的声速约为（6350±50）m/s，而且铝材质均匀，加工方便，因此，在采用适当的处理工艺的基础上，采用铝制试块调节检测系统灵敏度以及实现缺陷大小的定量是更为适宜的。全球主要设计制造提供全套的核输配电设备的法国阿海珐集团（AREVA）输配电有限公司在进行高压电瓷的制造检测就是采用了与瓷支柱绝缘子及瓷套声速接近的铝作为标准试块的，与本书的方法一致。

（2）JYZ–BX 系列校准试块的特点。由于瓷支柱绝缘子及瓷套的外径不断变化，不可能制造大量不同直径的瓷柱试块，因此探头与瓷瓶间的声吻合不良易造成声损失大，无法作近似比较。因此，利用瓷柱刻人工槽作为试块势必造成较大的误差，现场验证使用比较方便，为此考虑专门设计制作一种模拟裂纹专用试块，用以进行缺陷深度和长度的近似比较参考。

便携式 JYZ–BX 系列校准试块，是在一块 LY12 铝合金试块上加工出的七个弧面和一个平面，每个探测面配置了 5mm 深模拟裂纹，并在每个探测面内部布置了 2 个深度为 20、40mm 的 $\phi1$ 横通孔，分布在八个探测面，使用时可根据需要检测的瓷支柱绝缘子及瓷套的外径，旋转试块找到对应的探测面，能满足对所有直径的支柱绝缘子及瓷套三种检测方法的检测灵敏度调整。

用于瓷支柱绝缘子超声波检测的校准试块为 JYZ–BXⅠ试块，在八个弧面上布置有 100、120、140、160、180、200、220mm 七个弧面和一个平面；用于瓷套超声波检测的校准试块为 JYZ–BXⅡ试块，在八个弧面上布置有 240、260、280、300、400、500、600mm 七个弧面和一个平面，其形状和尺寸如图 6–11 所示。JYZ–BX 试块外形图如图 6–12 所示。

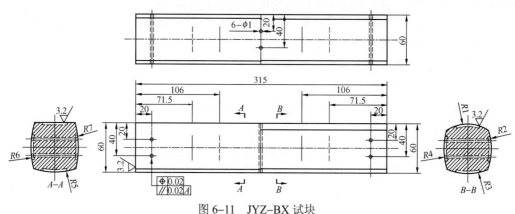

图 6–11　JYZ–BX 试块

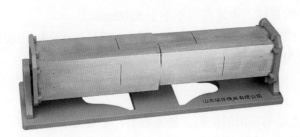

图 6–12　JYZ–BX 试块外形图

试块的弧面尺寸见表 6–3。

表 6–3　　　　　　　　　　**JYZ–BX 系列试块上各圆弧面半径**　　　　　　　　　（mm）

R 值	R1	R2	R3	R4	R5	R6	R7
JYZ–BX Ⅰ	50	60	70	80	90	100	110
JYZ–BX Ⅱ	120	130	140	150	200	250	300

（3）试块的技术要求。试块的基本要求如下：

1）试块材料为铝合金 LY12，内部无缺陷，声速范围为（6350±50）m/s。

2）试块裂纹为环形等深槽，槽长 30mm（弧长）宽度为（0.4±0.02）mm，深度为（5±0.02）mm，孔径公差±0.02mm。

3）试块尺寸及缺陷位置尺寸公差±0.1mm。

4）试块经计量部门检定合格。

2. 瓷柱参考试块

瓷柱参考试块又称为 JYZ–G 试块。

（1）JYZ–G 参考试块的特点。JYZ–G 参考试块采用与被检瓷支柱绝缘子外形尺寸相近、材质相同及声速接近的材料制成。图 6–13 为瓷柱参考试块，参考试块直径为 φ120，试块上分别刻有深度为 1、2、3mm 和弧长为 20mm 的模拟裂纹可作为参考定量和与裂纹指示长度测定比较。

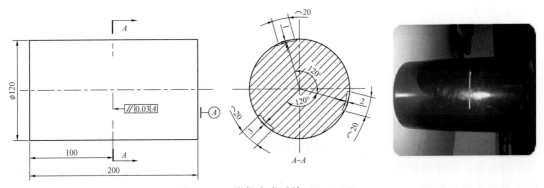

图 6–13　瓷柱参考试块（JYZ–G）

（2）JYZ–G 参考试块的技术要求。

1）参考试块的材料为内部无缺陷的瓷柱，声速范围不小于 6300m/s。

2）参考试块的裂纹为环形等深槽，槽宽为（1.5±0.05）mm，槽长、槽深、公差为±0.05mm。

3）试块尺寸及缺陷位置尺寸公差为±0.1mm。

四、试块的要求和维护

1. 对试块的要求

试块材质应均匀，内部杂质少，无影响使用的缺陷。加工容易，不易变形和锈蚀，具有良好的声学性能。试块的平行度、垂直度、光洁度和尺寸精度都符合一定的要求。

2. 试块使用为维护

（1）试块应在适当部位编号，以防混淆。

（2）试块在使用和搬运过程中应注意保护，防止碰伤或擦伤。

（3）使用试块时应注意清除反射体内的油污和锈蚀。常用沾油细布将锈蚀部位抛光，或用合适的去锈剂处理。平底孔在清洗干燥后用尼龙塞或胶合剂封口。

（4）注意防止试块锈蚀，使用后停放时间较长，要涂敷防锈剂。

（5）注意防止试块变形，如避免火烤，平板试块尽可能立方防止重压。

第四节 耦 合 剂

超声耦合是指超声波在检测面上的声强透射率。声强透射率高，超声耦合好。为了提高耦合效果，而加在探头和检测面之间的液体薄层称为耦合剂。耦合剂的作用在于排除探头与工件表面之间的空气，使超声波有效地传入工件，达到检测的目的。此外，耦合剂还有减小摩擦的作用。

一般耦合剂应满足以下要求：能润湿工件和探头表面，流动性、黏度和附着力适当，不难清洗；声阻抗高，透声性能好；来源广，价格便宜；对工件无腐蚀，对人体无害，不污染环境；性能稳定，不易变质，能长期保存。

超声检测中常用的耦合剂有机油、变压器油、甘油、水、水玻璃和化学糨糊等。它们的声阻抗 Z 见表 6–4。

表 6–4　　　　　　　　　　　常用耦合剂的声阻抗

耦合剂	机油	水	水玻璃	甘油
声阻抗 Z	1.28	1.5	2.17	2.43

由此可见，甘油声阻抗高，耦合性能好，常用于一些重要工件的精确检测，但价格较贵，对工件有腐蚀作用。水玻璃的声阻抗较高，常用于表面粗糙度的工件检测，但清洗不太方便，且对工件有腐蚀作用。水的来源广，价格低，常用于水浸检测，但容易流失易使工件生锈，有时不宜润湿工件。机油和变压器油黏度、流动性、附着力适当，对工件无腐蚀、价格也不贵，因此是目前在实验室里使用最多的耦合剂。

近年来，化学糨糊也常用来做耦合剂，耦合效果比较好，因其成本比较低、使用方便，故大量用于现场检测。

第七章

瓷支柱绝缘子及瓷套失效分析

瓷支柱绝缘子及瓷套是电网输变电设备的重要部件，它刚性地固定在构架上，起着支撑输电线路、隔离开关和绝缘的作用。运行中瓷支柱绝缘子突然断裂事故的危害性绝不亚于其他电气设备，会引起变电站、供电线路部分停电或全部停电；致使人员伤亡、设备损坏；造成电量损失，其影响和后果非常严重。分析其故障特点和原因，有助于制定有针对性的检测措施，最大限度地保障设备安全。

第一节 瓷支柱绝缘子及瓷套事故及其分析

一、瓷支柱绝缘子断裂事故调查统计与分析

电网高压瓷支柱绝缘子断裂事故时有发生，不仅危及电网安全运行，而且会给人身安全带来危害。原国家电力公司曾组织进行了全国范围内的事故调查。下面从七个方面介绍瓷支柱绝缘子断裂的统计分析情况，以便了解和掌握瓷支柱绝缘子断裂事故发生的程度、规律、特点和责任环节等。

1. 按发生断裂的年度统计情况

据对 1996～2001 年 6 个年度断裂情况的不完全调查统计，其结果见表 7-1。

表 7-1 　　　　　　　　　按瓷支柱绝缘子发生断裂的年度统计情况

损坏程度	1996 年	1997 年	1998 年	1999 年	2000 年	2001 年	合计
折断	6	20	8	22	38	44	138
开裂	11	32	46	46	60	46	241
其他	0	3	1	2	0	3	9
合计	17	55	55	70	98	93	388

从表 7-1 中可以看出，6 年中断裂事故总数为 388 起（实际可能大于此数字），其中 2000 年、2001 年偏多。开裂、折断引起的事故占多数，对电网安全运行构成严重威胁。

2. 按发生断裂的所在地区统计情况

分别对东北、华北、西北、华东、华中和南方 6 个地区瓷支柱绝缘子的断裂情况进行调查统计，其结果见表 7-2。

表 7-2 　　　　　　　　　按瓷支柱绝缘子发生断裂的地区统计情况

地区	东北	华北	西北	华东	华中	南方	合计
折断	40	28	22	13	21	14	138

地区	东北	华北	西北	华东	华中	南方	合计
开裂	153	29	17	6	19	17	241
其他	0	5	0	0	2	2	9
合计	193	62	39	19	42	33	388

从表 7-2 中可以看出，发生断裂事故的地区，北方多于南方，尤其是东北地区最多。但是，瓷支柱绝缘子断裂事故在全国各个地方都有发生，应当引起重视。

3. 按发生断裂事故的电压等级统计情况

瓷支柱绝缘子断裂事故按其电压等级调查统计，其结果见表 7-3。

表 7-3　　　　　　　　瓷支柱绝缘子断裂事故按其电压等级调查统计情况

电压等级（kV）	66	110	220	330	500	合计
数量（起）	78	101	204	2	3	388

注　统计数据时，电网设备主要以 220kV 和 110kV 设备为主，500kV 及以上等级设备相对较少且新投较多。

从表 7-3 中可以看出，瓷支柱绝缘子断裂事故主要集中在 220kV、110kV 及 66kV 电压等级，分别占 52.6%、26% 和 20.1%。

4. 按瓷支柱绝缘子的支撑设备统计情况

瓷支柱绝缘子的支撑设备主要是隔离开关和母线，其断裂事故按支撑设备统计，其结果见表 7-4。

表 7-4　　　　　　　　按瓷支柱绝缘子的支撑设备统计情况

支撑设备	母线	隔离开关	引线	其他	不详	合计
数量（起）	54	315	3	15	2	389

注　有 1 起 220kV 绝缘子断裂，其支撑设备含隔离开关和母线两种。

从表 7-4 可看出，断裂事故中涉及隔离开关的占 81%，母线的占 13.9%，这两项占了整个断裂事故的 94.9%。

5. 按发生断裂的各责任环节统计情况

断裂事故按瓷支柱绝缘子制造、运行等过程的各责任环节调查统计，其结果见表 7-5。其中，"运行"环节包括检修和操作。

表 7-5　　　　　　　　按发生断裂的各责任环节统计情况

环节	制造	设计	安装	运行	其他
数量（起）	243	13	49	61	57

从表 7-5 中可以看出，制造环节因素是造成瓷支柱绝缘子断裂的主要原因；但是，设计、安装及运行环节等方面的原因也是不容忽视的。

6. 按发生断裂的主要技术原因统计情况

按发生断裂的主要技术原因进行调查统计，其结果见表7-6。整个分析也是对上述责任环节原因分析的技术上分类的描述。值得注意的是，有时一起断裂事故可能涉及多种原因。

表7-6　　　　　　　　　　按发生断裂的主要技术原因统计情况

原因	产品质量	设计	安装	检修	操作	强度低	有旧伤	外力	电应力	腐蚀	其他
数量（起）	243	13	49	18	50	11	5	20	6	4	42

从表7-6中看出，造成瓷支柱绝缘子断裂，产品质量原因比例较高（52.7%），安装、检修及操作方面的原因也不可忽视。

7. 按投运年度统计断裂的情况

按投运年度统计发生的断裂情况，其结果见表7-7。

表7-7　　　　　　　　　　　按投运年度统计断裂的情况

年份（年）	1971	1972	1973	1974	1975	1976	1977	1978
数量（起）	2	1	1	7	8	6	8	8
年份（年）	1979	1980	1981	1982	1983	1984	1985	1986
数量（起）	13	24	4	18	34	4	12	18
年份（年）	1987	1988	1989	1990	1991	1992	1993	1994
数量（起）	7	12	8	11	17	8	20	19
年份（年）	1995	1996	1997	1998	1999	2000	2001	不详
数量（起）	18	17	38	7	7	1	2	28

从表7-7可以看出，1980、1983、1993年投运的产品断裂数量较多，应予以关注。

二、瓷支柱绝缘子断裂原因分析

根据调查统计情况分析，造成瓷支柱绝缘子断裂的原因很多，主要有制造质量不良、结构设计不合理、安装调试与运行维护不当、恶劣环境因素的影响以及管理不善等。

1. 制造质量不良

国内早期生产的产品，由于制造工艺方面的原因，质量较差，瓷体存在变形、开裂、夹杂物、气孔、生烧和过烧、黑心和黄心、青边等缺陷，致使瓷件内应力分布不均，局部应力过大，影响了瓷件的强度，在运行过程中易造成断裂。

胶装工艺不严格执行工艺操作规程，会产生水泥胶装不实、间隙空洞、偏心（水泥厚薄不一）、胶合部位堆砂、缺砂及胶装比偏低等缺陷。水泥胶装不实而产生的间隙空洞缺陷，会造成应力分布不匀、操作后松动、进水等不良后果。胶装偏心会造成间隙不均，间隙过小，难以保证将胶合剂填满所有空隙，胶装强度低；间隙过大，胶合剂填充数量多，胶合剂本身强度比瓷体低得多，且收缩值大，都将使强度降低。瓷件缺砂等缺陷，会影响机械强度。胶装比为胶装深度与瓷件直径之比，一般为 0.6。绝缘子的破坏负荷与胶装比有近正比的关系。现场发现断裂的绝缘子，其断裂往往都发生在法兰端面处，说明胶装缺陷对于瓷绝缘子质量影响很大。

水泥的膨胀也是瓷绝缘子断裂的诱因。铁和水泥的热膨胀系数约高于陶瓷一倍，绝缘子受到冷热变化后，各部件的热膨胀不同而使瓷件受到额外的应力。其一，水泥收缩有时会在瓷件和金属附件的胶合部位产生缝隙，暴露在空气中的水泥会吸收水分，其体积和硬度增加，使瓷件缓慢地受到应力的作用。其二，凝结的水泥属多孔质，有时会有裂缝。在寒冷地区，浸入水泥中的空隙和裂缝中的水分，由于外界气温变化而反复冰结、融解，促使水泥裂缝进一步扩展。其结果，水泥冻结膨胀，使瓷件受到异常应力作用。

2. 设备选型不当

对隔离开关而言，绝缘子承受的机械负荷主要反映在接线端拉力上，制造厂依据接线端静拉力的数值，再考虑一定的安全系数（原水电部标准为 2.5，电力部行业新标准定为 3.5），选用一定机械强度的绝缘子。按照标准规定，隔离开关接线端静拉力为考虑风力、覆冰、雪和导线的重量、张力等施加于接线端的最大静拉力。设备设计选型时，是根据额定电流的数值、连接导线的规格以及使用环境条件等，计算确定母线拉力数值，而决定选用何种接线端静拉力的隔离开关。当设计选型不当，没有充分考虑到设备所处环境的实际情况，如非正常力（短时极端暴风雨产生共振）或选用机械强度偏低，导致在恶劣气候条件下支柱绝缘子弯曲强度低于运行要求，造成绝缘子的断裂。

3. 隔离开关的结构设计缺陷

个别型号隔离开关的结构设计不合理，元件抗锈蚀能力差，运动部位润滑脂填充不充分，在进行操作时，机构传动卡滞、别劲，造成瓷支柱绝缘子承受异常（过大或冲击）弯矩或扭矩。

4. 安装、调试不到位

安装、调试不到位，造成受力异常。如母线安装过程中，引线（软母线）瓷支柱绝缘子安装过紧或固定点多于 1 个，安装硬母线时两头都紧；隔离开关安装过程中，错位别劲，当温度变化时，由于热胀冷缩的作用，会产生交替的机械应力，将缩短瓷支柱绝缘子的寿命，最终导致断裂。

隔离开关安装时未严格按安装要求而导致结构高度偏差、轴线直线度、上下法兰平行度、上下安装孔角度偏移等指标超标，均会使绝缘子异常受力。两个瓷绝缘支柱上的导电臂的长度及连臂的长度和角度不符合要求时，会导致两臂在触头互相抱合时出现触头移动的步调不一；接地开关调整不当或其接地刀杆长度太长，这些因素均会对绝缘子产生额外的附加应力，严重时导致断裂。

5. 运行、检修维护存在薄弱环节

运行、检修维护不到位，设备失修，使母线、隔离开关出现锈蚀、卡、抱死等现象。当温度变化时，由于热胀冷缩作用，会产生长时间的交变机械应力，导致瓷支柱绝缘子的疲劳断裂。另外，由于运行人员刀闸操作不正确，产生短时间、瞬时很大的机械负荷，导致瓷支柱绝缘子的断裂。隔离开关瓷柱断裂数量远大于母线瓷柱，说明操作引起的断裂更应该引起重视。

6. 自然环境因素影响

气候变化大（尤其是西北、东北地区，气温低、温差大）和恶劣的气候条件（主要是暴风骤雨引起共振，使瓷支柱绝缘子异常受力超过其破坏负荷所致；也有个别遭雷击而断裂的情况发生）是产生断裂的诱发因素。另外，寒冷地区的瓷绝支柱缘子，由于金属附件收缩后的剪切应力和胶装水泥的冰结膨胀的应力叠加，也会导致瓷件开裂破坏。从调查统计情况看，北方断裂事故远多于南方，自然环境因素的影响是非常重要的原因。

7. 其他方面的影响

瓷绝缘子表面受到污染，流经表面的泄漏电流，因电蚀使瓷绝缘子金属附近产生电腐蚀，使其机械强度降低，导致瓷绝缘子破坏。造成瓷支柱绝缘子失效断裂还有因运行年限久远导致的瓷体老化、合闸瞬间电动力的冲击以及有关责任部门存在技术管理方面的问题等许多因素，这里不再赘述。

三、瓷套故障特点及分析

和瓷支柱绝缘子相比，由于瓷套不仅承受自重，还承受内部介质压力、机构造作应力，其受力状况更为复杂，运行条件更为苛刻，但总体来说呈现以下特征。

（1）由于瓷套内部往往承受较大的压力，一旦发生故障，其碎裂的瓷片往往飞出很远，给周边设备和人员带来二次伤害，造成较大的损失。图 7-1 为某换流站 5612 断路器灭弧室瓷套爆炸后现场照片，瓷套爆裂产生的瓷片飞出将近 200m，附近多台设备受损，损失极大。

图 7-1　某换流站 5612 断路器灭弧室瓷套爆炸后现场照片

（2）瓷套内部结构复杂，构件承受强电磁场，运行环境和受力状况极为复杂，使得造成瓷套失效的原因较多，有瓷套瓷件质量不良，也有胶装质量不良的，还有内部结构如拉杆、拐臂质量不良造成失效的。图 7-2 为某隔离开关母线侧套管断裂后现场照片。

因此，为避免瓷支柱绝缘子及瓷套断裂失效，确保设备运行安全，加强对电网瓷支柱绝缘子及瓷套的技术监督和管理，开展现场检测是十分必要的。

图 7-2　某隔离开关母线侧套管断裂后现场照片

第二节　瓷支柱绝缘子及瓷套材料特性

要了解瓷支柱绝缘子及瓷套的故障原因，必须充分了解其主要构成材料（陶瓷材料）的特征。

一、瓷支柱绝缘子材料组织结构

1. 原料的组成

主要有黏土（由硅酸盐岩经风化而形成的天然土状矿物）、石英（一种结晶状的 SiO_2 矿物）、长石（瘠性原料）和其他一些原料（铝、碳酸盐等）混合配置，经过加工成一定形状（高压成型），在较高温度下烧结而成的无机绝缘材料（陶瓷）。表面覆盖一层玻璃质的平滑薄层釉。

2. 陶瓷材料组织特性

工程材料由四种键结合形式，即金属键、分子键、离子件和共阶键。键的性质不同，材料的基本性能便会有很大的差异。陶瓷的结合键是强固的离子键和共阶键。陶瓷材料的另一个特点是显微组织复杂且不均匀，这是由于陶瓷材料的生产过程与金属材料不同所致。金属材料通常是相当均匀的金属液体冷却凝固而成，它可以通过冷热加工等手段来改善组织的性能，即使有第二相析出其分布也比较均匀。瓷绝缘子一般经过原料的粉碎配制、成型和烧结等过程，其显微组织有晶体相、玻璃相和气相组成，晶体是陶瓷中的主要成相，它往往决定陶瓷的物理性能、化学性能。玻璃相是一种非晶态的低熔点固态相，起着黏结分散的晶相、填充气孔、降低烧结温度等作用，陶瓷中的玻璃相有时多达 20%～60%。气相或气孔是陶瓷生产工艺中不可避免残存下来的缺陷，一般占体积的 5%～10%。各相的相对量相差很大，分布也不均匀，瓷绝缘子一旦烧制成型，其显微组织是无法通过冷热加工加以改变。因此，瓷绝缘子的优点是熔点高、强度高、硬度高、化学稳定性高、耐高温、耐磨损、耐氧化、耐腐蚀、绝缘性好，同时重量轻、弹性模量大。

二、陶瓷材料力学性能

1. 弹性模量

材料在静拉伸载荷作用下，一般都要经过弹性变形、塑性变形及断裂三个阶段，这三个阶段通常用应力（σ）—应变（ε）曲线表示，如图7-3所示。

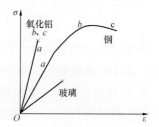

图7-3 金属材料与陶瓷材料的应力—应变曲线

对金属材料而言，断裂前都有一个不同程度的塑性变形阶段（b），而陶瓷材料在室温静拉伸载荷下，均不出现塑性变形阶段（b），即在弹性变形阶段结束后，立即发生脆性断裂。描述弹性变形阶段材料力学行为的重要性能指标为应力应变σ-ε曲线中直线部分的斜率，即弹性模量E，其应力应变关系符合虎克定律（$\sigma = E\varepsilon$）。弹性模量E的物理意义是材料产生单位应变所需的应力，它是材料内部原子间结合力的一种度量，E越大，材料的结合强度越大。

与金属材料相比，陶瓷材料的弹性模量有如下特点。

（1）陶瓷材料因具有强固的离子键和共价键，其弹性模量要高于金属材料。共价键具有方向性，使晶体具有较高的抗晶格畸变、阻碍位错运动的能量。离子键晶体结构的实际滑移系因受原子密排面和密排方向的限制而较少。此为，陶瓷材料的晶体结构复杂，点阵常数较金属晶体大，因而陶瓷材料的弹性模量较高。陶瓷材料的弹性模量范围在70GPa（玻璃）～500GPa（氧化铝AL_2O_3达370GPa）之间，而钢的弹性模量为207GPa左右。

（2）陶瓷材料的弹性模量，除与结合键有关外，还与组成相的种类、分布比例及气孔率有关，这一点不同于金属材料。气孔率较小时，弹性模量随气孔率增加呈线性降低。

（3）通常，陶瓷材料的压缩弹性模量高于拉伸弹性模量。其抗压强度要比抗拉强度大得多，这是由于材料中的缺陷对拉应力敏感所致。

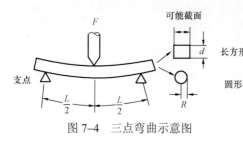

图7-4 三点弯曲示意图

2. 抗弯强度

脆性陶瓷材料的应力—应变行为一般不能用拉伸试验确定，主要基于两点原因：① 试验制备困难；② 拉伸试验与压缩试验结果的差别非常大。常用的试验方法为弯曲试验，试样截面为圆形或矩形。图7-4为三点弯曲示意图。

在载荷F作用下，试样上表面受压应力，下表面受拉应力，应力可根据试样厚度、弯矩、横截面惯性矩计算得出，即

$$\sigma = \frac{Mc}{I}$$

式中　M——最大弯矩，$M = FL/4$（F为外加负荷，L为试样支点间距）；

　　　c——试样中心到边缘的距离，对于矩形试样，$c = d/2$，对于圆形试样，$c = R$；

　　　I——截面惯性矩，对于矩形试样，$I = bd^3/12$，对于圆形试样，$I = \pi R^4/12$。

因此，对于矩形试样

$$\sigma = \frac{3FL}{2bd^2} \tag{7-1}$$

对于圆形试样

$$\sigma = \frac{3FL}{\pi R^3} \qquad (7-2)$$

弯曲试样时的最大应力即断裂应力，又称抗弯强度，这是脆性陶瓷的一个重要力学性能参数。由于弯曲试验时，试验同时承受拉、压应力，抗弯强度值大于抗拉强度值。

3. 陶瓷材料的塑性变形能力

陶瓷材料脆性大，在常温下基本上不出现或极少出现塑性变形。在高温条件下，由于位错运动、晶界滑移、二相软化等条件的具备，陶瓷表现出一定程度的塑性。陶瓷材料一般呈多晶状态，其滑移系非常少，而多晶体比单晶体更不容易滑移。因为在多晶体中，晶粒取向混乱，即使个别晶粒的某个滑移系与滑移方向处于有利位置，由于受到周围晶粒和晶界的制约，也使得滑移难以进行。在晶界处，位错塞积引起的应力集中而导致的微裂纹，也限制了塑性变形继续进行。

三、陶瓷材料的断裂

1. 断裂机理

陶瓷材料不仅位错不易产生，而且即使产生位错其运动也十分困难。位错运动容易受阻塞积，在局部区域产生应力集中，而使塑性变形又难以向周围晶粒传播，因而导致陶瓷材料塑性很差，常表现为脆性断裂。对瓷支柱绝缘子来说，大量的位错运动受阻塞积致使局部产生应力集中。这个集中应力若被形变过程所松弛，则破断过程被抑制，变形得以继续进行而不破断；反之，若以裂纹的发生与发展过程来松弛这个应力，则材料即发生破断。

陶瓷材料的断裂过程都是以内部或表面存在的缺陷为起点而发生的。解理断裂是陶瓷材料的主要断裂机理，而且很容易从穿晶解理转变成沿晶断裂。陶瓷材料的断裂是以各种缺陷为裂纹源，在一定拉伸应力作用下，其最薄弱环节处的微小裂纹扩展，当裂纹尺寸达到临界值时瞬时断裂。

2. 临界裂纹尺寸

陶瓷材料的断裂属于线弹性断裂力学。线弹性断裂力学方法是唯一能够定量求出缺陷对结构材料断裂性质的影响的研究方法。这种研究方法的实质在于说明引起断裂所需的裂纹尖端局部弹性应力与作用在结构上的标称应力、材料性质和缺陷尺寸之间的关系。对于一种给定的加载结构，一旦确定了适当的断裂力学参数和材料的性质，便能够计算出不会致使结构破坏的允许的最大应力，或者允许存在的最大缺陷尺寸。这些数据可以应用在设计实际构件、选择材料和制定无损检测技术标准中。

通常采用断裂力学方法可计算出瓷绝缘子最大受力状态下的临界裂纹尺寸，这有助于选择检测方法和确定检测灵敏度。

根据美国西屋研究试验室 Clark、Logsdon 的研究表明，绝缘子应力强度因子表达式为

$$K_I^2 = \frac{1.21a\pi\sigma^2}{Q}$$

式中　K_I——标称应力强度因子，MPa；

　　a——表面裂纹深度，mm；

　　σ——标称作用应力，MPa；

　　Q——裂纹形状参数。

如果将应力强度因子表达式加以整理，令 K_I 等于 K_{IC}，a 等于临界裂纹尺寸 a_{cr}，则便得到临界裂纹尺寸表达式

$$a_{cr} = \frac{K_{IC}^2 Q}{1.21\pi\sigma_{max}^2} \qquad (7-3)$$

四、陶瓷材料的疲劳类型

陶瓷材料的疲劳与金属材料相比其含义更为广泛。试验已经证明，陶瓷材料在循环载荷作用下也存在机械疲劳效应。除此之外，在静载荷作用下，陶瓷承载能力随时间延长而下降的断裂现象，以及在恒载荷加载速率下，陶瓷的失效断裂对加载速率的敏感性研究，均属陶瓷疲劳范畴。前者属静态疲劳，后者为动态疲劳。因此，陶瓷材料的疲劳包括静态疲劳、动态疲劳和循环疲劳三种形式。

1. 静态疲劳

静态疲劳是指在持久载荷下，材料的承载能力随时间延长而下降产生的断裂，对应于金属材料的应力腐蚀和高温蠕变断裂。当外加载荷低于断裂应力时，陶瓷材料也可能出现亚临界裂纹扩展。瓷绝缘子的脆性断裂通常是在亚临界裂纹生长之后发生的。在瓷绝缘子产生缺陷后，尽管继续施加载荷，但在一定时间内瓷体表面不会有迹象发生，所以为了避免绝缘子结构突然破坏，必须了解亚临界裂纹的生长机理，从而获得无损检测时的理论根据。

陶瓷材料的亚临界裂纹扩展速率与应力强度因子之间的关系如图 7-5 所示。图中包括了四个区域：$K_I \leq K_{th}$ 时，裂纹不发生亚临界扩展（K_{th} 应力强度因子门槛值）；低速区（Ⅰ区），裂纹扩展速率 da/dt 随 K_I 的增大而增大，材料与环境介质之间的化学反应不是裂纹扩展速率的控制因素；中速区（Ⅱ区），裂纹扩展速率仅与环境有关而与 K_I 无关；高速区（Ⅲ区），裂纹扩展速率 da/dt 随 K_I 的变化呈指数关系增长，与环境介质无关。这一阶段的速率取决于材料的组分、结构和显微组织。工程陶瓷材料的试验寿命，几乎完全由其裂纹慢速扩展区（Ⅰ区）决定。

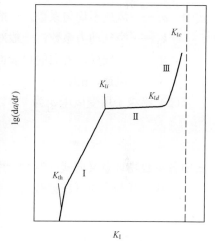

图 7-5　陶瓷材料的裂纹扩展速率曲线

对于Ⅰ区而言，裂纹扩展速率与应力强度因子之间的基本关系为

$$\frac{da}{dt} = AK_I^N$$

式中　A——经验常数；

　　N——应力腐蚀指数，其随材料韧性增加而增加。

2. 循环疲劳

循环疲劳是指陶瓷材料在循环载荷作用下所产生的低应力断裂。金属疲劳是在远低于静强度的交变载荷作用下，以塑性变形为先导的低应力断裂。陶瓷材料呈脆性，其裂纹尖端塑性区很小，但试验已证实，在室温循环压缩载荷作用下也有疲劳裂纹萌生和扩展现象。

动态疲劳是以恒定载荷速率加载，研究材料的失效断裂对加载速率的敏感性，类似于金属材料应力腐蚀研究中的慢应变速率拉伸。瓷支柱绝缘子的动态疲劳和循环疲劳是指由于导线电流引起的小负荷振动和外界条件引起的摆动，所产生的加载应力和循环应力致使绝缘子失效断裂。

第三节　瓷支柱绝缘子受力分析

瓷支柱绝缘子受力主要来自导线和绝缘子自身重量，以及各种气象条件下如风载、覆冰引起的载荷。瓷支柱绝缘子的动态疲劳和循环疲劳的载荷受力因涉及因素较多，计算较为复杂，而其静态载荷受力分析是绝缘子强度设计计算的重要内容。

一、瓷支柱绝缘子载荷计算分析

瓷绝缘子的受力分析，视具体对象可依据《电力工程电气设计手册（电气一次部分）》进行计算与分析。一般主要涉及下列载荷计算。

（1）导线所受风压 q_4 为

$$q_4 = \alpha_f k_d A_f \frac{v^2}{16} \text{ kgf/m （1kgf=9.806 65N）} \tag{7-4}$$

式中　　a_f ——风速不均匀系数，一般取 a_f=1.0;

　　　　k_d ——空气动力系数，一般对于导线取 k_d=1.2;

　　　　A_f ——导线受风方向的投影面积（设定风向与导线走向成 $90°$），m^2;

　　　　v ——风速，m/s。

（2）绝缘子所受风压 q_j 为

$$q_j = \alpha_{fj} k_{dj} A_{fj} \frac{v^2}{16} \text{ kgf/m} \tag{7-5}$$

式中各参数物理意义同式（7-1）相同，其中，绝缘子空气动力系数取 k_{dj}=0.6。

导线风载与自重（覆冰载荷可线性叠加）的合成载荷 q_6 为

$$q_6 = \sqrt{q_1^2 + q_4^2} \text{ kgf/m} \tag{7-6}$$

式中　　q_1 ——导线自重。

对于导线上金具以及双分裂母线上横向引线等集中载荷的受力分析，可将绝缘子、导线、金具和横向引线等看成一个整体静力系统进行受力分析。送电线路中以杆塔为支持物而悬挂的导线悬挂曲线相对较复杂，一般以导线形成的形状为悬链线方程来求解，即假定导线重力沿线长分布均匀。悬链线方程包含双曲线函数，求解相当复杂，一般要简化为斜抛物线公式或平抛物线公式来求解导线的弧垂应力或集中载荷对支柱绝缘子的受力影响。

二、瓷支柱绝缘子有限元应力分析

求解工程技术领域的实际问题时，往往由于对象几何形状、材料特性和外部载荷的不规则性，求得解析解非常困难。有限单元法可以将求解区域分解成许多在节点处互相连接的子域（微单元），其模型可给出基本方程的近似解。但由于其能很好地适应复杂的几何形状、材料特性和边界条件，且能满足足够的工程精度要求，因此给处理和解决复杂的实际工程技术问题带来了极大的方便。

本节将以系统标称电压为 220kV 的抚顺电瓷厂 ZS1.1–252/8 上下元件组合式的瓷支柱绝缘子的三种形式，即管母线瓷支柱绝缘子、隔离开关瓷支柱绝缘子和接地开关瓷支柱绝缘子为例，列举有限元法应力分析和计算结果，为提高瓷绝缘子的无损检测水平提供技术支持。

（一）参数选择与模型建立

型号为 ZS1.1–252/8 绝缘子的相关参数见表 7–8。

表 7–8　　　　　　　　　　型号为 ZS1.1–252/8 绝缘子的相关参数

型号	工厂代号	额定电压（kV）	系统标称电压（kV）	破坏负荷不小于		爬电距离	伞数	主要尺寸（mm）							上下元件组合方式	重量（kg）
				弯曲（kN）	扭转（kN·m）			总高	最大伞径	上安装孔		下安装孔				
										D_1	d_1	D_2	d_2			
ZS1.1–252/8	22 953	252	220	8	6	4670	35	2300	260	225	$4-\phi18$	254	$8-\phi18$	22 718+22 852	184
ZS1.4–126/12.5	22 718	126	110	12.5	6	2400	18	1150	245	225	$4-\phi18$	254	$8-\phi18$		79.5

有限元计算过程所采用的长度单位为 m，负载单位为 N，应力单位为 Pa。瓷件、铁法兰、水泥的计算常数见表 7–9。

表 7–9　　　　　　　　　　瓷件、铸铁法兰、水泥的计算常数

| 弹性模量 E（GPa） | | | 泊松比 | | |
瓷件	铸铁法兰	水泥	瓷件	铸铁法兰	水泥
76	170	28	0.16	0.28	0.28

瓷支柱绝缘子的伞根上下圆弧半径大小以外，伞裙其余形状及尺寸对弯曲受力的影响很小。为减少计算工作量对伞裙形状作了适当简化，但伞根圆弧半径仍保留原设计尺寸，即上圆弧半径 R_1=15mm，R_2=8mm。瓷件固定在上下法兰内。由于法兰采用球墨铸铁制造，又有足够的尺寸，具有较大的机械强度，瓷件与法兰之间用高强度水泥固结且具有较大的胶装比，计算中未考虑法兰外加强筋的作用，为此整个元件可以简化为轴对称形状物体，上下法兰内的胶装槽均按实物形状处理以帮助分析法兰内实际受力情况。

（二）管母线瓷支柱绝缘子应力状态分析

1. 受力分析

管母线支柱绝缘子的静力学分析计算，仅考虑如图 7–6 所示的受力情况，即管母线作用在绝缘子上的水平力 F_L，是管母线受风力引起的，垂直下压力 G_L（管母线的重力），绝缘子所受风力 F_I。

设定最恶劣的气候条件，最大风速 30m/s，下节绝缘

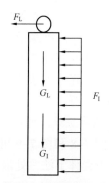

图 7–6　管母线支柱绝缘子受力示意图

子杆径 160mm，上节绝缘子杆径 140mm。导线选用 LF-21Y 型 ϕ100/90 铝锰合金管，导体密度 2.73g/cm^3，导体截面 S=1491mm^2，自重 4.08kg/m，导体截面系数 W=33.8cm^3，跨距 l=15m。

2. 应力分析计算结果

管母线支柱绝缘子的应力分析实际是轴对称结构受不均匀负载下的弯曲机械强度分析问题。支柱绝缘子弯曲负荷的边界条件假设为下法兰的底部取固结条件，即位于底面上点的各个方向（自由度）均予以固定。

将风力简化为一静力，按照式（7-1）和式（7-2）可得出，绝缘子上节上法兰顶部施加管母线作用在绝缘子上的水平力 992.25N，垂直下压力 599.76N。整个绝缘子上需施加风压 330.75N/m^2，自重 1803.2N，然后加载计算得出的瓷支柱绝缘子整体应力分布见图 7-7。

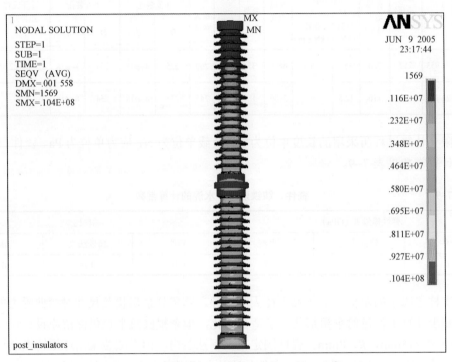

图 7-7　管母线瓷支柱绝缘子整体应力分布❶

瓷支柱绝缘子断裂主要是发生瓷体部分，剖开对上述图形进行处理，图 7-8、图 7-9 显示了去掉法兰后绝缘子上节、下节瓷体部分应力分布情况，红色为应力最大处。

由图 7-8 和图 7-9 可见，应力集中部位（图中红色区域）刚好在瓷支柱绝缘子上瓷体下法兰处，下瓷体下法兰附近。实际瓷支柱绝缘子断裂的重点区域也是在这些地方，这与实际断裂现象相符。

3. 临界裂纹尺寸的计算

由图 7-8 和图 7-9 可见，瓷支柱绝缘子上瓷体下法兰处的最大应力为 5.23MPa，瓷支柱绝缘子下瓷体下法兰处最大应力为 7.78MPa。

---

❶ 类似于图 7-7 这类截屏图，图中数据是软件生成的。如 SMX=.104E+08 实际应为 SMX=0.104E+08，此类问题后同。

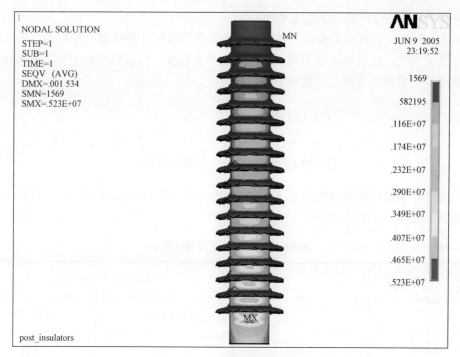

图 7-8　管母线瓷支柱绝缘子上节瓷体部分的应力分布

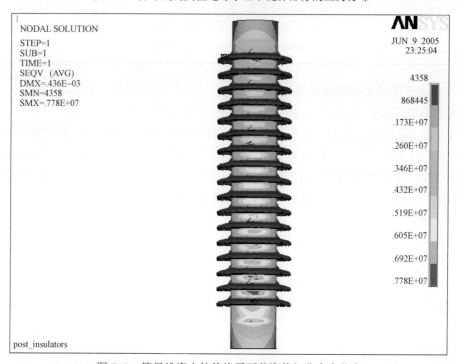

图 7-9　管母线瓷支柱绝缘子下节瓷体部分应力分布

$\phi 160$ 的圆柱截面模量 $W=\pi d^3/32=3.14\times0.16^3/32=4.021\ 23\times10^{-4}\mathrm{m}^3$，计算得出的最大许用应力为 $[\sigma]=\dfrac{M_{\max}}{W}=\dfrac{8000\times2.3}{0.000\ 402\ 123}\times10^{-6}\mathrm{MPa}=45.76\mathrm{MPa}$，而实际计算的最大应力远小于许用

应力，绝缘子在无裂纹的情况下是安全的。

根据式（7-3），计算临界裂纹尺寸需要用到临界裂纹尺寸裂纹形状参数 Q，其与裂纹长度 c 和深度 a 有关。Q 能够表征不同形状缺陷的严重程度。在工程实际中常采用 Rawe 经验公式来描述 Q 与裂纹长深比之间的关系

$$Q = 1 + 1.464 \left(\frac{c}{2a} \right)^{-1.65} \quad (2a/c \leqslant 1) \tag{7-7}$$

$$Q = 1 + 1.464 \left(\frac{c}{2a} \right)^{1.65} \quad (1 < 2a/c \leqslant 2) \tag{7-8}$$

将瓷绝缘子的脆性断裂韧性数值 K_{IC}（$1.2 \mathrm{MPa} \sqrt{m}$）和 Q 代入式（7-3），得到不同长深比对应的临界裂纹尺寸见表 7-10。

表 7-10　　　　　　　　不同长深比对应的临界裂纹尺寸

裂纹长深比	值	临界裂纹尺寸 a_{ci}（mm）	
		上节下法兰	下节下法兰
10:1	1.1029	15.3	7.0
4:1	1.4665	20.3	9.2
2:1	2.4640	34.1	15.4

（三）隔离开关瓷支柱绝缘子应力状态分析

1. 受力分析

隔离开关支柱绝缘子的受力状况与管母线支柱绝缘子不同，管母线支柱绝缘子主要受管母线及自身的风力重力，而对隔离开关支柱绝缘子进行受力分析时，要考虑到扭矩的影响。由于 ZS1.1-252/8 型绝缘子额定扭矩为 6kN·m，安全系数取 1.67，计算按照极限情况 6/1.67=3.6kN·m 施加扭矩，其他受力及边界条件与管母线相同。

2. 应力分析计算结果

隔离开关瓷支柱绝缘子按照上述受力载荷，其拉应力和剪应力分布情况如图 7-10～图 7-13 所示。

由拉应力分布图可见，拉应力集中部位（图中红色区域）刚好在隔离开关瓷支柱绝缘子上瓷体下法兰处，瓷支柱绝缘子下瓷体下法兰附近。剪应力分布图中，最大剪应力分布在整个圆周上。

3. 临界裂纹尺寸的计算

由拉应力、剪应力分布图可知，绝缘子上节瓷体最大拉应力 σ_1=5.42MPa，最大剪应力 τ_1=7.37MPa；绝缘子下节瓷体最大拉应力 σ_2=7.83MPa，最大剪应力 τ_2=5.31MPa。

对于表面裂纹，由于受到拉应力和剪应力的综合作用，属于Ⅰ型和Ⅲ型的混合型裂纹，工程上一般使用近似断裂判据，其等效应力强度因子为

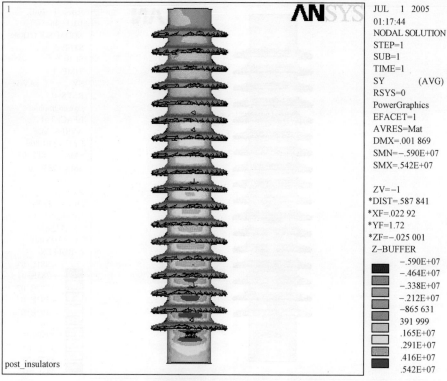

图 7-10　隔离开关瓷支柱绝缘子上节拉应力分布

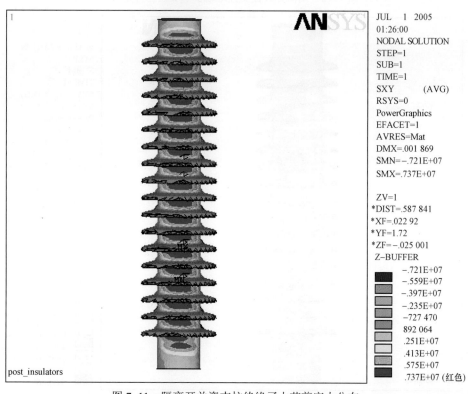

图 7-11　隔离开关瓷支柱绝缘子上节剪应力分布

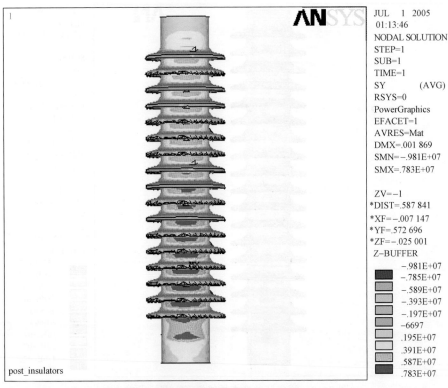

图 7-12　隔离开关瓷支柱绝缘子下节拉应力分布

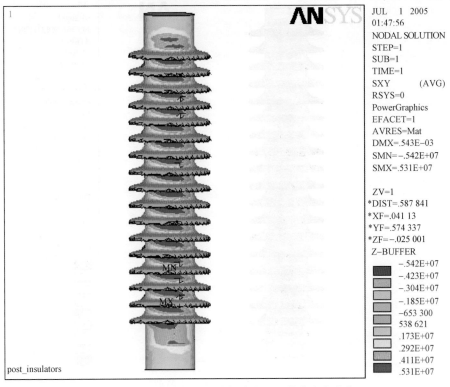

图 7-13　隔离开关瓷支柱绝缘子下节剪应力分布

$$K_{\mathrm{I}}^* = \sqrt{K_{\mathrm{I}}^2 + \frac{1}{1-2\nu}K_{\mathrm{III}}^2} = \sqrt{K_{\mathrm{I}}^2 + 1.47K_{\mathrm{III}}^2}，（泊松比\nu = 0.16） \qquad (7-9)$$

在临界情况下，等效强度因子 $K_{\mathrm{I}}^* = K_{\mathrm{IC}} = 1.2$

对于 Ⅰ 型裂纹，在拉应力作用下的应力强度因子为

$$K_{\mathrm{I}} = \frac{1.1\sigma\sqrt{\pi a}}{\sqrt{Q}} \qquad (7-10)$$

裂纹形状参数 Q 与裂纹的长深比 $\dfrac{c}{a}$ 相关，在工程实际中确定 $\dfrac{c}{a}$ 与 Q 的关系常采用 Rawe 经验公式

$$Q = 1 + 1.464\left(\frac{c}{2a}\right)^{-1.65} \quad (2a/c \leqslant 1) \qquad (7-11)$$

$$Q = 1 + 1.464\left(\frac{c}{2a}\right)^{1.65} \quad (1 < 2a/c \leqslant 2) \qquad (7-12)$$

对于 Ⅲ 型裂纹，在剪应力作用下的应力强度因子为

$$K_{\mathrm{III}} = \tau\sqrt{\pi a} \qquad (7-13)$$

那么临界裂纹尺寸为

$$a = \frac{K_{\mathrm{I}}^{*2}}{\pi\left(\dfrac{1.21\sigma^2}{Q} + 1.47\tau^2\right)} \qquad (7-14)$$

分别将 σ_1、σ_2、τ_1、τ_2 代入临界裂纹尺寸公式（7-14），计算结果见表 7-11。

表 7-11　　　　　　　　　　不同长深比对应的临界裂纹尺寸

裂纹长深比	值	临界裂纹尺寸 a_{cr}（mm）	
		上节下法兰	下节下法兰
10:1	1.1029	4.1	4.2
4:1	1.4665	4.4	5.0
2:1	2.4640	4.9	6.4

（四）接地开关瓷支柱绝缘子

1. 受力分析

接地开关瓷支柱绝缘子的受力状况与管母线瓷支柱绝缘子、隔离开关不同，管母线瓷支柱绝缘子主要受管母线及自身的风力重力，隔离开关支柱绝缘子还要考虑到扭矩的影响，而接地开关需要考虑到管母线产生的扭矩、开关上下转动产生的附加弯矩的影响，如图 7-14 所示。

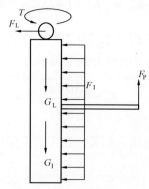

图 7-14　接地开关支柱绝缘子受力示意图

　　考虑到接地开关瓷支柱绝缘子位于一组管母线支柱的端头，它只有一边支撑管母线，即管母线长取 7.5m。管母线对其产生弯矩和扭矩的综合作用，管母线对接地开关瓷支柱绝缘子的力只有管母线支柱的一半；管母线所受风力对绝缘子的扭力 T 为 1860.5N·m，设接地开关受到的推力 F_P 为 1kN。

　　2. 应力分析计算结果

　　隔离开关瓷支柱绝缘子按照上述受力载荷，其拉应力和剪应力分布情况如图 7-15～图 7-18 所示。

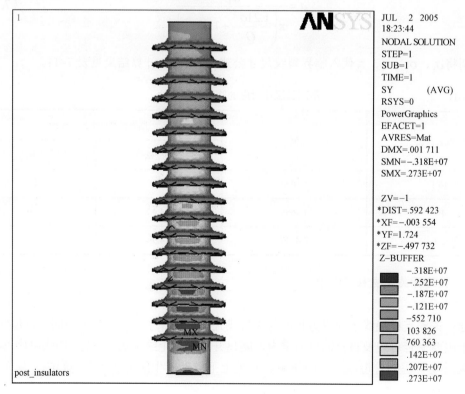

图 7-15　接地开关瓷支柱绝缘子上节拉应力分布

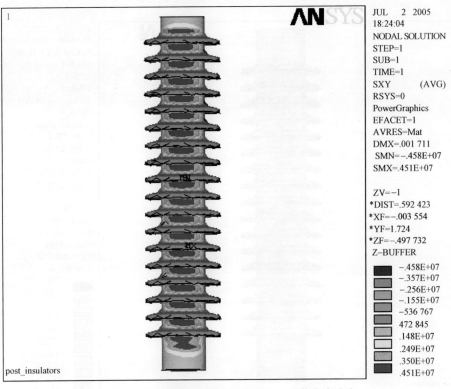

图 7-16　接地开关瓷支柱绝缘子上节剪应力分布

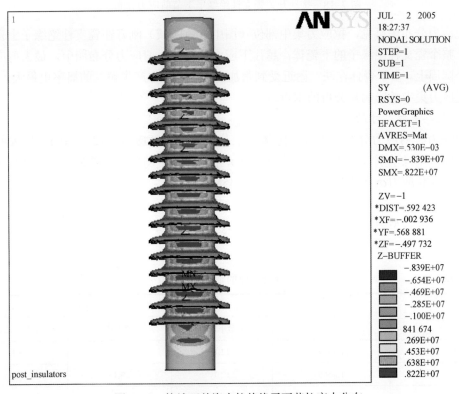

图 7-17　接地开关瓷支柱绝缘子下节拉应力分布

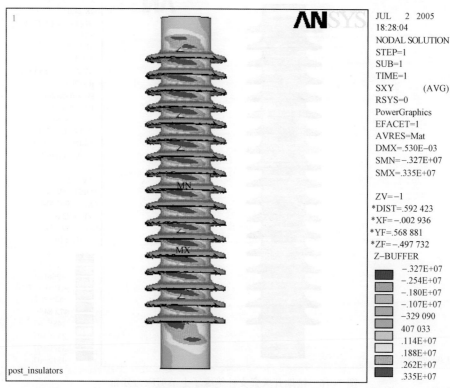

图 7-18　接地开关瓷支柱绝缘子下节剪应力分布

由拉应力分布图可见，拉应力集中部位（图中红色区域）刚好在瓷支柱绝缘子上瓷体下法兰处，整个瓷支柱绝缘子的下瓷体，越往下应力越集中。剪应力分布图中，最大剪应力分布在整个圆周上。由于瓷体在法兰附近受到附加应力的作用，产生裂纹的概率也最大，因此，法兰附近应力集中的影响是分析的重点。

（五）临界裂纹尺寸的计算

由拉应力、剪应力分布图可知，绝缘子上节瓷体最大拉应力σ_1=2.73MPa，最大剪应力τ_1=4.51MPa；绝缘子下节瓷体上法兰处拉应力σ_2=6.38MPa，剪应力τ_2=3.35MPa；绝缘子下节瓷体下法兰处拉应力σ_3=8.22MPa，剪应力τ_3=3.35MPa。

对于表面裂纹，接地开关与隔离开关一样，都是受到拉应力和剪应力的综合作用，属于Ⅰ型和Ⅲ型的混合型裂纹。将σ_1、σ_2、σ_3、τ_1、τ_2、τ_3分别代入临界裂纹尺寸的计算公式，结果见表 7-12。

表 7-12　　　　　　　　　　不同长深比对应的临界裂纹尺寸

裂纹长深比	值	临界裂纹尺寸 a_{cr}（mm）		
		上节下法兰	下节上法兰	下节下法兰
10:1	1.1029	12.1	7.5	5.1
4:1	1.4665	12.7	9.1	6.3
2:1	2.4640	13.7	12.6	9.2

从表 7-10～表 7-12 可看出，不同类型裂纹的临界尺寸中，长而浅的裂纹在深度方向的临界尺寸最小。这些计算结果对于选择检测方法和确定检测灵敏度具有重要的指导意义。

第四节 瓷支柱绝缘子及瓷套故障案例

通过对多年来的故障或事故原因分析，认为产品质量、安装质量、运行、检修及操作是造成瓷支柱绝缘子及瓷套故障的主要原因。

根据调查统计情况分析，造成瓷支柱绝缘子断裂的原因很多，主要有制造质量不良、结构设计不合理、安装调试与运行维护不当、恶劣环境因素的影响。

一、支柱绝缘子及瓷套本身的质量问题

1. 支柱绝缘子及瓷套瓷件内部缺陷

从第五章的叙述可知，瓷支柱绝缘子及瓷套在制造过程中可能会产生黑心、内部裂纹、生烧、氧化、气孔、夹层、黄心、青边等内部缺陷。这些缺陷的存在会导致绝缘子和瓷套承载能力减弱，长期运行导致断裂等故障。

2011 年 7 月，某变电站 220kV 侧 24A3 与 24A7 之间的 B 相支柱绝缘子发生歪斜。经检查，确认为下节绝缘子与法兰交界处断裂，连接处的水泥发生脱落，断面贯穿整个瓷体截面。该绝缘子 2002 年生产，2003 年投运，属非正常失效。经分析，认为支柱绝缘子本身存在严重内部缺陷，导致其机械强度降低是故障的主要原因。切取靠近下法兰末裙的断面，发现中心约 78mm 直径范围内呈黑色，充斥着主裂纹和分散状小裂纹，越靠近中心越黑，为典型黑心特征，如图 7-19 所示，较好的验证了分析的结论。

图 7-19 黑心和内部裂纹

2014 年 4 月，某 500kV 变电站安装某型号开关时，瓷套发生破裂，如图 7-20（a）所示。经检查断面，发现断口处有一明显黄色异常区域，如图 7-20（b）所示，为施釉过程中釉侵入到撕裂口中，在烧成后形成的黄色周向裂缝。为典型的制造缺陷。

2. 法兰内胶装质量

无论支柱绝缘子还是瓷套，其法兰和瓷件之间主要采用胶装水泥使得二者能够很好地结合在一起。支柱绝缘子及瓷套的弯曲、扭转破坏负荷与水泥胶装剂质量密切相关，它同瓷件、金属附件一样直接决定电瓷产品的整体性能。

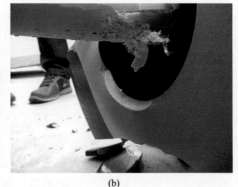

（a）　　　　　　　　　　（b）

图 7-20　某开关支持瓷套断裂
（a）断裂现场；（b）断口形貌

（1）胶装水泥。胶装水泥中一般含有氧化镁（MgO）、三氧化硫（SO$_3$）、氧化钾（K$_2$O）等成分。如果上述成分超过正常值，导致水泥的安定性较差，遇水产生化学反应并使得体积膨胀，使得在铸铁法兰和瓷件之间产生了较大的应力。曾有学者对该应力进行了现场测试，最大达到了 140.2MPa。

（2）沥青缓冲层。水泥胶装剂夹在法兰和瓷瓶之间，膨胀受约束，易产生额外应力。为减少该应力，一般采用涂装沥青缓冲层的方式。缓冲层厚度一般根据胶装层膨胀特性和厚度进行设计。如日本碍子公司规定，胶装水泥压蒸膨胀率应小于 0.05%，实际控制在 0.03% 以下，也就是说缓冲层一般厚 50～100μm。水泥安定性越差，所需缓冲层厚度应越厚。早期国内部分厂家绝缘子沥青缓冲层极薄，甚至取消涂覆缓冲层的工序，使得绝缘子或瓷套承载力下降。图 7-21 为某变电站支柱绝缘子断裂后法兰内部情况，清晰可见水泥和法兰之间无缓冲层。

图 7-21　胶装层无沥青缓冲层

（3）胶装偏心。胶装偏心使得绝缘子和瓷套在承受载荷时，使得瓷件受力不均匀，局部应力集中，承载能力下降，最终导致破坏。图 7-22 为 2012 年 1 月 30 日，某变电站变 3361 断路器发生套管断裂故障，对断面检查发现，瓷件与法兰交界处水泥浇装厚度不均匀，偏差值 7.5mm，存在严重偏心情况，虽然不是导致事故的直接原因，但胶装偏心使得承载能力变差，瓷套更易破裂。

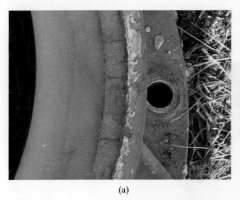 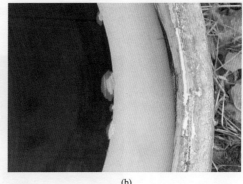

(a)　　　　　　　　　　　　　　　　　(b)

图 7-22　胶装不均匀

（a）最厚处（12mm）；（b）最薄处（4.5mm）

（4）喷砂。喷砂的目的是为了增加与金属附件的附着力，喷砂的工艺要求均匀且胶装后露出附件。但出现埋砂现象，特别是上砂不均匀时，将会造成局部胶装部位局部应力的集中，造成电瓷材料产生微观裂纹或瓷支柱绝缘子断裂。

二、安装质量问题

瓷支柱绝缘子及瓷套的安装总体来说较为简单。但安装不当也可使得绝缘子产生额外的应力，亦可降低绝缘子及瓷套的承载能力。2011 年，某变电站支柱绝缘子发生断裂，现场勘查时发现，24A7 旁路刀闸侧一颗螺栓添加了垫片，而相邻螺栓未添加垫片，致使绝缘子其底部法兰盘并未与支撑法兰盘完全贴合，导致其平稳度低，水平尺测量发现其安装并未处于水平位置。加之绝缘子两侧固有受力不平衡，使得绝缘子一侧长期收附加拉应力作用，在恶劣气候、绝缘子质量相对较差等因素的综合作用下，最终大致绝缘子断裂。

三、运行维护问题

1. 运行检修人员操作不规范造成绝缘子损坏

设备检修过程中，检修人员将支持绝缘子作为安全带固定点、绝缘子拆装过程中由于未妥善吊装或者磕碰造成绝缘子破损或出现裂纹、金属法兰与绝缘子胶合破坏、绝缘子表面碰伤等问题，为设备的运行造成安全隐患。

2. 绝缘子运行时间长老化

瓷瓶运行时间较长，防水胶失效，导致金属法兰和瓷瓶结合处进水。金属法兰和瓷件的胶装外部密封层受到破坏后，或破坏后处理效果较差，使长期暴露在空气中的绝缘子吸附空气中的水汽和雨雪侵袭，造成水分进入金属法兰与瓷件胶合处，引起冰应力膨胀和水泥胶装剂水合膨胀应力的损害。

2012 年 12 月 24 日，某 550kV 变电站内一台 3AT3 EI 断路器 A 相灭弧室瓷套出现断裂。当时开关处于合闸投运状态，灭弧瓷套在断裂前没有任何操作。天气晴好，气温为-5℃。后经分析，认为随着投运时间的增加，法兰与瓷套本体结合处的防水涂层出现风化甚至缺失，水泥出现裂缝，进水结冰膨胀导致裂缝加大。在四季往复过程中"进水—结冰膨胀—裂缝加大—再度进水"过程被一再重复，在一定阶段水泥裂缝将触及瓷质表面，在水分子结冰膨胀力的作用下最终导致瓷套出现微小裂纹。瓷套裂纹同样发生"进水—结冰膨胀—裂缝加大—再度进水"循环，最终导致了灭弧室瓷套断裂。经过切割后，水泥断面靠近伞裙侧颜色较深，具有明显的水印现象；水泥断面靠近开关罐体侧颜色较浅，水泥干燥，如图 7-23 所示，也验证了之前的分析结果。

图 7-23　长期运行后胶装水泥颜色

3. 恶劣的气候条件

外力引起瓷支柱绝缘子断裂主要是暴风骤雨引起共振，使高压支柱绝缘子异常受力超过其破坏负荷所致。也有极个别遭雷击断裂的情况。这些先天缺陷在运行中其他各种外力的共同作用下，显现出的就是根部易断裂这一特点。

造成瓷支柱绝缘子及瓷套断裂失效的原因很多，但从大多数的案例看来，往往不是单独某一个原因造成的，因此，在对瓷支柱绝缘子及瓷套断裂部位进行分析时，应对断裂面仔细观察，找出失效原因。

瓷支柱绝缘子及瓷套超声波检测技术

采用超声波检测发电厂、变电站（所）、换流站、串补站户内和户外高压瓷支柱绝缘子及断路器、避雷器等设备瓷支柱绝缘子及瓷套是目前应用最为广泛、最为有效的一种技术，它主要包括直探头纵波检测法、斜探头横波检测法、爬波检测法、小角度纵波检测法和双晶横波检测法等。其中，爬波检测法、小角度纵波检测法和双晶横波检测法是用于电网在役瓷支柱绝缘子及瓷套超声波检测的常用技术，是本章介绍的重点。

第一节　瓷支柱绝缘子及瓷套的基本结构

大部分设备或工件进行检验检测，受经济型、必要性以及检测手段等方面的限制，很少采用全部检测的方式进行，一般针对重点部位的重点缺陷开展检测活动。安装及在役阶段瓷支柱绝缘子及瓷套的超声波检测也不例外。因此，需充分了解分析绝缘子的基本结构，便于检测过程中对相关信号进行分析和判断。

一、瓷支柱绝缘子的基本结构

本书所指瓷支柱绝缘子是指实心棒形瓷支柱绝缘子，主要由法兰、胶装层、瓷柱和伞裙组成，如图 8-1 所示。其中瓷柱和伞裙主要起绝缘、支撑、保护作用。

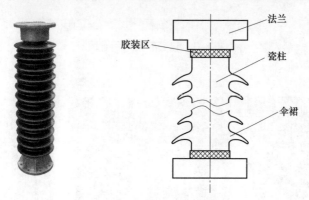

图 8-1　瓷支柱绝缘子的结构形式

连接用法兰一般采用机械强度高的球墨铸铁或低碳钢、铝及其合金等制成，表面一般镀锌。胶装区主要是将瓷柱和连接法兰采用胶装水泥、胶合剂、缓冲剂等胶合在一起的结构，外观结构如图 8-2 所示。为了增强胶合强度，早期，瓷件表面采用辊花结构，现采用喷砂工艺，在瓷两端喷上较细沙砾，以增加铁瓷结合面的接触面积。根据瓷支柱绝缘子顶部和底部的形状，结合超声波检测的特点，把瓷支柱绝缘子的结构形式大致分为平直型、小角度型、大角度型，目前在役的大多为平直型，约占 60% 以上。

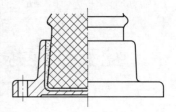

图 8-2　瓷支柱绝缘子胶装区外观结构

二、瓷套的基本结构

瓷套瓷套的结构和瓷支柱绝缘子比较类似，也是由法兰、胶装线、瓷套和伞裙组成，瓷件与上、下金属附件用水泥胶合剂胶装而成，瓷件表面上棕釉，瓷套的结构示意图如图 8-3 所示。和瓷支柱绝缘子相比，其区别主要在于两点，一是瓷支柱绝缘子一般为实心结构；而瓷套为空心结构；二是瓷套外径一般比瓷支柱绝缘子大。瓷套胶装部位喷砂结构如图 8-4 所示。

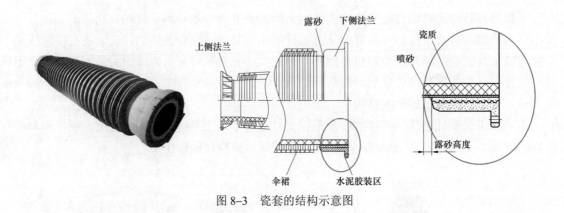

图 8-3　瓷套的结构示意图

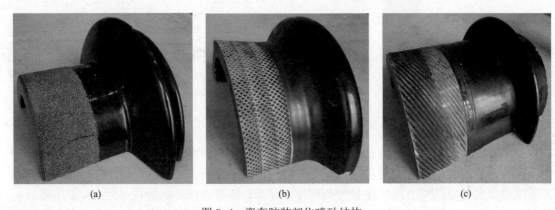

图 8-4　瓷套胶装部位喷砂结构

（a）瓷套喷砂结构；（b）瓷套辊花结构（1菱形槽）；（c）瓷套辊花结构（斜槽）

第二节 在役瓷支柱绝缘内部缺陷超声检测

安装及在役阶段瓷支柱绝缘子及瓷套瓷件内部缺陷主要有两类,分别是制造阶段遗留缺陷以及运行过程中出现的"新生"缺陷。对于这些内部缺陷,目前得到广泛认可的主要是小角度纵波检测法。

一、小角度纵波检测法检测原理

当超声纵波以很小的斜入射角从第一介质入射到第二介质(被检工件)界面时,在第二介质中产生折射纵波,在实际应用中,一般将其折射角 β 控制在 20° 以内,入射角很小的探头被称之为小角度纵波斜入射探头,又称小角度纵波探头。使用小角度纵波探头进行检测的方法也就称小角度纵波检测法。在无损检测领域,如螺栓裂纹的检测就常用小角度纵波法。在瓷支柱绝缘子超声检测中,小角度纵波检测法主要针对绝缘子内部缺陷以及对对侧裂纹类缺陷进行辅助性验证检测。用于安装及在役阶段瓷支柱绝缘子内部缺陷检测时,小角度纵波法检测内部缺陷基本原理图如图 8-5 所示。

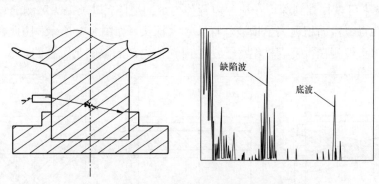

图 8-5 小角度纵波法检测内部缺陷基本原理图

二、小角度纵波检测内部缺陷的特点

直探头纵波检测是瓷支柱绝缘子及瓷套制造厂家对胶装前的瓷体进行检测的一种方法。采用直探头在瓷体的两个端面进行纵波轴向探测,此种方法对平行于绝缘子两个端面的缺陷敏感、检出率高,对与端面垂直方向的缺陷检出率较低,而对有一定角度的面积型小缺陷也不敏感。

由于在役瓷支柱绝缘子的瓷体端头胶装有法兰,端面已不具备探测面,所以直探头纵波检测仅能从瓷体的轴表面进行径向检测,能发现法兰外到伞裙之间的瓷体内部缺陷。而对于法兰口以内整个胶装区域(在役瓷支柱绝缘子重点检测部位)瓷体内部的缺陷,直探头扫查不到,如图 8-6 所示。所以,目前直探头纵波检测法一般不用于安装及在役阶段瓷支柱绝缘子的检测。

斜探头横波检测法因其指向性好,分辨率高,灵敏度更强等优点,常用于检测与检测面成一定角度的缺陷。根据超声波原理,横波检测法可以检测瓷支柱绝缘子的内部缺陷,但由于瓷支柱绝缘子法兰与伞裙之间的间距很小,一般仅为 20~40mm,探头可移动的范围很窄,而横波的折射角又大,理论计算表明,采用横波探头基本上无法扫查到法兰附近瓷体的整个内部区域。对于某些型号有一定锥度的瓷支柱绝缘子,由于超声波主波束方向的改变,而更加难以检测，如图 8-6 所示。因此，斜探头横波检测法对安装及在役阶段瓷支柱绝缘子的检测应用范围极小。

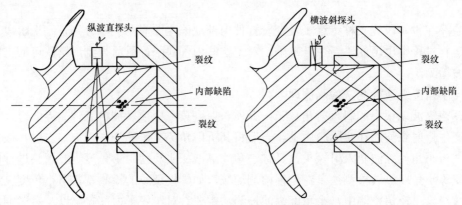

图 8-6　直探头纵波检测及横波斜探头检测范围

由于小角度纵波在瓷支柱绝缘子中的折射角很小，探头置于法兰外与第一伞裙之间的探测面上，超声波束可以扫查到深埋在法兰内瓷体内部的缺陷，以及探头对侧的瓷体表面缺陷，对危险区域的扫查覆盖面积远大于横波斜探头和直探头，如图 8-7 所示。因此，从理论上讲，用小角度纵波探头检测在役瓷支柱绝缘子法兰内瓷体内部的缺陷是可行的。

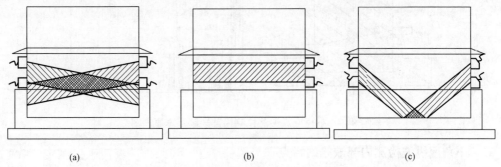

图 8-7　三种探头的扫查范围示意图（阴影部位表示扫查范围）
(a) 小角度纵波探头；(b) 直探头；(c) 斜探头

三、小角度纵波检测法用探头关键参数

适用的超声波探头是任何检测方法实施的前提。对于瓷支柱绝缘子小角度纵波检测法检测而言，探头的入射角、频率以及晶片尺寸是其关键参数。

1. 探头入射角

小角度纵波探头的入射角是设计探头的关键参数，在极限（探头几乎不能移动）的情况下，决定折射纵波主声束能否最大限度地覆盖法兰口内 30mm（重点检测区域）范围瓷体内部的缺陷。

由于小角度纵波探头是纵波斜探头，为推导出不同纵波折射角所对应的主声束有效覆盖范围，引入了虚构波源，即假设在第一介质中有一个与第二介质同轴的纵波波源，如图 8-8（a）所示，把轴线为 O_1-O 实际声源转换成与瓷绝缘子中折射纵波轴线重合的虚构声源（声束轴线为 O_2-O）。若实际声源的晶片尺寸为 $A\times B$，则虚构源的晶片尺寸为 $A\times B_2\left(B_2=B\dfrac{\cos\beta}{\cos\alpha}\right)$。

则在 XYZ 平面内，如图 8–8（b）所示，任意一点 Q 的声压分布为

$$p(\gamma,\theta,\psi)=\frac{KAB\cos\beta}{4\lambda\gamma\cos\alpha}\square\frac{\sin\left(\dfrac{\omega}{2c_1}A\eta\right)}{\dfrac{\omega}{2c_1}A\eta}\square\frac{\sin\left(\dfrac{\omega}{2c_1}B\gamma\right)}{\dfrac{\omega}{2c_1}B\gamma}\tag{8–1}$$

$$\eta=\frac{c_1}{c}\sin\theta\sin\psi$$

$$\gamma=\frac{c_1}{c}\sin\theta\cos\psi\cos\alpha-\sin\alpha\sqrt{1-\left(\frac{c_1}{c}\right)^2\sin^2\theta}$$

式中　c_1——斜楔中的纵波声速；

　　　c——瓷体中的纵波声速；

　　　λ_1——斜楔中的波长；

　　　λ——瓷体中纵波波长；

　　　K——系数，与透射率有关；

　　　ω——角频率，等于 $2\pi f$。

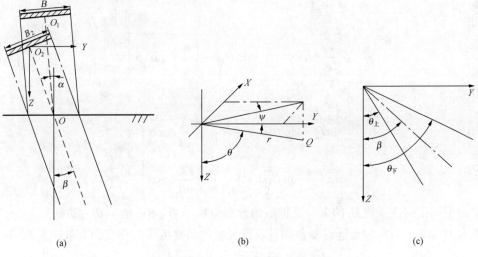

图 8–8　小角度纵波声场及相关参数

（a）声源及坐标系的变换；（b）在 $(x,\ y,\ z)$ 坐标系中的 r, θ, ψ；（c）YZ 平面内的声束扩散角

在声速不对称的平面（YZ 平面）内，$\psi=0$

$$D_c=\frac{p(\gamma,\theta,0)}{p(\gamma,\beta,0)}=\frac{\dfrac{\sin\left(\dfrac{\omega}{2c_1}B\gamma_\theta\right)}{\dfrac{\omega}{2c_1}B\gamma_\theta}}{\dfrac{\sin\left(\dfrac{\omega}{2c_1}B\gamma_\beta\right)}{\dfrac{\omega}{2c_1}B\gamma_\beta}}\tag{8–2}$$

指向性系数

$$\gamma_\beta = \frac{c_1}{c}\sin\beta\cos\alpha - \sin\alpha\sqrt{1-\left(\frac{c_1}{c}\right)^2\sin^2\beta} = 0$$

声速轴线上 $\psi=0$，$\theta=\beta$，那么

$$\lim_{\gamma_\beta \to 0}\frac{\sin\left(\dfrac{\omega}{2c_1}B\gamma_\beta\right)}{\dfrac{\omega}{2c_1}B\gamma_\beta}=1$$

所以

$$D_c = \frac{\sin\left(\dfrac{\omega}{2c_1}B\gamma_\beta\right)}{\dfrac{\omega}{2c_1}B\gamma_\beta}\tag{8-3}$$

令 $\dfrac{\omega}{2c_1}B\gamma_\theta = t$，则 $D_c = \dfrac{\sin(t)}{t}$

所以

$$\frac{\pi f}{c_1}B\left[\frac{c_1}{c}\sin\theta\cos\alpha - \sin\alpha\sqrt{1-\left(\frac{c_1}{c}\right)^2\sin^2\theta}\right]=t\tag{8-4}$$

解得

$$\left.\begin{aligned}\sin\theta_1 &= \sin\beta\sqrt{1-\left(\frac{t\lambda_1}{\pi B}\right)^2}-\frac{t\lambda}{\pi B}\cos\alpha\\ \sin\theta_2 &= \sin\beta\sqrt{1-\left(\frac{t\lambda_1}{\pi B}\right)^2}+\frac{t\lambda}{\pi B}\cos\alpha\end{aligned}\right\}\tag{8-5}$$

对应不同指向性系数 D_c 的上、下扩散角分别为 $\theta_\text{上}=\beta-\theta_1$；$\theta_\text{下}=\theta_2-\beta$。

选取 $D_c\geqslant0.5$ 为主波束能够覆盖到且反应灵敏的角度范围，称其为有效覆盖范围。那么 $\dfrac{\sin t}{t}=0.5$，即可令 $f(t)=\sin(t)-0.5t$，根据 Newton 迭代法

$$t_{k+1}=t_k-\frac{f(t_k)}{f'(t_k)}\ (k=0,1,2,\cdots)\tag{8-6}$$

多次迭代后得到 $t=1.895\,494\,267$。

首先求解纵波折射角分别为 8°、9°、10°、11°、12° 所对应的入射角，见表 8-1。取绝缘子瓷体中的纵波声速 c_1 为 5740m/s，有机玻璃中声速 c_1 为 2730m/s。

表 8-1　　　　　　　　　　　不同纵波折射角对应斜楔中的纵波入射角

纵波折射角β	8°	9°	10°	11°	12°
纵波入射角α	3.80°	4.27°	4.74°	5.21°	5.67°

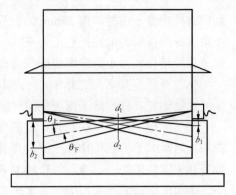

将 t 值代入式（8-5），可算出指向性系数 $D_c=0.5$ 时的上、下两个扩散角。折射角在 $8°\sim12°$ 范围内，若探头频率为 5MHz，所对应的上、下扩散角都在 $5°$ 左右；若频率为 2.5MHz，所对应的上、下扩散角都在 $10°$ 左右。

探头的有效覆盖范围如图 8-9 所示，图中 b_1 表示上扩散角边缘在法兰内的深度，b_2 表示下扩散角边缘在法兰内的深度，d_1 表示绝缘子中心处上扩散角边缘在法兰内的深度，d_2 表示绝缘子中心处下扩散角边缘在法兰内的深度，l_0 表示探头前沿距离。

图 8-9　小角度纵波检测有效覆盖范围

可根据图 8-9 所示的几何关系，推导出 b_1、b_2、d_1、d_2 的计算公式

$$b_1 = D \times \tan(\beta - \theta_上) - l_0 \tag{8-7}$$

$$b_2 = D \times \tan(\beta + \theta_下) - l_0 \tag{8-8}$$

$$d_1 = \frac{D}{2} \times \tan(\beta - \theta_上) - l_0 \tag{8-9}$$

$$d_2 = \frac{D}{2} \times \tan(\beta + \theta_下) - l_0 \tag{8-10}$$

在 220kV 的瓷支柱绝缘子中，绝缘子直径以 140mm 和 160mm 居多，分别用 140mm 和 160mm 代入式（8-7）～式（8-10），可求出小角度纵波探头的折射角为 $8°\sim12°$ 时，频率分别为 5MHz、2.5MHz 所对应的有效覆盖范围（探头前沿 $l_0=5$mm），见表 8-2 和表 8-3。

表 8-2　　　　　　　　　　在 $\phi140$ 绝缘子上不同折射角主声束的有效覆盖范围

频率	8°		9°		10°		11°		12°	
	$b_1\sim b_2$	$d_1\sim d_2$	$b_1\sim b_2$	$d_1\sim d_2$	$b_1\sim b_2$	$d_1\sim d_2$	$b_1\sim b_2$	$d_1\sim d_2$	$b_1\sim b_2$	$d_1\sim d_2$
5	2.4~27.4	−1.3~11.2	4.8~30.0	−0.1~12.5	7.3~32.7	1.1~13.8	9.7~35.3	2.4~15.2	12.1~38.0	3.6~16.5
2.5	−9.8~40.9	−7.4~18.0	−7.4~43.7	−6.2~19.4	−4.9~46.7	−5.0~20.8	−2.5~49.5	−3.8~22.2	−0.1~52.4	−2.6~23.7

注　表中数值表示法兰口内距离，负号表示在法兰口外距离。

表 8-3　　　　　　　　　　在 $\phi160$ 绝缘子上不同折射角主声束的有效覆盖范围

频率	8°		9°		10°		11°		12°	
	$b_1\sim b_2$	$d_1\sim d_2$	$b_1\sim b_2$	$d_1\sim d_2$	$b_1\sim b_2$	$d_1\sim d_2$	$b_1\sim b_2$	$d_1\sim d_2$	$b_1\sim b_2$	$d_1\sim d_2$
5	3.4~31.9	−0.8~13.5	6.2~34.9	0.6~14.9	9~37.9	2~16.4	11.8~40.9	3.4~17.9	14.6~43.9	4.8~19.5
2.5	−10.6~47	−7.8~21.0	−7.8~50.1	−6.4~22.5	−5~53.2	−5.0~24.1	−2.2~56.4	−3.6~25.7	−0.6~59.6	−2.2~27.3

注　表中数值表示法兰口内距离，负号表示在法兰口外距离。

由表 8-2、表 8-3 可以看出，在极端（探头几乎不能移动）的情况下，要使探头能覆盖

到瓷支柱绝缘子法兰口内 30mm 的危险区域，当采用探头频率为 5MHz、瓷体直径为 $\phi140$ 时，小角度纵波探头的最佳折射角为 9°；当瓷体直径为 $\phi160$ 时，最佳折射角为 8°。由此可见，瓷体直径越粗大，小角度纵波探头的最佳折射角越小。

当选择探头频率为 2.5MHz 时，由表 7–2、表 7–3 可以看出，理论上折射角 8°～12° 基本能覆盖到瓷支柱绝缘子内最危险的区域。

在实际检测时，探头都有一定的移动范围（20～40mm），可选用折射角略大于计算值的探头，这样 b_1、d_1 范围由探头移动来补偿，而 b_2、d_2 范围增大，同时可以提高检测探头对称侧瓷体表面缺陷的分辨率，综合检测效果更好。经试验表明，在探头可移动范围较大的情况下，小角度纵波斜探头折射角最大可选择 18° 左右。

2. 频率

超声波检测频率对声束的扩散和覆盖区域都有一定影响，此外，频率的大小还对缺陷的检出灵敏度、波在介质中的衰减有很大影响，是探头设计中一个很重要的参数。据有关文献报道，玻璃和陶瓷常用检测频率为 2.25～10MHz。利用超声脉冲反射法检测，理论上检测灵敏度为波长的 1/2，即发现最小缺陷的尺寸取决于波长，检测频率越高，波长越短，能发现更小尺寸缺陷。

检测频率高，衰减严重程度增加，尤其散射衰减增加，会影响信噪比，大量的杂波会淹没小缺陷信号回波。所以，频率也不能选择过高，常用的探头频率为 2.5～5MHz。在实际应用中，直径小于 $\phi200$ 的瓷支柱绝缘子，选用 5MHz 为宜，直径大于 $\phi200$ 及以上的瓷支柱绝缘子可选择 2.5MHz 频率的探头。

3. 晶片尺寸

小角度纵波斜探头晶片尺寸大小对检测灵敏度具有一定的影响，晶片尺寸大，声束半扩散角小，指向性好，超声波能量集中，有利于发现缺陷及对缺陷的准确定位。然而，如前所述，由于瓷支柱绝缘子铸铁法兰和最近伞裙之间的间距较小，要保证能检测到全部被检区域，探头需要一定的移动范围，因此，实际上探头的晶片不可选择太大。同时，考虑到瓷支柱绝缘子工件曲面对超声波耦合的影响，也应选用较小的晶片尺寸。一般来说，选用晶片尺寸为 8mm×10mm 左右的探头基本能满足检测的要求。如果探头移动范围许可，从提高检测缺陷能力考虑，也可适当选择较大晶片的探头。

四、确定小角度纵波探伤灵敏度的方法

纵波检测时一般采用横通孔、平底孔或被检工件自身结构作为检测标准缺陷。对于绝缘子超声波检测，目前主要采用两种标准缺陷，分别是横通孔和绝缘子对侧底面。

1. 采用工件底波调节灵敏度

目前，采用瓷支柱绝缘子及瓷套底波调节小角度纵波检测灵敏度的方法以 Q/GDW 407—2010《高压瓷支柱绝缘子现场检测导则》为代表。基本方法是直接将绝缘子底波或与试品声学性能相同的试块底波调整到满幅的 80% 作为检测灵敏度。而试块声程与试品不同时按式（8–11）计算

$$\Delta S = 40\lg\frac{S_A}{X_P} \tag{8–11}$$

式中　ΔS ——补偿由于声程不同而引起的缺陷波变化所需的增益或衰减值，dB；

S_A——试品的最大声程，mm；

S_P——试块最大声程，mm。

2. 采用横通孔调节灵敏度

目前，采用横通孔调节小角度纵波检测的灵敏度以 DL/T 303—2014 为代表。基本方法是找出试块上深 40mm、$\phi 1$ 横通孔最大反射波，调整到 80% 满屏高度，此灵敏度相当于外径 40mm 瓷支柱绝缘子的检测灵敏度。由于试块材质、直径和实际绝缘子有可能存在差异，因此，需进行一定的灵敏度补偿。

为确定铝、瓷以及不同声程横孔之间灵敏度差异，设计了图 8–10 和图 8–11 所示瓷试块和铝试块，并进行了相关试验。试块实物如图 8–12 所示。

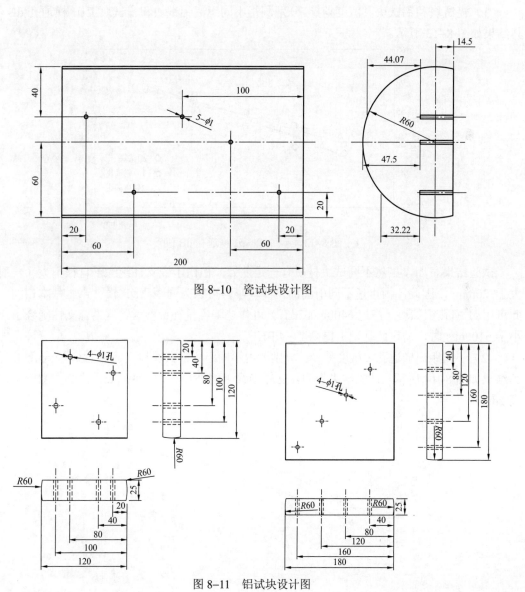

图 8–10 瓷试块设计图

图 8–11 铝试块设计图

图 8–12　试块实物

（1）瓷试块和铝试块灵敏度差异。分别测得不同距离铝试块和瓷试块上 ϕ1 横通孔 dB 值，其结果如图 8–13 所示。

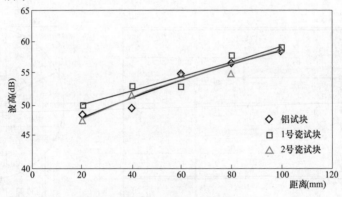

图 8–13　不同材料 ϕ1 横通孔 dB 值

试验结果表明，虽然不同试块材质有一定差异，但由于瓷支柱绝缘子直径不大（一般不大于 20mm），因此，由声速不同引起的差异较小，可认为同距离 ϕ1 横孔声压基本相同。因此可用 ϕ1 横孔铝试块（声速 6400m/s 左右）可作缺陷当量评价参考。但当瓷支柱绝缘子声速小于 6100m/s 时，需在此基础上提高 2～4dB。

（2）不同距离横通孔灵敏度差异。分别测得不同距离铝试块和瓷试块上 ϕ1 横通孔 dB 值，其结果如图 8–14 所示。试验结果表明，支柱绝缘子的外径每增大 10mm，检测灵敏度增益提高 2dB。

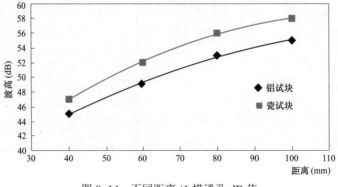

图 8–14　不同距离 ϕ1 横通孔 dB 值

第三节 瓷支柱绝缘子及瓷套表面裂纹的检测

支柱绝缘子及瓷套法兰与瓷交界附近的内外壁裂纹是最主要且危害性极大的缺陷。对于该位置缺陷的检测，目前主要采用爬波法（瓷支柱绝缘子和瓷套外壁裂纹）或爬波+双晶横波法（瓷套内壁裂纹或内部缺陷）进行检测，在某些场合，还采用小角度纵波法进行辅助检验。

一、爬波检测法原理

爬波是一种试件表面以下的含有多种成分的波，其大部分能量主要集中于界面下某一范围内，对近表面约 9mm 深范围内缺陷有较高的灵敏度。由于爬波在试件内传播时，试件内质点做相切运动，对表面状况不敏感，因此，用于瓷支柱绝缘子法兰胶装处裂纹检测时，不受该处瓷砂、胶装水泥等表面粗糙物的影响。

瓷支柱绝缘子和瓷套超声爬波检测主要采用一发一收方式实施检测。其将探头置于表面比较光滑的支柱绝缘子和瓷套法兰口附近的颈部位置，对准胶装法兰，当探头前方存在裂纹时，在超声仪屏幕的对应位置上就会存在裂纹反射回波。其主要原理如图 8-15 所示。

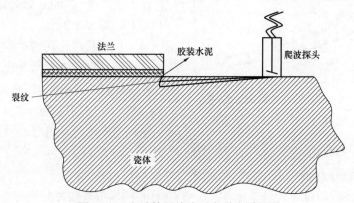

图 8-15 爬波检测绝缘子内裂纹原理图

二、影响爬波探伤灵敏度的因素

超声波检测过程中，回波高度是判断回波信号是否是缺陷以及缺陷定量的重要依据。瓷支柱绝缘子超声爬波检测过程中，影响回波高度的因素较多，主要有绝缘子材料性能（可用声速间接反映）、缺陷大小、缺陷所在位置、缺陷大小、探头曲率、表面涂层状况等。

1. 支柱绝缘子及瓷套材质对爬波的影响

作为瓷支柱绝缘子的最主要的材料，陶瓷主要由黏土（由硅酸盐岩经风化而形成的天然土状矿物）、石英（一种结晶状的 SiO_2 矿物）、长石（瘠性原料）和其他一些原料（铝、碳酸盐等）混合配置，经过加工成一定形状（高压成型），在较高温度下烧结而成的无机绝缘材料（陶瓷），表面覆盖一层玻璃质的平滑薄层釉。复杂的原材料和加工工艺，使得陶瓷微观结构比较复杂，且和原材料种类、烧结条件等息息相关，造成不同厂家、制造工艺、不同批次支柱绝缘子其材料特性差别较大。根据国内外学者研究表明，超声波声速在一定程度上能够表征陶瓷材料的材料特性。因此，选取相同直径、不同材质瓷支柱绝缘子，在其上加工 1mm 深模拟裂纹进行声速和波高测试，测试结果如图 8-16 所示。

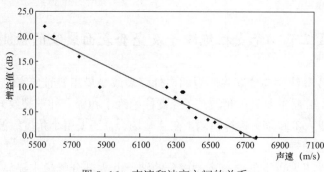

图 8-16　声速和波高之间的关系

从图 8-16 中可以发现，随着超声波声速的增加，相同大小缺陷反射波幅逐渐升高，其变化规律大致为声速变化 100m/s 时，探伤灵敏度增益 2dB。

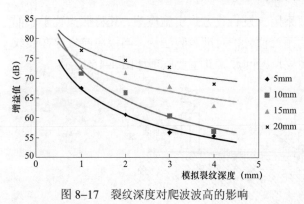

图 8-17　裂纹深度对爬波波高的影响

2. 裂纹深度对爬波的影响

采用在支柱绝缘子和瓷套试块上加工 1、2、3、4mm 的模拟裂纹，分别在距离模拟裂纹 5～20mm 处依此进行试验，试验结果如图 8-17 所示。

可以看出，随着裂纹深度的增加，爬波回波高度也逐渐增加。但由于爬波一般在表面以下 9mm 范围内进行传播，因此，当缺陷深度超过 9mm 时，波高基本不变。这也是瓷支柱绝缘子检测时，采用波高方式对裂纹深度进行判断的原因。

3. 裂纹距离探头位置的影响

采用加工的支柱绝缘子瓷试块上 1、2、3、4mm 的模拟裂纹，分别在距离模拟裂纹 5～50mm 处依此进行试验，试验结果如图 8-18 所示。

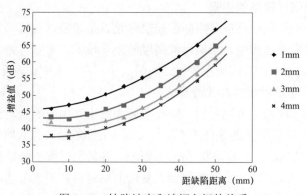

图 8-18　缺陷波高和波幅之间的关系

从图 8-18 中可以看出，随着缺陷和探头之间距离的增大，波高越来越低（增益值越来越大）。爬波在沿表面下传播过程中，不断产生横波，导致传播过程中不断衰减，这也是波幅不断下降的原因。由于能量衰减极快，超过 50mm 以后，波高和噪声基本一致，信噪比极差。

因此，采用爬波对瓷支柱绝缘子法兰口附近裂纹进行检测时，必须制作 DAC 曲线的原因，且 DAC 一般制作至 50mm 即可。

4. 探头曲率对检测灵敏度的影响

瓷支柱绝缘子及瓷套圆柱体曲率较大。爬波探头实施检测时，探头前端圆弧面如不能和绝缘子很好耦合，如图 8-19 所示，左侧探头仅中间部位接触瓷柱外圆，探头两侧未与瓷柱接触部分占发射晶片约 50%导致严重声能损失，使得检测时采用的检测灵敏度必然降低。右侧探头弧面基本吻合在瓷柱

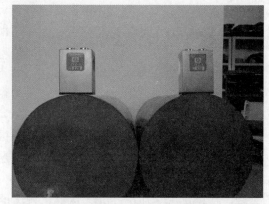

图 8-19 不同直径探头在 120mm 直径瓷柱上耦合情况

表面，声能全部进入瓷套，保证了正确的检测灵敏度。由于瓷支柱绝缘子及瓷套直径范围较大，因此，了解探头曲率对检测灵敏度的影响，选择适当曲率的探头和被检支柱绝缘子及瓷套进行匹配是很有必要的。

采用 10mm×12mm×2 的不同曲率爬波探头，在规格 $\phi120$ 的瓷试块上测量距探头 20mm处 1mm 深模拟裂纹 80%波高，所得结果见表 8-4。

表 8-4   不同曲率探头反射波高

探头弧面直径（mm）	120	140	160	180	200
波高增益值（dB）	63	65	67	68	69

直径大的探头探测直径小一挡的试件（一挡为 20mm）时，声损失约为 2dB，因此，支柱绝缘子进行检测时，不同规格弧面探头移动时要求保持与检测面的良好吻合，应选用与试件曲面相匹配的探头。一般可在瓷支柱绝缘子直径变化 20mm 范围内选用一种规格弧度的探头，但仅允许曲率半径大的探头探测曲面半径小一挡的试件（一挡 20mm 范围内）。

5. RTV 涂层对爬波的影响

目前，许多在役瓷支柱绝缘子及瓷套表面喷涂有 RTV 涂料，如图 8-20 所示。一般而言，RTV 涂料厚度不一。由于该涂层的存在，必然降低了检测灵敏度，因此，在实施检测时必须提高一定的检测灵敏度。

图 8-20 喷涂有 RTV 涂料的套管

图 8-21 不同涂料厚度喷涂试验

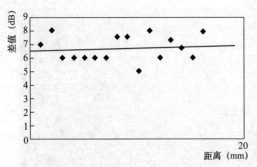

图 8-22　RTV 涂层对灵敏度的影响

根据超声基础理论，超声波倾斜入射穿透异质薄层时，其声压往复透射率变化较为复杂（具体见本书第二章），而且 RTV 涂层、绝缘子或瓷套本身的声学性能均有一定的差异，使得通过计算得到统一的规律较难。通过试验（如图 8-21 所示）测量不同瓷质、不同 RTV 配方、不同厚度、不同曲率探头、不同深度刻槽条件下，涂覆 RTV 涂层前后之间的波高差值，如图 8-22 所示。

从图 8-22 中可以看出，RTV 层会引起超声波的衰减，且衰减幅度为 6～8dB。因此，在满足基本检测要求的前提下，对喷涂有 RTV 涂层的瓷支柱绝缘子和瓷套进行超声检测时，应在原有灵敏度的基础上补偿 6～8dB。

因此，对瓷支柱绝缘子及瓷套法兰口附近裂纹进行爬波检测时，必须充分考虑绝缘子声速、探头曲率、RTV 涂层等影响检测的因素，才能确保准确检测灵敏度。

三、瓷套内部及内壁缺陷的双晶横波检测

利用横波对瓷套探伤的方法，称为横波探伤法。瓷套内部及瓷套内壁缺陷的检测采用双晶横波探头检测。横波的产生是利用透声锲，使纵波倾斜入射至界面，在被检材料中产生折射横波，利用这种方法在被检材料中获得单一横波，因此纵波的入射角必须在第一临界角与第二临界角之间，而瓷套的特点是壁薄，且多粗晶，因此需要声程尽量短，实用的折射角为 36°～38°，即折射角的正切值 $K=0.75$。

瓷套壁厚一般为 20～60mm，属于薄壁结构。采用单晶横波探头会因始脉冲占宽导致回波信号距杂波较近，影响对瓷套近场区内部缺陷的观察，易误判，因此必须采用双晶横波探头。

该方法的特点是在一个探头中采用两个晶片，一个用于发射超声波，另一个用于接收。两晶片对称地粘贴在透声锲的两个斜面上，放置晶片的斜面除具有普通斜探头的入射角 α 外，还对称的有一倾角 θ。入射角 α 由所需折射角 β 决定，倾角 θ 视瓷套的厚度和折射角 β 而定，一般为 4°～5°。

由于采用了双晶片一收一发工作模式，消除了有机玻璃/瓷界面的反射杂波，且始脉冲不能进入接收放大器，克服了阻塞现象，使检测盲区大为减小，这对于检测瓷套这样的空心薄壁试件，为用直射波检测内部和内壁缺陷创造了有利条件。由于双晶片声场相交形成一个棱形区，避免了瓷套内壁弧面声场的发散，从而保证具有足够的检测灵敏度。双晶横波检测瓷套内壁缺陷原理图如图 8-23 所示。

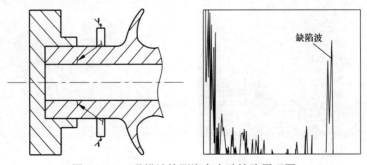

图 8-23　双晶横波检测瓷套内壁缺陷原理图

第四节 瓷支柱绝缘子及瓷套超声波检测工艺

一、检测前准备

1. 一般要求

检测前应充分了解设备的有关状况，如设备的运行情况、瓷支柱绝缘子及瓷套的外形尺寸、结构形式；查阅制造厂出厂和安装时有关质量资料；查看被检瓷支柱绝缘子及瓷套上的产品标识和表面状况等。

2. 检测区域的确定

如前所述，瓷支柱绝缘子及瓷套受其结构及在运行中的受力状况等因素影响，主要检测区域是上、下瓷件端头与法兰胶装整个区域，重点是法兰口内外 5mm 与瓷体相交的区域，如图 8-24 所示。

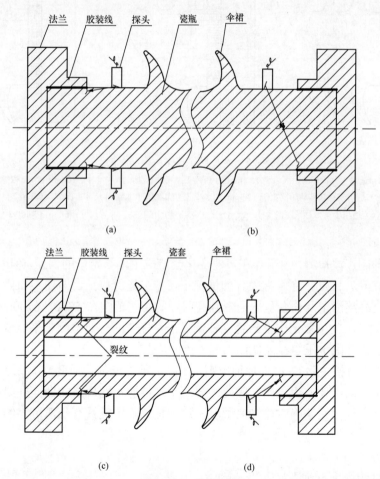

图 8-24 检测区域

（a）爬波探头检测支柱瓷绝缘子表面缺陷；（b）纵波斜入射探头检测支柱瓷绝缘子内部及对称外表面缺陷；

（c）爬波探头检测瓷套表面缺陷；（d）双晶横波斜探头检测瓷套内部及内壁缺陷

169

3. 探头（曲面）的选定

由于在役瓷支柱绝缘子及瓷套直径范围大，要做到使探头曲面与瓷支柱绝缘子及瓷套直径完全吻合，有一定难度且实际意义不大。试验表明（见本章第二节），一般可在瓷支柱绝缘子及瓷套直径变化 20mm 范围内选用一种规格弧度的探头，但仅允许曲率半径大的探头可以探测曲率半径小一挡的瓷件（一挡为 20mm），外径大于 600mm 的瓷套可采用平面探头。

4. 爬波探头的晶片尺寸与探头移动距离的关系

瓷支柱绝缘子及瓷套探伤特点是可供放置探头进行移动的位置狭窄，去除探头无法放置的上砂过渡区一般有效移动距离为 10～50mm 不等。实际检测时，应根据法兰与伞裙间可以有效搁置和移动探头的位置，选择探头晶片尺寸。图 8-25 为三种不同规格探头适用不同移动距离检测的范围。

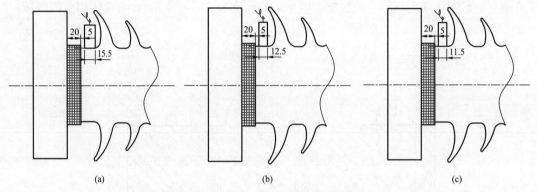

图 8-25　晶片尺寸和探头移动距离

（a）适用于有效移动距离大于 15.5mm 的 JYZ-1 型爬波探头，晶片尺寸：10mm×12mm×2；

（b）适用于有效移动距离大于 12.5mm 的 JYZ-2 型爬波探头，晶片尺寸：8mm×10mm×2；

（c）适用于有效移动距离大于 11.5mm 的 JYZ-3 型爬波探头，晶片尺寸：6mm×10mm×2

5. 声速测定

金属材料的超声波检测，由于存在声速变化会造成定位与定量的误差，但因其偏差较小，一般不大于 300m/s，因此，在掌握差异的情况下，容易进行修正，即便不作修正，影响也不会太大。而瓷支柱绝缘子及瓷套从普通瓷到高强瓷的声速范围在 5800～6700m/s 之间，差别约为 900m/s，如此大的偏差范围会给瓷支柱绝缘子及瓷套的有效检测带来显著影响。瓷支柱绝缘子及瓷套的声速因电压等级高低而不同（其实是强度的差别），强度的差别与瓷的配方成分及工艺、烧结有直接关系，由于种种原因，实际上难以控制其强度范围，这是造成瓷支柱绝缘子及瓷套断裂的主要原因之一，因此需要对不同批次不同规格的瓷支柱绝缘子及瓷套子进行声速的测定，根据声速确定检测灵敏度，这样使缺陷定量具有相对可靠的参考依据，以保证检测效果。

声速测定方法如下：

（1）瓷支柱绝缘子声速测定方法。

1）绝缘子直径测量。使用外卡钳（如图 8-26 所示）或游标卡尺（特制型号，卡尺卡钳部分需加长）测出瓷支柱绝缘子直径，至少每隔 90°测量一点，做好记录并将测量数据输入仪器。测量方法如图 8-27 所示。

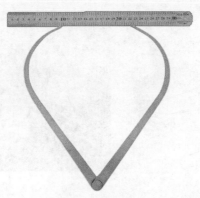

图 8-26　外卡钳

(a) (b)

图 8-27　测量支柱绝缘子外径

(a) 外卡钳测量绝缘子直径；(b) 游标卡尺测量绝缘子直径

2）声速计算。将 5MHzφ10 直探头置于外卡尺测点，找到一次底波，波高调整到大于 80% 满屏高度，并将其移动到闸门范围内，提高灵敏度再找出二次底波回波大于 80% 满屏高度，并将回波限制在闸门内，仪器将自动进行测试并显示出声速值。

（2）瓷套声速测定。

1）瓷套伞裙厚度测定。瓷套是空心结构全封闭结构，由于无法得知筒体壁厚，声速测定应选择在伞裙部位测定。分别可用游标卡尺或千分尺分别测量瓷套的伞裙厚度。具体方法如图 8-28 和图 8-29 所示。

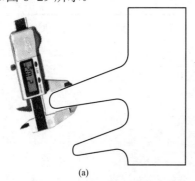

(a) (b)

图 8-28　无凸台伞裙可采用游标卡尺测量

(a) 示意图；(b) 测量示范

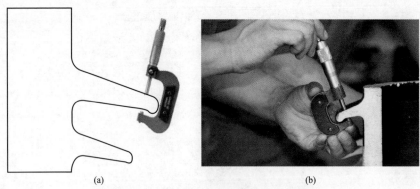

(a)   (b)

图 8-29　有凸台伞裙采用千分尺测量
（a）示意图；（b）测量示范

2）瓷套声速计算。采用 5MHzϕ8 直探头，测定被测点实际厚度，将厚度输入仪器，将无缺陷处第一和二次反射波调节到 80%屏高，并将回波限制在闸门内，仪器将自动进行测试并显示出声速值。支柱绝缘子亦可采用上述方法测试，但测量误差大于采用卡尺或卡钳的方法。

二、小角度纵波检测

1. 探头入射点的测定

如图 8-30 所示，将探头楔块的圆弧面置于校准试块相同弧面的棱角上，前后移动探头，棱角反射波最高时，试块棱角处对应的点为探头入射点，这种方法称为棱角反射法。

2. 探头折射角的测定

斜探头 K 值是指被检工件中折射角 β 的正切值（$K=\tan\beta$），采用校准试块测定。找出试块上深 20mm、ϕ1 横通孔最大反射波，调整到 80%满屏高度，如图 8-31 所示，并测出探头前沿至试块端面的距离 l。

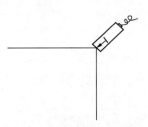

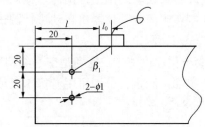

图 8-30　探头入射点测定   图 8-31　探头折射角的测定

$$K = \tan\beta_1 = \frac{l + l_0 - 20}{20} \tag{8-12}$$

式中　K——正切值；

　　　β_1——折射角；

　　　l——探头前沿至试块端面的距离，mm；

　　　l_0——探头前沿距离，mm。

3. 扫描速度调整

根据被探支柱绝缘子的外径将扫描时基线按深度比例调整在合适的范围，例如，瓷支柱绝缘子外径为ϕ180（如图8–32所示），可以将深度调整为刻度 9，这样每一小格为20mm可以满足直径ϕ180内的瓷支柱绝缘子的检测，例如：支柱绝缘子外径大于200mm，则可将扫描深度调整为按深度范围每小格为 25mm，这样可以满足最大外径250mm的支柱绝缘子检测需要。

4. 检测灵敏度的确定

采用校准试块调整检测灵敏度。如将频率 5MHz、入射角 6° 的探头置于试块上，找出试块上深 40mm、ϕ1 横通孔最大反射波，调整到80%满屏高度，此灵敏度相当于

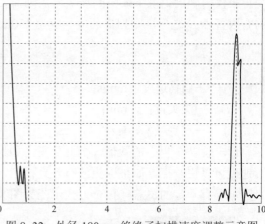

图8–32 外径180mm绝缘子扫描速度调整示意图

外径40mm瓷支柱绝缘子的检测灵敏度。试验结果表明（见本章第二节），支柱绝缘子的外径每增大10mm，检测灵敏度增益提高2dB，以此类推。当瓷支柱绝缘子声速小于6100m/s时，需再提高 2～4dB。调整范围如图 8–33 所示。

图8–33 小角度纵波检测JYZ–1试块ϕ1横通孔及调整示范

如瓷支柱绝缘子及瓷套受检部位涂有 RTV 防污闪涂料时应根据涂料新旧程度和厚度适当进行增益补偿，补偿量范围为在原检测灵敏度基础上再增益 6～8dB。

5. 扫查方式

检测时，探头在试件检测面上的移动叫做扫查。扫查方式将直接影响到检测结果的准确性。因此，在制定检测方案时，必须根据检测方法及检测的具体要求、工件的形状和表面状态等选择适宜的扫查方式。在选择扫查方式时，要严防漏检，保证声束能覆盖到工件的整个检测区域。另外，根据工件在生产和使用过程中可能出现的缺陷情况，扫查过程中尽可能使声束与缺陷垂直。

瓷支柱绝缘子及瓷套检测时，要严格控制探头的扫查速度。扫查速度是指探头在检测面上移动的速度。扫查速度应当适当，在目视观察时应能保证看到缺陷回波，扫查速度的上限与探头的有效声束宽度和重复频率有关。如果从发射脉冲发出到探头接收到缺陷回波的时间很短，这段时间内探头与时间相对运动的距离可以不计，设重复频率为f，那么，一次触发后扫描持续的时间为 1/f，若扫描重复n次才能使人看清楚荧光屏上显示的缺陷回波信号，或者

使记录仪明确的记录下缺陷回波信号，则需要的时间为$(1/f) \times n$，此期间内，缺陷应处在探头的有限直径 D 之下，则扫描速度 v 应为 150mm/s。

$$v = \frac{Df}{n}$$

式中　v——扫描速度，mm/s；

　　　D——探头直径，mm；

　　　f——重复频率，Hz。

n 一般取 3 以上的数值，由此可见，如果探头的有效直径大，仪器的重复频率高，则扫查速度可以快一点。如果探头的有效直径小，仪器的重复频率低，则扫查速度必须放慢。扫查区域要有一定的覆盖。扫查方式示范如图 8-34 所示。

图 8-34　扫查方式示范

6. 回波分析

如显示仅有孤立底波，无杂波，波形清晰，应判定无缺陷，如图 8-35 所示。

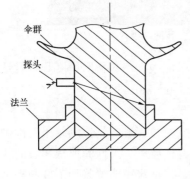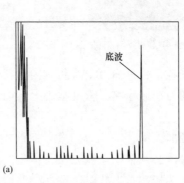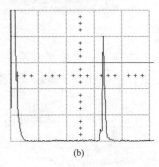

图 8-35　瓷支柱绝缘子内部无缺陷

（a）瓷支柱绝缘子检测及波形示意图；（b）实际波形图

如瓷支柱绝缘子内部晶粒粗大时，探头扫查时会出现草状反射波（在检测灵敏度下一般波高小于 30%屏高），探头稍作移动，反射波会立即下降或消失，此时应判定为晶粒反射波。

如瓷支柱绝缘子内部存在夹杂物、气孔及裂纹等缺陷，底波前会出现点状或丛状反射波，底波会被部分遮挡，导致底波不同程度的降低，此时应判定为缺陷波，如图 8-36 所示。

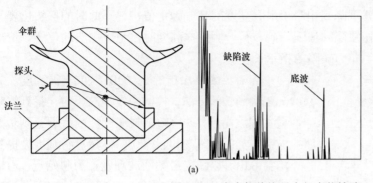

图 8-36　瓷支柱绝缘子内部点状缺陷

（a）瓷支柱绝缘子检测及波形示意图；（b）实际波形图

　　如瓷支柱绝缘子内部存在大面积夹杂物、裂纹等密集烧结缺陷时，底波将被全部遮挡，此时应判定为超标缺陷波，如图 8-37 所示。

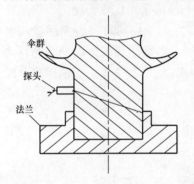 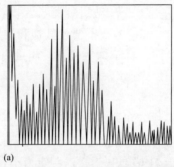 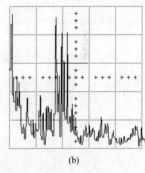

图 8-37　瓷支柱绝缘子内部密集缺陷

（a）瓷支柱绝缘子检测及波形示意图；（b）实际波形图

　　如在支柱绝缘子探测面的对应侧表面存在裂纹时，底波前会出现裂纹波，随着裂纹深度的增大，裂纹波与底波的间距增大，且底波会降低，如图 8-38 所示。

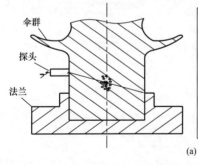 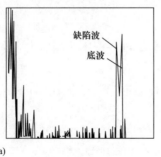 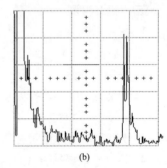

图 8-38　瓷支柱绝缘子对称面缺陷反射波

（a）瓷支柱绝缘子检测及波形示意图；（b）实际波形图

7. 缺陷指示长度的测定

缺陷长度的测定分为绝对灵敏度法和相对灵敏度法。

绝对灵敏度法是一种以缺陷最大回波高度为基准的测长方法。绝对灵敏度测长的方法是当发现缺陷回波时，找到回波下降到相对于最大高度的某一确定值，记下此时的探头位置。再沿着相反方向移动探头，使缺陷回波下降到与另一侧同样高度时，记下探头的位置。量出两个位置间探头移动的距离，即为缺陷的指示长度。

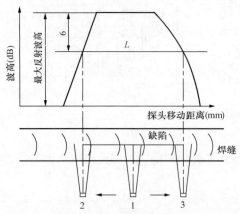

图 8-39　6dB 法测量缺陷长度

相对灵敏度法指的是 6dB 法或半波高度法。6dB 法测长的方法：检测中发现缺陷时，找到缺陷最大回波高度，并将缺陷最大回波高度调整到基准波高（如垂直满刻度的 80%），然后将基准波提高增益 6dB。以缺陷最大回波高度点为起始点，沿缺陷长度方向分别向两侧移动探头，当缺陷回波高度降至基准高度时，记录探头位置，测量出两侧探头中心位置之间的距离即为缺陷的指示长度，图 8-39 为 6dB 法的示意图。

在实际检测中，通常采用比较简便的半波高度法进行测长，操作方法是找到缺陷最大回波高度（不要使其饱和）后，沿缺陷长度方向向两侧移动探头，当缺陷回波高度降低一半时，标记探头位置，测量两侧探头中心位置之间的距离，即为缺陷的指示长度。

8. 小角度纵波检测结果评定

根据缺陷当量的大小、密集程度和缺陷的指示长度进行评定。

（1）凡判定为裂纹的缺陷波为不合格。

（2）单个缺陷波大于或等于 $\phi 1$ 横通孔当量，判定为不合格。

（3）单个缺陷波小于 $\phi 1$ 横通孔当量，且指示长度不小于 10mm，判定为不合格。

（4）单个缺陷波小于 $\phi 1$ 横通孔当量，呈现多个（不小于 3 个）反射波或林状反射波，判定为不合格。

（5）对称面缺陷应采用爬波验证，以爬波检测为主要依据进行判定。

三、爬波检测

1. 探头的选择

根据被检瓷支柱绝缘子及瓷套的规格按本章相应内容选择相应规格的爬波探头。

2. 探头的折射角

爬波探头一般不对折射角进行测定，计算缺陷的距离应以探头前端面为零点。

3. 扫描速度调整

爬波检测扫描速度可按水平定位法调整，将时基线最大量程调整为 60mm 即可。

4. 距离—波幅曲线（DAC 曲线）的绘制

爬波检测需要制作距离—波幅曲线，用于调整或校验检测灵敏度和缺陷的定量。

距离—波幅曲线（DAC 曲线）的绘制方法是：将探头置于校准试块上，找出距探头前端面 10mm、深度 5mm 的模拟裂纹，测得最强反射波，调到 80% 屏高，然后依次测出距离分别为 20、30、40、50mm 处模拟裂纹波高，在示波屏上绘制出一条距离—波幅曲线，图 8-40 为 DAC 曲线示意图。一般情况下，制作好的曲线不需要每次检测时重新制作，曲线制作后将储存在各自的通道里，但按规定应该每天使用前采用 JYZ 试块进行校核，以确保检测结果的准确性。对于部分超声检测仪在出厂时已按支柱绝缘子及瓷套的外径制作的距离—波幅曲线，也应在使用前进行校核。

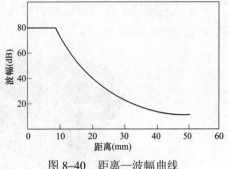

图 8-40　距离—波幅曲线

5. 扫查灵敏度调整

采用校准试块调整扫查灵敏度。将探头置于试块上，找出距探头前沿 10mm、深度为 5mm 模拟裂纹的最强反射波，调整到 80%屏高，作为基准灵敏度。再根据实测的声速确定扫查灵敏度，具体如下。

在基准灵敏度下，当声速为 6700m/s 时，增益为 0，此时，基准灵敏度就是扫查灵敏度，而每当声速下降 100m/s 时，应在基准灵敏度基础上提高增益 2dB 作为扫查灵敏度。

试验表明，上述检测灵敏度即为瓷支柱绝缘子或瓷套外壁 1mm 深度模拟裂纹的等效灵敏度。

如支柱绝缘子及瓷套受检部位涂有 RTV 防污闪涂料时应根据涂料厚度适当进行增益补偿，补偿量范围为在原检测灵敏度基础上再增益 6~8dB。

6. 扫查方式

由于爬波具有距离衰减快的特性，扫查时，爬波探头应尽可能向法兰侧前移，扫查速度不宜过快，移动时要始终保持探头与检测面的稳定接触，探头作周向 360°扫查。当遇到有怀疑的信号时，可在一定范围内作前后移动，观察波形变化。

7. 爬波回波分析

（1）非缺陷固有回波。按照声速范围正确调整检测灵敏度，爬波检测会仍然出现一些非缺陷固有回波，这些杂波呈现出起伏不定、参差不齐的杂乱反射波，多数杂波会超出 DAC 曲线，如图 8-41 所示。形成上述反射波形原因主要有以下几点：

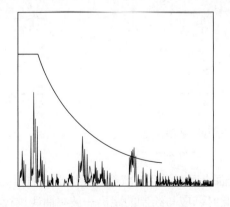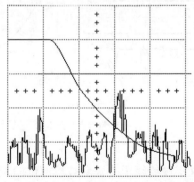

图 8-41　不同仪器检测中呈现的全声程范围杂乱反射波

1）瓷件在烧结时即形成的不均匀粗晶材料，原因与配方与烧结温度有关，瓷件内部粗大晶粒以及不规则的各向异性晶粒形成参差不齐的杂乱反射波。

2）支柱绝缘子及瓷套试件表面或外壁一些稍深的刻槽、刀痕、折痕、波纹等都会产生干扰信号，如图 8-42 所示。

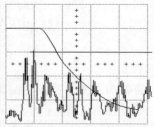

图 8-42　瓷套菱形槽（深度为 0.8~1mm）探头扫查时满屏的林状波

3）这类信号在荧屏上显示为林状波群，干扰判伤，极易误判，需注意识别。遇到这类情况首先应重新校核探伤灵敏度，如果检测灵敏度正确，即使林状回波普遍超出距离—波幅曲线，亦应判为合格。

（2）其他原因形成的非缺陷波。试件表面的耦合剂过多时，爬波在探头前端面的油滴也会产生反射信号，这种信号有可能超出 DAC 曲线，但在擦去表面油滴波幅会下降或消失，此时可用沾油的手指拍打探头前面的瓷表面相应部位观察波幅变化来进行判断。可以确认为油膜波。

（3）检测中还会出现因瓷表面的凹凸不平导致声束入射方向的改变而引起一些特殊的干扰回波，需要引起注意。应根据瓷件的表面变化情况判断，不应轻易判为缺陷。

（4）瓷支柱绝缘子或瓷套反射回波主要特征。

1）如瓷支柱绝缘子或瓷套的表面或近表面无缺陷时，示波屏显示基本无反射波，如图 8-43 所示。

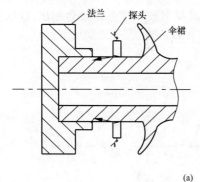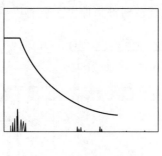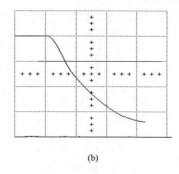

(a)　　　　　　　　　　　　　　　　　　　(b)

图 8-43　瓷套表面无缺陷检测
（a）示意图；（b）实际波形

2）如瓷支柱绝缘子或瓷套被检部位的表面或近表面存在气孔、烧结形成的凹坑、碰损或裂纹等缺陷时，会出现点状或丛状反射波，此时，应与绘制的距离—波幅曲线进行比较，波高超出曲线的应判定为缺陷波，如图 8-44 和图 8-45 所示。

3）如瓷支柱绝缘子或瓷套外壁存在裂纹时，裂纹波前基本无杂波，移动探头，距离裂纹越近，反射波高越强。

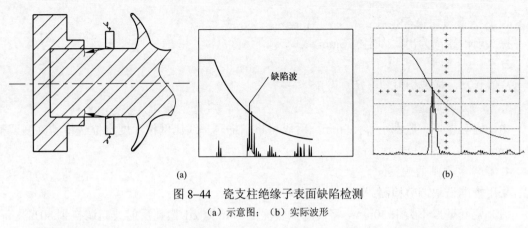

图 8-44　瓷支柱绝缘子表面缺陷检测
（a）示意图；（b）实际波形

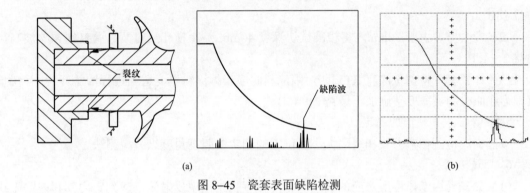

图 8-45　瓷套表面缺陷检测
（a）示意图；（b）实际波形

8. 缺陷的检测

（1）缺陷的定量测定。凡超过距离—波幅曲线高度的反射波均判定为缺陷波。缺陷最大反射波幅与距离—波幅曲线高度的差值，记为 DAC±（　）dB。低于距离—波幅曲线高度的反射波采用半波高度法（6dB 法）测定其指示长度。

（2）缺陷的位置测定。根据探头在探测面上的位置和最高反射波在示波屏上的水平位置来确定缺陷的周向和轴向位置，并做好记录。

9. 爬波检测结果评定

根据缺陷的性质、波幅的大小、指示长度进行评定。

（1）凡判定为裂纹的缺陷波为不合格。

（2）凡反射波幅超过距离—波幅曲线高度的缺陷波，判为不合格。

（3）反射波幅等于或低于距离—波幅曲线高度，且指示长度不小于 10mm，判为不合格。

四、双晶横波检测

瓷套内部和内壁缺陷的检测采用双晶横波斜探头，选择 $K0.75$、频率为 5MHz 的横波斜探头，晶片尺寸为 8mm×10mm×2（双晶），并将探头端面加工成弧面，以确保探头移动时良好吻合，根据在役瓷套直径变化范围，探头弧面规格分为 $\phi160$、$\phi180$、$\phi200$、$\phi220$ 和平面探头五种。

在役瓷套壁厚一般为 20～60mm，属于薄壁，横波声程短，声速影响小，故采用 JYZ–BXⅡ型，瓷套专用校准试块声速作为参考声速。

1. 探头前沿距离

探头前沿距离为出厂固定值 6mm。

2. 探头折射角

K 值 0.75，横波折射角（β_s）为 35°～37°。

3. 扫描速度调整

由于瓷套壁厚一般都小于 50mm，所以可将扫描时基线比例按深度定位法将满刻度调整为 60mm。

4. 检测灵敏度的确定

采用校准试块调整检测灵敏度，规定如下：

（1）瓷套壁厚不大于 30mm，将校准试块深度 20mm、$\phi1$ 横孔反射波高调整到 80%波高，增益 2dB。

（2）瓷套壁厚大于 30mm，将校准试块深度 40mm、$\phi1$ 横孔反射波高调整到 80%波高，增益 2～4dB。

（3）如瓷套受检部位涂有 RTV 防污闪涂料时应根据涂料厚度适当进行增益补偿，补偿量范围为在原检测灵敏度基础上再增益 2～4dB。

5. 扫查方式和缺陷的测定

双晶横波检测扫查方式和缺陷大小及位置的测定参照小角度纵波检测法。

6. 回波分析

（1）如瓷套内壁厚度所对应的显示屏刻度位置上未出现反射波，应判定内部和内壁无缺陷，如图 8-46 所示。

（2）如瓷套内部存在孔渣及裂纹等缺陷，瓷套内壁厚度所对应的显示屏刻度位置前会出现点状或丛状反射波，应判定内部有缺陷，如图 8-47 所示。

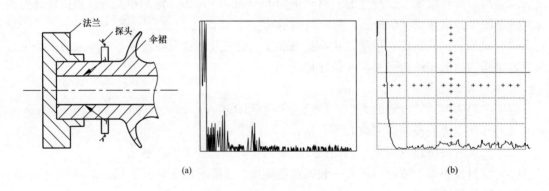

图 8-46　瓷套内部及内壁无缺陷

（a）示意图；（b）实际波形

（3）如瓷套内壁厚度所对应的显示屏刻度位置上出现反射波，应判定此瓷内壁有缺陷，如图 8-48 所示。

7. 检测结果评定

双晶横波检测结果评定参照本节小角度纵波检测结果评定。

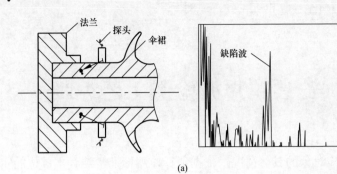
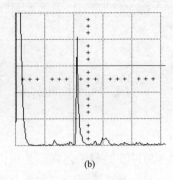

(a)　　　　　　　　　　　　　　　　　　(b)

图 8-47　瓷套内部缺陷检测

（a）示意图；（b）实际波形

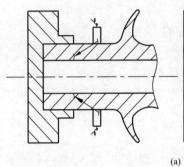
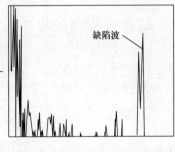
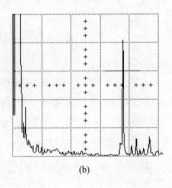

(a)　　　　　　　　　　　　　　　　　　(b)

图 8-48　瓷套内壁缺陷检测

（a）示意图；（b）实际波形

瓷支柱绝缘子及瓷套超声波检测工艺编制

　　超声波检测工艺规程是根据被检对象的具体情况，依据现行检测标准，结合本单位的实际情况，合理选择检测设备、器材和方法，在满足安全技术规范和质量技术标准要求的情况下，正确完成检测工作的书面文件，它由通用工艺规程和工艺卡两部分组成。

第一节　超声波检测通用工艺的编制

　　通用工艺规程是本单位超声波检测的通用工艺要求，应涵盖本单位全部检测对象。按照《特种设备无损检测人员考核与监督管理规则》规定，通用工艺规程应由Ⅲ级超声波检测人员编制，无损检测责任师审核，单位技术负责人批准。本节介绍超声波检测通用工艺规程的主要内容。

　　一、主题内容和适用范围

　　主要内容：超声波检测通用工艺规程主要包括检测对象、检测方法、人员资格、设备器材、检测工艺技术、质量分级等。

　　适用范围：适用范围内的试件材质、规格、检测方法和不适用的范围。

　　通用工艺规程的编制背景：依据什么标准编制，满足什么安全技术规范、标准要求等。

　　本工艺文件审批和修改程序，工艺卡的编制规则。

　　二、通用工艺规程的编制依据

　　依据被检对象，选择现行的安全技术规范和产品标准，例如：《国家电网公司金属技术监督规定（试行）》、《72.5kV及以上电压等级瓷支柱绝缘子技术监督规定》、GB/T 772—2005《高压绝缘子瓷件　技术条件》、国家电网公司《变电站管理规范》、GB/T 8287.1—2008《标秤电压高于1000V系统用户内和户外支柱绝缘子　第1部分：瓷或玻璃绝缘子的试验》、GB/T 8287.2—2008《标秤电压高于1000V系统用户内和户外支柱绝缘子　第2部分：尺寸与特性》、GB/T 8411.1—2008《陶瓷和玻璃绝缘材料　第1部分：定义和分类》、GB/T 775.1—2006《绝缘子试验方法　第1部分：一般试验方法》、GB/T 775.2—2003《绝缘子试验方法　第2部分：电气试验方法》、GB/T 775.3—2006《绝缘子试验方法　第3部分：机械试验方法》、《耐污型户外棒形瓷支柱绝缘子》、《输变电设备技术标准》、《预防输变电设备事故措施》、《输变电设备运行规范》、《输变电设备检修规范》等。凡是被检对象涉及的条例、规范、标准均应作为编制依据（引用标准）。

　　设计文件、合同、委托书等也应作为编制依据写入超声波检测通用工艺规程中，并在超声波检测通用工艺中得到严格执行。

　　三、对于检测人员的要求

　　超声波检测通用工艺规程中应当明确对检测人员的持证要求以及各级持证人员的工作权限及职责，下面是现行法规对检测人员的要求。

（1）检测人员应按照《电力工业无损检测人员资格考核规则》的要求取得相应超声波检测资格。

（2）取得不同级别超声波检测资格的检测人员只能从事与其资格相适应的检测工作并承担相应的技术责任，具体规定如下：

1）Ⅰ级超声波检测人员可在Ⅱ、Ⅲ级超声波检测人员的指导下进行超声波检测操作、记录检测数据、整理检测资料。

2）Ⅱ级超声波检测人员可编制一般的超声波检测程序，按照超声波检测工艺规程或在Ⅲ级超声波检测人员指导下编写超声波检测工艺卡，并按超声波检测工艺独立进行超声检测，评定检测结果，签发检测报告。

3）Ⅲ级超声波检测人员可根据标准编制超声波检测工艺，审核或签发检测报告，协调Ⅱ级超声波检测人员对检测结论的技术争议。

四、设备、器材

（1）列出本工艺适用范围内使用的所有设备、器材的产品名称、规格型号。

（2）对设备、器材的质量、性能、检验要求应写入工艺中。

（3）通用工艺规程应当明确在什么条件下使用什么样的设备、器材。

（4）通用工艺规程也应当明确所用的设备、器材在什么情况下应当如何校验。例如，DL/T 303—2014 规定每隔三个月至少对仪器的水平线性和垂直线性进行一次测定，测定方法按JB/T 10061—1999《A 型脉冲反射式超声波探伤仪　通用技术条件》的规定。

五、技术要求

检验时机：工艺应明确超声波检测的时机，并符合相关规范和标准的要求。例如：原《72.5kV 及以上电压等级瓷支柱绝缘子技术监督规定》规定超瓷支柱绝缘子在安装前、安装后及运行后都要进行声波检测。

另外，工艺还应该明确检测比例、检测部位、验收要求、复检要求等。

六、超声波检测方法

按上述要求依据相关的检测标准说明超声波检测的方法，检测表面的制备、仪器调节、扫描速度调节、灵敏度调节、扫查方式、缺陷的测定和记录、质量评定规则、灵敏度的复验要求、补偿等。

本项内容中的各项内容应当完整、具体，具有可操作性。

对超声波检测中的工艺参数的规定要具体详细或做成图表的形式供检测人员使用。

本项应结合检验单位和被检对象的实际情况编写，对未涉及或不具备条件的检测方法不应写入工艺中。

七、技术档案要求

通用工艺规程应当对超声波检测中的技术档案做出规定，包括档案的格式要求、传递要求、保管要求。

格式要求：明确超声波检测工艺卡、检测记录、检测报告的格式。

传递要求：明确各个档案的传递程序、时限、数量以及相关人员的职责与权限。

保管要求：工艺中应该规定技术档案的存档要求，应不低于标准关于保存期不少于 7 年，7 年后若用户需要可转交用户保管的要求。

第二节　超声波检测专用工艺的编制

专用工艺是通用工艺规程的补充，是根据通用工艺规程结合有关标准针对某一特定的检测对象，明确检测过程中各项具体的技术参数。一般由Ⅱ级或Ⅲ级超声波检测人员编制，它是用来指导检测人员进行检测操作的工艺文件，超声波检测人员应根据专用工艺所规定的内容、步骤和要求进行操作，以达到保证检测质量的目的。通用工艺规程一般以文字说明为主，而专用工艺多为图表形式编制工艺卡。这里以瓷支柱绝缘子为被检对象，检测依据为 DL/T 303—2014 技术标准，编写工艺卡的要求。

一、份数

本工艺卡至少两份，一份用于存档，其余交检测人员使用。

二、工艺卡编号

一般为单位内部编号，但应具有唯一性。

三、产品名称和产品编号及安装投运

产品名称和产品编号按照客户委托实样或相关工艺文件、图纸填写。

通过查阅客户的相关资料，确定受检对象的制造单位、出厂日期、投运时间等。

四、工件部分

（1）形状规格：按受检对象图样或技术文件规定的尺寸填写，用直径×长度表示；质量用 kg 表示。

（2）材质（强度或声速）：按照标准方法测定受检对象的声速，根据声速范围确定瓷质（高强瓷或普通瓷）。

（3）表面状态：指被检对象检测面要求具备的表面状况。

（4）额定参数：查阅瓷支柱绝缘子的技术文件，确定电压等级等参数。

（5）检测时机：按产品标准、安全技术规范、图样或工艺文件规定的检测时机填写。

五、器材及参数

（1）仪器型号：指工艺规程规定使用的超声波探伤仪的型号。

（2）探头规格：指工艺规程规定采用的探头参数。例如小角度纵波斜入射法填写探头型号：5P，8×10，$\alpha=6°$；爬波检测法填写 2.5P，$8 \times 10 \times 2$；双晶横波检测法填写 2.5P，$8 \times 10 \times 2$。对于需要控制的参数必须填全，例如采用多种不同规格的探头，则必须填写齐全。

（3）试块：指检测时用来调整仪器和检测灵敏度所用的试块型号。如瓷支柱绝缘子及瓷套超声波检测试块可填写"JYZ–BXⅠ、JYZ–G"；如采用非标准的其他参考试块填写，应包括反射体类型和反射体参数等，例如 $\phi120$、3mm 模拟裂纹。

（4）耦合剂：填写工艺规程规定使用的耦合剂，例如工业糨糊、机油等。

六、技术要求

（1）检测标准：填写为 DL/T 303—2014。

（2）合格级别：一般指验收要求规定的质量级别。瓷支柱绝缘子及瓷套相关规程无质量级别规定。

（3）扫描比例：为仪器显示屏水平刻度值所对应的检测范围。

（4）耦合方式：填写工艺规程规定的耦合方式。

（5）表面补偿：指检测时工件表面与试块表面状态引起的 dB 差。具体值由检测人员实测确定。

（6）扫查速度：指扫查时探头移动速度，可填写"≤150mm/s"。

（7）扫描线调节及说明：指扫描比例的调节。如爬波法填写"按水平定位法调整，满刻度为 60"；小角度纵波斜入射法填写"按深度定位法调整"；双晶横波检测法填写"按水平定位法调整，满刻度为 60"。

（8）灵敏度调节及说明：填写灵敏度的调节方法，应明确基准灵敏度、扫查灵敏度及参考波高。

（9）扫查方式及说明：指检测时应使用的扫查方式。如采用爬波法时填写"周向 360°、间断式"。

（10）缺陷的测定与记录：填写缺陷的测定方法、记录水平、定位定量的方法。

（11）不允许缺陷：超过验收质量等级的缺陷，包括缺陷的尺寸、形状、取向、位置、性质、数量等。

（12）扫查示意图：图示说明具体的扫查方式。

七、编制人、审核人及批准人

编制人员应至少具有超声波检测Ⅱ级资格，审核人员应为检测责任人员，批准人员应为单位（部门）技术负责人。有编制人、审核人和批准人本人签字或盖章，并填写相应日期。

下面举例说明典型的瓷支柱绝缘子超声波检测工艺卡（见表 9–1）：

【例 9–1】 某变电站进行检修，需要对该站型号为 GW4–220D 三相双柱单接地隔离开关的瓷支柱绝缘子进行超声波检测，电压等级为 220kV，形状为实心棒式，规格为 $\phi155$，瓷质属高强瓷。出厂日期为 1990 年 2 月，投运日期为 1990 年 10 月。××厂制造。质量验收规定：爬波检测缺陷当量不小于 1mm 槽深不合格；小角度纵波检测缺陷当量不小于 1mm 不合格。

表 9–1　　　　　　　　　　瓷支柱绝缘子超声波探伤工艺卡

编号

委托单位	××公司	试件名称	瓷支柱绝缘子	型号/代号	GW4–220
安装地点	××变电站	出厂日期	1990 年 2 月	投运日期	1990 年 10 月
制造厂家	××瓷厂	电压（KV）	220	材质/规格	高强瓷/120×600
探伤仪型号	HS612e	探伤仪编号	DSY–UT–6	声速（m/s）	6350
标准试块	JYZ–BX Ⅰ	耦合剂	机油	探测面	符合要求
执行标准	DL/T 303—2014	探伤时机	停役	人员资质	Ⅱ级

扫查示意图：

续表

序号	1	2	3		说明
检测方法	爬波法	纵波斜入射法			
探头型号	爬波探头φ160	纵波斜探头φ160			
探头频率	2.5MHz	5MHz			
晶片尺寸	8mm×10mm×2	8mm×10mm			
探头折射角	85°	12°			
时基线调整	声程定位法	深度定位法			
基准灵敏度	声程50mm/5mm深槽	声程40mm/φ1横通孔			按标准确定
参考波高	80%	80%			
检测灵敏度	基准灵敏度+8dB（声速补偿）	基准灵敏度+24dB（厚度补偿）			按标准计算
探伤比例	探伤区域100%	探伤区域100%			
扫查方式	360°周向	360°周向			
评定验收	≥1mm槽深不合格	≥φ1mm横通孔不合格			
编制/资质		审核/资质	批准/资质		
日期	×年×月×日	日期	×年×月×日	日期	×年×月×日

附录 A 现场试验设备器材要求及参数测试方法

一、设备及器材

（1）HS612e 瓷支柱绝缘子及瓷套专用数字式超声探伤仪。

（2）ISONIC utPod 瓷支柱绝缘子及瓷套专用数字式超声波探伤仪（在实际检测时，也可选择其他满足条件的探伤仪）。

（3）爬波探头。

（4）小角度纵波探头。

（5）双晶横波斜探头。

（6）JYZ–BX 系列校准试块。

（7）耦合剂（机油或专用耦合剂）。

（8）直尺。

二、探头的选择

1. 探头类型的选择

应根据检测的对象和检测目的选定探头类型，具体见表 A–1。

表 A–1   常用探头及其检测目的

探头类型	常用检测目的
爬波探头	瓷支柱绝缘子和瓷套法兰口附近瓷体表面及近表面缺陷的检测
小角度纵波斜探头	瓷支柱绝缘子和瓷套瓷体内部缺陷或瓷支柱绝缘子对称面缺陷的检测
纵波直探头	声速测定
双晶横波斜探头	瓷套内表面缺陷检测

2. 探头曲面的选定

一般可在瓷支柱绝缘子及瓷套直径变化 20mm 范围内选用一种规格弧度的探头，但仅允许曲率半径大的探头可以探测曲率半径小一挡的瓷件（一挡为 20mm），外径大于 $\phi600$ 的瓷套可采用平面探头。

3. 探头其他关键参数的选定

（1）爬波探头。探头晶片尺寸越大，相同条件下发射的发射能力越高。一般首先根据瓷支柱绝缘子及瓷套法兰沙区边缘与末裙间的跨距确定探头移动范围，然后在根据表 A–2 选定探头晶片尺寸。

表 A–2   爬波探头晶片尺寸选择

探头移动范围	≥15mm	≥12mm	≥10mm
探头晶片尺寸	10mm×12mm×2	8mm×10mm×2	6mm×10mm×2

（2）小角度纵波斜探头。小角度纵波斜探头关键参数见表 A–3。

表 A–3 小角度纵波斜探头关键参数

探头频率	晶片尺寸	入射角	折射角
5MHz	8mm×10mm	6°	≈12°

（3）双晶横波斜探头。双晶横波斜探头关键参数见表 A–4。

表 A–4 小角度纵波斜探头关键参数

探头频率	晶片尺寸	β_s（横波折射角）
5MHz	8mm×10mm×2	35°～37°

三、小角度纵波与双晶横波探头入射点、折射角的测定

1. 小角度纵波探头入射点的测定

将相近弧面探头圆弧置于 JYZ–BX 试块相同弧面的棱角上，前后移动探头，使棱角反射波最高时试块棱角处对应的点为探头入射点，这种方法称为棱角反射法，具体如图 A–1 所示。

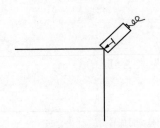
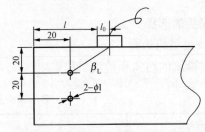

图 A–1 小角度纵波探头入射点的测定　　图 A–2 小角度纵波探头折射角的测定

2. 小角度纵波探头 K 值（或折射角）的测定

斜探头 K 值是指被检工件中纵波折射角 β 的正切值（K=tanβ）。采用 JYZ–BX 试块测定时，找出试块上深 20mm、ϕ1 横通孔的最大反射波，调整到 80% 满屏高度，如图 A–2 所示，测出探头前沿至试块端面的距离 l。然后按式（A–1）计算 K 值。

$$K = \tan \beta_L = \frac{L + l_0 - 20}{20} \tag{A–1}$$

3. 双晶横波斜探头 K 值的测量

将探头放在 JYZ–BX 试块上，找到试块上的横孔最大回波，标记下此时探头距离试块边端的距离，记作 L_1，将探头向后移动，用二次波找到该孔最大反射回波，标记下此时探头距离试块边端的距离记作 L_2，如图 A–3 所示。

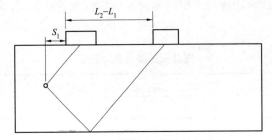

图 A–3 双晶横波斜折射角的测定

然后按式（A-2）计算探头 K 值（折射角）。

$$K = \frac{L_2 - L_1}{\text{试块的厚度}} \qquad (\text{A-2})$$

转动旋钮到参数栏，按确认键，进入参数列表，转动旋钮到探头 K 值栏，按确认键，再转动旋钮输入计算出的数值。

4. 双晶横波斜探头前沿的测量

将探头放在试块上，找到试块上的横孔最大回波，如图 A-4 所示。

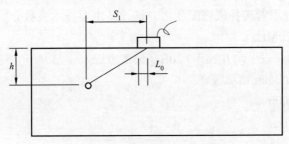

图 A-4　双晶横波斜入射点的测定

标记下此时探头距离缺陷的水平距离，记作 S_1，按式（A-3）计算该探头的前沿值。

$$L_0 = Kh - S_1 \qquad (\text{A-3})$$

转动旋钮到参数栏，按确认键，进入参数列表，转动旋钮到探头前沿栏，按确认键，再转动旋钮输入计算出的数值。

附录 B　HS612e 瓷支柱绝缘子及瓷套专用数字式
超声探伤仪简要操作步骤

一、仪器技术参数

HS612e 瓷支柱绝缘子及瓷套的专用数字式超声波探伤仪，内置了爬波、小角度纵波和横波探伤三种模式，供使用者选择或搭配使用。该设备主要技术参数介绍如下。

工作频率：0.5～20MHz。

增益调节：110dB（设手动 0.1dB、2dB、6dB 步进）。

检测范围：0～5500mm 钢纵波。

声速范围：0～9000m/s。

动态范围：≥32dB。

垂直线性误差：≤3%。

水平线性误差：≤0.3%。

分辨力：>42dB（5P14）。

灵敏度余量：>62dB（深 200mmϕ2 平底孔）。

显示屏：高亮橙黄 E L 显示屏。

数据存储：存储 21 组探伤参数，900 幅探伤回波。

电源、电压：直流（DC）7.5V 锂电池连续工作 5h；交流（AC）220V。

环境温度：−25～50℃（参考值）。

相对湿度：20%～95% RH。

外型尺寸：215mm×165mm×45mm。

重量：整机带内置电池 1.4kg。

探头线：C6～Q9 双晶探头线，C6～Q9 单晶探头线。

二、探头和超声仪的连接

探头为双晶探头（爬波探头、双晶横波探头），连接时应保证将仪器的发射端与探头发射端对应连接，仪器的接受端与探头的接受端对应连接，如图 B-1 所示。

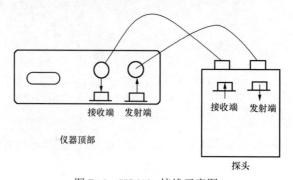

接收端　发射端

仪器顶部

接收端　发射端

探头

图 B-1　HS612e 接线示意图

三、瓷支柱绝缘子及瓷套纵波声速的测定

（1）按住 ⊙键，当仪器电源灯闪亮时——仪器开机。

（2）旋转 ●旋钮将"选择框"移动到 通道栏，单击 ●使 通道 栏反显，再旋转 ●使右上角 通道 栏变为"纵波探伤 A"通道。仪器连接 5MHzϕ10 的直探头。

（3）按 ▦键，按屏幕下方显示：

1）请输入材料声速：6350m/s　按 ●（确认）键。

2）请输入起始距离 80mm 旋转旋钮将所测瓷支柱绝缘子的直径或瓷套的壁厚输入仪器后按 ●（确认）键。

3）请输入终止距离 160mm 旋转旋钮将所测瓷支柱绝缘子的直径或瓷套壁厚两倍输入仪器后按 ●（确认）键。

（4）将探头放在被测件上移动寻找最高的反射信号后，将回波限制在闸门内，再按 ⊞键，稳住探头不动，直到仪器显示显示"校准完毕"，在 参数 可以查找实测声速。

四、小角度纵波瓷支柱绝缘子及瓷套内部缺陷检测步骤

采用小角度纵波可发现支柱绝缘子内部和瓷套内部缺陷。

（1）进入探伤界面后，进入探伤状态后，旋转 ●旋钮或按 ◁▷键将"选择框"移动到通道栏，单击 ●使通道栏反显，再旋转 ●使右上角通道栏变为"纵波探伤 A"通道。

（2）将小角度纵波探头与仪器连接好。探头应选择标识直径与支绝缘子直径相等或大一挡（20mm）的纵波探头。

（3）采用试块校调整扫查灵敏度。将探头放置在 JYZ–BXⅠ校准试块与探头相吻合的弧面，对准深度 40mm 的 ϕ1 横通孔，找出其最大反射回波，移动闸门套住该反射回波，按 ⊞键将其调整到 80%高度，此灵敏度相当于外径 40mm 瓷支柱绝缘子的扫查灵敏度。瓷支柱绝缘子的外径每增大 10mm，扫查灵敏度应增加 2dB，即可根据公式(直径–40)÷10×2 计算出衰减的分贝数。

例如：被测工件直径为 140mm，代入式中进行计算

$$(140–40)÷10×2=100÷5=20（dB）$$

找出 JYZ–BXⅠ试块深度 40mm 的 ϕ1 横通孔最强反射波，调整到 80%高度后转动旋钮到 增益 栏，把当前增益量增 20dB，探伤灵敏度即调整完毕。小角度纵波探头调整扫查灵敏度示意图如图 B–2 所示。

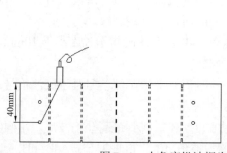
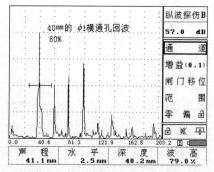

图 B–2　小角度纵波探头调整扫查灵敏度示意图

当支柱绝缘子声速小于 6100m/s 时，需在外径补偿的基础上再提高增益 2～4dB。

（4）探伤及判伤。

1）探将头置于工件之上，探头上无标识的一侧为发射方向，沿瓷瓶圆周进行扫查，如图 B-3 所示。首先确定底波位置，在扫查过程中，一经发现在底波前有反射波，需对其进行定量并测试其指示长度，可参照 DL/T 303—2014 对照判伤。

缺陷指示长度测定：当发现缺陷波时，找到缺陷最大回波位置，并将缺陷回波调整至基准波高，将基准波提高 6dB。以缺陷最强波高度位置为起始点，沿长度方向分别向两侧移动探头，当缺陷回波高度降至基准波高时记录探头位置，测量出两侧探头中心位置间的距离即为缺陷指示长度。

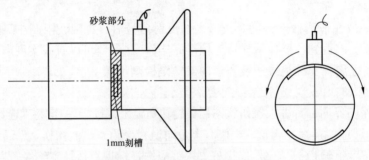

图 B-3　沿瓷瓶一周确定底波位置

注：由于原料及烧结温度的影响，造成瓷件内部晶粒分布不均匀，声波衰减系数不一，由于声速的不同，会造成缺陷波或底波出现的位置提前或滞后。

2）判伤标准。采用纵波斜入射探伤扫查时会出现三种情况，分析如下：

a. 没有缺陷波，仅有孤立底波，无附着杂波，波幅清晰，声压高，应判定无裂纹。

b. 当探头沿圆周转动时，底波附近无缺陷部位可能出现类似缺陷的较强反射波群，此时除底波反射当量较强外，其他杂波起伏不定，移动探头此起彼伏，无指示长度，变化较大，反射当量偏低，属较明显的点状缺陷反射波，实测证明属瓷件表面波纹或水泥胶结的砂粒透入波。当瓷支柱绝缘子插入铸铁法兰时在圆周填充灌注的水泥胶与砂粒，这些胶合的砂粒作为过渡加强部分环绕在铸铁法兰与瓷体的交接面上，而此处正是裂纹形成的区域，因此，在超声波扫查时，必须将此波与裂纹波区分开来。缺陷波应尽可能与底波同呈，因为同呈时分辨率最高，易辨认。

c. 缺陷波与底波同呈时，缺陷波比底波低，即缺陷波信号低于底波信号，且指示长度大于 10mm 时亦应判定为裂纹，指示长度小于 10mm 时，不判定裂纹。

缺陷波与底波同呈时，当缺陷波比底波高 0～6dB，且缺陷指示长度小于 10mm，可判定为点状缺陷，当缺陷指示长度大于 10mm 时，判定为裂纹。

缺陷波与底波同呈时，缺陷波比底波大于 6dB 时，即缺陷波信号强于底波信号，应判定为裂纹。纵波探头扫查绝缘子内部缺陷如图 B-4 所示。

（5）缺陷评定。调节完灵敏度即为基准灵敏度 dB_1，找到最高缺陷波后，用闸门套住缺陷回波，按 🔲 将回波调到 80%屏高，记下当前增益值 dB_2。再根据公式 $\Delta dB = dB_1 - dB_2$，则缺陷记录为 $\phi1 + \Delta dB$。

1）单个缺陷波大于或等于 $\phi 1$ 横通孔当量，即缺陷波高于或等于 80%，判定为不合格。

2）单个缺陷波小于 $\phi 1$ 横通孔当量，且指示长度不小于 10mm，判定为不合格。

3）单个缺陷波小于 $\phi 1$ 横通孔当量，呈现多个（不小于 3 个）反射波或林状反射波，判定为不合格。

五、爬波检测曲线制作方法

按照发射和接受接口一一对应的方式，将爬波探头与仪器连接好。探头应选择标识直径与支绝缘子直径相等或大一挡（20mm）的爬波探头。

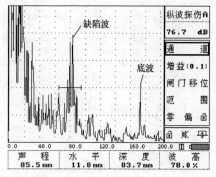

图 B-4　纵波探头扫查绝缘子内部缺陷

旋转 ●旋钮将"选择框"移动到通道栏，单击 ●使通道栏反显，再旋转 ●使右上角通道栏变为"爬波探伤"通道。在参数内将"材料声速"修改为实测声速。

将探头放置在 JYZ-BX 试块与探头弧面相对应的面上，探头无标识端对准试块 5mm 深模拟裂纹。用直尺量出并移动探头到距 5mm 模拟裂纹 10mm 处，仪器屏幕出现裂纹回波，使用旋钮将闸门套住发射回波。旋转 ●旋钮将"选择框"移动到零偏栏，单击旋钮使零偏栏反显，再旋转 ●旋钮平移发射回波到仪器屏幕所对应的 10mm 刻度线处，则零偏调整完毕。

按 曲线 键，进入曲线制作功能菜单，仪器出现提示：请使用闸门锁定测试点！提示消失后进入波形采样阶段。屏幕右上角出现"测试点 01"闪烁。将探头放置在 JYZ-BX 试块（见图 B-5）与探头弧面相对应的面上，探头无标识端对向试块上 5mm 深模拟裂纹。移动探头到距 5mm 模拟裂纹 10mm 处，仪器屏幕出现裂纹回波，使用旋钮将闸门套住发射回波。按 波峰记忆 锁定回波"测试点 01"停止闪烁，左右平移探头找出最高波回波，按 基准 回波到 80%，按 曲线 键完成第一点；此时显示测试点的序号向后顺延，并闪烁，表示进入下一个测试点的采样。

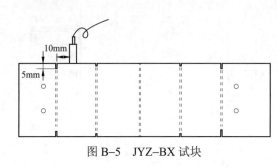

图 B-5　JYZ-BX 试块

按照上面的步骤锁定下一个测试点（20、30、40、50mm）。取完点后，按 曲线 键结束曲线的制作，此时屏幕上出现一条曲线，此时曲线制作完成。

由于被测瓷支柱绝缘子声速不同，检测前应进行灵敏度补偿。当声速为 6700m/s 时，增益为 0，基准灵敏度就是扫查灵敏度。当声速每下降 100m/s 时，需要在基准灵敏度基础上增加 2dB 作为扫查灵敏度。当声速为 6100～6700m/s 时的补偿参见表 B-1。

表 B-1　　　　　　　　　　　当声速为 6100～6700m/s 时的补偿

声速（m/s）	6100	6200	6300	6400	6500	6600	6700
增益（dB）	10～12	8～10	6～8	4～6	2～4	0～2	0

上述探伤灵敏度即为瓷支柱绝缘子或瓷套外壁 1mm 深度模拟裂纹的等效灵敏度。DAC 曲线如图 B-6 所示。

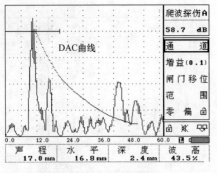

图 B-6　DAC 曲线

旋转●旋钮或按◁▷键将"选择框"移动到参数栏，单击旋钮使参数栏反显，再转动旋钮到表面补偿栏，根据所测声速，将对应表中的增益值输入仪器，然后退回扫查界面。

HS612E 仪器内设七个爬波探伤通道，可根据爬波探头不同型号分别制作相应曲线。一般会选择"爬波探伤 A"通道做 φ120 所对应的 DAC 曲线，"爬波探伤 B"通道做 φ160 所对应的 DAC 曲线，"爬波探伤 C"通道做 φ200 所对应的 DAC 曲线。

六、爬波瓷支柱绝缘子及瓷套近表面检测步骤

在被测瓷支柱绝缘子与法兰口交接部位作清洁处理后，均匀涂上耦合剂。把探头放置在瓷支柱绝缘子与法兰口交接部位附近（如有砂浆，应避开砂浆区），探头无标识面为发射方向面对向法兰，沿瓷瓶周向进行扫查，如图 B-7 所示。

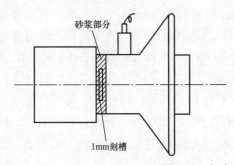
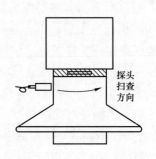

图 B-7　扫查示意图

采用爬波法检查外壁缺陷时，由于采用双晶并联式探头，显示屏始脉冲后基本无杂波，缺陷信号容易识别，观察屏幕上是否有回波超过曲线。存在裂纹的波形如图 B-8 所示。

若扫查过程中发现有独立回波超过曲线高度，测判定为不合格，如需确定缺陷性质，则可对缺陷进行半波法测长，方法介绍如下。

（1）发现超标缺陷反射波后，左右移动探头找到最强反射回波，在瓷支柱绝缘子与探头中心位置所对应的部位上做标记，即为缺陷中心位置。按❰❱键将回波调到满屏 80% 高度。

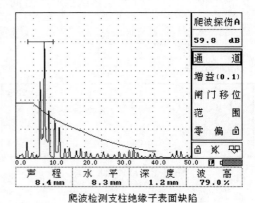

爬波检测支柱绝缘子表面缺陷

图 B-8　存在裂纹的波形

（2）然后将探头向左平行移动，将波幅逐渐降到 40% 时，用记号笔在瓷支柱绝缘子与探头中心位置所对应的部位上做标记，即为左端点。

（3）再将探头向右平行移动，将波幅逐渐降到 40% 时，用记号笔在瓷支柱绝缘子与探头中心位置所对应的部位上做标记，即为右端点。

（4）用尺测量出两个端点之间的距离，即为缺陷长度。长度大于 5mm 判为裂纹；长度小

于 5mm 判为点状缺陷。

缺陷测量完毕后，缺陷按以下方法进行评定：

（1）凡反射波幅超过距离——波幅曲线高度，判定为不合格。

（2）反射波幅超过距离——波幅曲线高度，且指示长度≥10mm，判定为不合格。

完成缺陷定量定位后，将灵敏度调回检测灵敏度，继续进行扫查。

七、横波瓷套内部和内壁缺陷检测步骤

（1）进入探伤界面后，进入探伤状态后，旋转⬤旋钮或按🔼🔽键将"选择框"移动到通道栏，单击⬤使通道栏反显，再旋转⬤使右上角通道栏变为"横波探伤"通道。

（2）将横波探头与仪器连接好。探头应选择标识直径与支绝缘子直径相等或大一挡（20mm）的横波探头。

（3）在参数栏内，将"材料声速"调为 3100m/s，将"探头 K 值"改为 0.75，按⬛键返回探伤界面。

（4）探伤灵敏度。

1）瓷套壁厚不大于 30mm，将探头放在 JYZ–BXⅡ试块上，找出深度为 20mm 的 $\phi 1$ 的横通孔反射波高，调到 80%屏高，增益 2dB。

2）瓷套壁厚大于 30mm，将探头放在 JYZ–BXⅡ试块上，找出深度为 40mm 的 $\phi 1$ 的横通孔反射波高，调到 80%屏高，增益 4dB。

（5）实际探伤及判伤。在被测瓷套与法兰口交接部位作清洁处理后，均匀涂上耦合剂。把探头放置在瓷套与法兰口交接部位附近（如有砂浆，应避开砂浆区），探头无标识面为发射方向面对向法兰，沿瓷套周向进行扫查，判断缺陷状况如下：

1）如瓷套内壁厚度内对应的显示屏上未出现反射波，则判定内部及内壁无缺陷。

2）如瓷套内部存在孔渣及裂纹等缺陷，屏幕上显示为点状或丛林状缺陷即判定为内部缺陷。

3）如瓷套内部厚度处所对应的显示屏，显示反射波应判定为瓷套内壁有缺陷。

4）若扫查过程中发现有缺陷回波连续存在，则采用半波高度法对缺陷进行测长。

（6）缺陷评定。记下基准灵敏度 dB_1。找到最高缺陷波后，用闸门套住缺陷回波，点击⬛，将波调到 80%屏高，记下当前增益值 dB_2。再根据公式 $\Delta dB = dB_1 - dB_2$，则缺陷记录为 $\phi 1 + \Delta dB_1$。

1）单个缺陷波大于或等于 $\phi 1$ 横通孔当量，即缺陷波高于或等于 80%，判定为不合格。

2）单个缺陷波小于 $\phi 1$ 横通孔当量，且指示长度不小于 10mm，判定为不合格。

3）单个缺陷波小于 $\phi 1$ 横通孔当量，呈现多个（不小于 3 个）反射波或林状反射波，判定为不合格。

附录 C　ISONIC utPod 支柱绝缘子及瓷套数字式
探伤仪简要操作步骤

1. 仪器按键及接口分布

仪器按键及接口分布如图 C−1 所示。

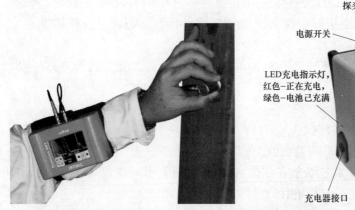

图 C−1　仪器按键及接口分布

2. 仪器与探头的连接

双晶探头（爬波探头、双晶横波探头），采用 C5～C6 双线将其中一根连接仪器的发射端与探头接收端，另一根连接仪器的接收端与探头的发射端，如图 C−2 所示。小角度纵波及直探头则采用 C5～C6 单线连接仪器发射端与探头，如图 C−3 所示。

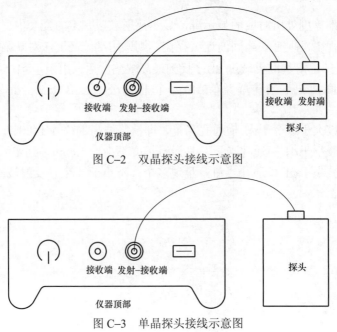

图 C−2　双晶探头接线示意图

图 C−3　单晶探头接线示意图

3. 瓷支柱绝缘子及瓷套纵波声速的测定

按住 开机 键，等待直到 ISONIC utPod 启动完成——仪器开机。

仪器连接 5MHzϕ10 的直探头。单击 缺陷 → 激发 → 单晶 → ↱ 返回上一级菜单，将探头放在被测件上移动找出最高的反射信号后，单击 A门 → A门起点 出现 ← ↰ → 操作界面，单击 ← 或 → ，设置闸门门位，使其套住工件底面一次反射波，单击 ↱ 返回上一级菜单，单击 B门 → B门开启 → B门起点 ← ↰ → 操作界面，单击 ← 或 → 设置闸门门位，使其套住工件底面二次反射波。单击 ↱ 返回上一级菜单单击 基本 选择 自动标定 分别单击 S1 S2 输入工件厚度值和二倍工件厚度值，单击 设置 选择 OK 纵波声速测定完成。单击 ↱ 返回上一级菜单单击 基本 → 声速 可查看声速测量值。

4. 小角度纵波检测操作步骤

（1）仪器调节步骤（仪器出厂前已经设置完毕）。单击 缺陷 → 激发 → 单晶 → ↱ 返回上一级菜单，单击 接收，单击 滤波，出现 ← ↰ → 操作界面，单击 ← 或 → 设置为 0.5～25MHz 范围。单击 ↱ 返回上一级菜单，单击 基本 → 声速，出现 ← ↰ → 操作界面，单击 ← 或 → 将声速设定为 6350m/s，单击 ↱ → 声程范围，出现 ← ↰ → 操作界面，单击 ← 或 → 将范围设定为 200mm，单击两次 ↱ ，单击 测量 → 角度，出现 ← ↰ → 操作界面，单击 ← 或 → 将角度设定为 12°，单击 ↱ 返回上一级菜单，单击 探头延时，出现 ← ↰ → 操作界面，单击 ← 或 → 将探头延时设定为 3μs，单击 ↱ 返回上一级菜单，单击 测量值 选择 t（A）选项。单击 ▣ ，输入要保存的文件名，单击 储存，保存完成。

（2）检测灵敏度。将探头放置在 JYZ–BXⅠ校准试块与探头弧面直径相同的弧面，单击 声程范围，出现 ← ↰ → 找出深度 40mm 的 ϕ1 横通孔最大反射回波，单击 A门，单击 A门起点，出现 ← ↰ → 操作界面，单击 ← 或 → 使闸门套住该反射回波，单击两次 ↱ → 基本，将 增益 调整到 80%高度，此灵敏度相当于外径 40mm 瓷支柱绝缘子的扫查灵敏度，如图 C4 所示。在 40mm 的基础上，支柱绝缘子的外径每增大 10mm，扫查灵敏度应增加 2dB。

仪器增益调节：单击 基本 → 增益，出现 ← ↰ → 操作界面，单击 ← 或 → 设定增益数值，增益调节完成。

例：被测工件直径为 140mm，检测灵敏度的设定：增益量应为 20dB，在 JYZ–BXⅠ试块上找出深度 40mm 的 ϕ1 横通孔后，调整到 80%高度后转动旋钮到 增益 栏，把当前增益量增益 20dB，检测灵敏度即调整完毕。

当支柱绝缘子声速小于 6100m/s 时，需在外径补偿的基础上再提高增益 2～4dB。

（3）仪器实际（检测）操作步骤。

1）仪器出厂小角度纵波基准灵敏度实测设定。实测设定基准灵敏度为 52dB，允许误差为 2dB，长期使用应参照（1）、（2）定期校验。

2）小角度纵波检测通道 ZB001 调用。按住 开机 键，等待直到 ISONIC utPod 启动完成——仪器开机。单击 缺陷 → ☟ 选择 ZB001 通道，单击 ☟，进入分项界面，单击 ✔。通道调用完成。

3）检测步骤。探将头置于工件上，探头上标识的一侧为发射方向，沿支柱绝缘子圆周进行扫查，如图 C–4 所示。对缺陷需进行定量（最大反射波幅值及指示长度）和位置的测定。

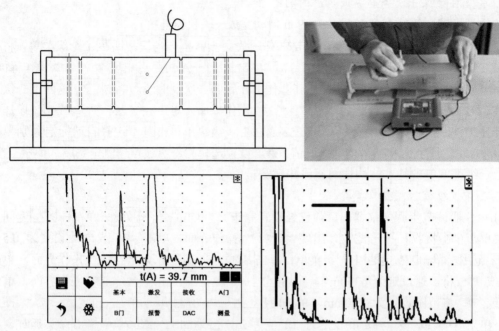

图 C-4 小角度纵波探头调整扫查灵敏度示意图（图中横线为闸门）

　　缺陷定量的方法为：找到缺陷的最高回波与相近声程的$\phi1$ 横通孔进行当量比较，判定为小于$\phi1$ 横通孔当量或不小于$\phi1$ 横通孔当量。左右移动探头，如缺陷波连续存在，采用半波高度法（左右移动探头，当波幅高度降至最高波一半高度时为端点）测定缺陷指示长度，小角度纵波缺陷波形如图 C-5 所示。

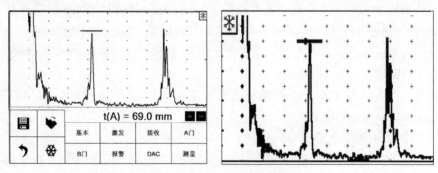

图 C-5 小角度纵波缺陷波形图

　　注：由于支柱绝缘子烧制工艺造成瓷件内部晶粒分布不均匀，声波衰减系数不一，因声速的变化，底波出现的位置有可能提前或滞后。仪器 t（A）读数随之减小或增大。

　　缺陷指示长度测定：当发现缺陷波时，找到缺陷最大回波位置，并将缺陷回波调整至基准波高（如垂直满刻度的 80%），然后，单击 基本 → 增益 ，出现 ← | ↶ | → 操作界面，单击 → 将基准波提高 6dB。以缺陷最强波高度位置为起始点，沿长度方向分别向两侧移动探头，当缺陷回波高度降至基准波高时记录探头位置，测量出两侧探头中心位置间的距离即为缺陷指示长度。

4）缺陷评定。

a. 凡判定为裂纹的缺陷为不合格。

b. 单个缺陷波不小于 $\phi1$ 横通孔当量，即缺陷波不小于 80%，判定为不合格。

c. 单个缺陷波小于 $\phi1$ 横通孔当量，且指示长度不小于 10mm，判定为不合格。

d. 单个缺陷波小于 $\phi1$ 横通孔当量，呈现多个（≥3 个）反射波或林状反射波，判定为不合格。

5. 爬波检测操作步骤

（1）仪器调节步骤（仪器出厂前已经设置完毕）。按发射和接收接口一一对应的方式，将爬波探头与仪器连接好。探头应选择标识直径与支柱绝缘子直径相等或大一挡（20mm）的爬波探头。

单击 缺陷 → 接收 → 双晶，单击 滤波，出现 ← | ↗ | → 操作界面，单击 ← 或 → 后设置 0.5~25MHz 范围。单击两次 ↩ 返回上一级菜单，单击 测量 → 角度，出现 ← | ↗ | → 操作界面，单击 ← 或 → 将角度设定为 82°，单击 ↩ 返回上一级菜单，单击 探头延时，出现 ← | ↗ | → 操作界面，单击 ← 或 → 将探头延时设定为 8μs，单击 ↩ 返回上一级菜单，单击 测量值，出现 ← | ↗ | → 操作界面，单击 ← 或 → 选择 a（A）选项，单击两次 ↩ 返回上一级菜单，单击 基本，单击 显示延时 出现 ← | ↗ | → 将显示延时设定为 8μs，单击 ↩ → 声程范围 出现 ← | ↗ | →，将声程范围调整为 60mm，单击两次 ↩ → DAC，将探头放置在 JYZ–BX Ⅰ 试块上距模拟裂纹 10mm，找到模拟裂纹的最强波，用闸门 A 套住反射回波，单击 记录，单击 ➡ 记录 DAC 曲线的第一个点，将探头放置在标定试块上距模拟裂纹 20mm，找到模拟裂纹的最强波，用闸门 A 套住信号，单击 ➡ 记录 DAC 曲线的第二个点，将探头放置在标定试块上距模拟裂纹 30mm，找到反射体的最强波，用闸门 A 套住信号，单击 ➡ 记录 DAC 曲线的第三个点，将探头放置在试块上距模拟裂纹 40mm，找到反射体的最强波，用闸门 A 套住信号，单击 ➡ 记录 DAC 曲线的第四个点，将探头放置在试块上距模拟裂纹 50mm，找到模拟裂纹的最强波，用闸门 A 套住信号，单击 ➡ 记录 DAC 曲线的第五个点，单击 ↩，单击 DAC 模式，出现 ← | ↗ | → 操作界面，单击 ← 或 → 选择 DAC 模式。此时曲线制作完成。

（2）检测灵敏度。根据被测瓷支柱绝缘子的声速不同，进行灵敏度补偿。当声速为 6700m/s 时，增益为 0，基准灵敏度就是扫查灵敏度。当声速每下降 100m/s 时，需要在基准灵敏度基础上增加 2dB 作为扫查灵敏度。当声速为 6100~6700m/s 时的增益补偿见表 C–1：上述探伤灵敏度即为瓷支柱绝缘子或瓷套外壁 1mm 深度模拟裂纹的等效灵敏度。

表 C–1　　　　　　　　　　增　益　补　偿

声速（m/s）	6100	6200	6300	6400	6500	6600	6700
增益（dB）	10~12	8~10	6~8	4~6	2~4	0~2	0

仪器增益调节：单击 基本，单击 增益，出现 ← | ↗ | → 操作界面，单击 ➡ 设定增益数值，增益调节完成。

（3）仪器实际（检测）操作步骤。

1）仪器出厂爬波基准灵敏度实测设定。实测设定基准灵敏度为 57dB，允许误差为 2dB，长期使用应参照 5.1～5.2 条定期校验。

2）爬波检测通道 PB001 调用。按住 开机 键，等待直到 ISONIC utPod 启动完成——仪器开机。单击 缺陷 ，单击 ，选择 PB001 通道，单击 ，进入分项界面，单击 。通道调用完成

3）检测步骤。由于爬波具有距离衰减的特性，扫查时，爬波探头应尽量向法兰侧前移，扫查速度不宜过快，移动时始终保持探头与检测面稳定接触，探头做 360° 扫查。

在被测瓷支柱绝缘子与法兰口交接部位作清洁处理后，均匀涂上耦合剂。把探头放置在瓷支柱绝缘子与法兰口交接部位附近（如有砂浆，应避开砂浆区），探头无标识面为发射方向面对向法兰，沿瓷瓶周边进行扫查，图 C-6 为爬波扫查示意图。

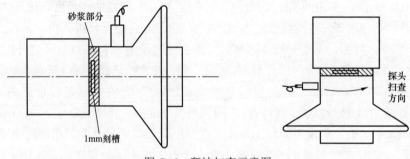

图 C-6　爬波扫查示意图

采用爬波法检查外壁缺陷时，由于采用双晶并联式探头，显示屏始脉冲后基本无杂波，缺陷信号容易识别，观察是否有缺陷波超过曲线，爬波检测缺陷波形如图 C-7 所示。

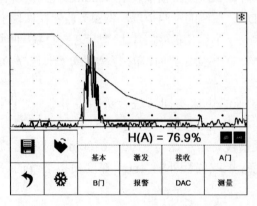
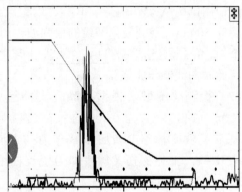

图 C-7　超过 DAC 曲线的缺陷波形

缺陷指示长度测定：当发现缺陷波时，找到缺陷最大回波位置，并将缺陷回波调整至基准波高（如垂直满刻度的 80%），然后，单击 基本 ，单击 增益 ，出现 ← ↗ → 操作界面，单击 → 将基准波提高 6dB。以缺陷最大回波高度位置为起始点，沿长度方向分别向两侧移动探头，当缺陷回波高度降至基准波高时记录探头位置，测量出两侧探头中心位置间的距离即为缺陷指示长度。

4）缺陷评定。

a. 凡反射波幅超过距离—波幅曲线高度的缺陷，判定为不合格。

b. 反射波幅等于或低于距离—波幅曲线高度，且指示长度≥10mm，判定为不合格。

6. 横波检测操作步骤

（1）仪器调节步骤（仪器出厂前已经设置完毕）。

单击 缺陷 → 激发 → 双晶 → ↵ → 接收，单击 滤波 出现 ← ↗ → 操作界面，单击 ← 或 ➡ 后设置 0.5～25MHz 范围。单击两次 ↵ 返回上一级菜单，单击 基本 → 声速，出现 ← ↗ → 操作界面，单击 ← 或 ➡ 将声速设定为 3100m/s，单击 ↵ 返回上一级菜单，单击 声程范围，出现 ← ↗ → 操作界面，单击 ← 或 ➡ 将范围设定为 60mm，单击两次 ↵ 返回上一级菜单，单击 测量 单击 角度，出现 ← ↗ → 操作界面，单击 ← 或 ➡ 将角度设定为 36.5°，单击 ↵ 返回上一级菜单，单击 探头延时，出现 ← ↗ → 操作界面，单击 ← 或 ➡ 将探头延时设定为 3μs，单击 ↵ 返回上一级菜单，单击 测量值，出现 ← ↗ → 操作界面，单击 ← 或 ➡ 选择 t（A）选项，单击 ↵ 返回上一级菜单。

（2）检测灵敏度。

1）瓷套壁厚不大于 30mm，将探头置于 JYZ–BXⅡ试块，找出深度为 20mm 的 φ1 的横通孔反射波高，调增益使波幅达到 80%屏高，增益 2dB。

2）瓷套壁厚大于 30mm，将探头置于 JYZ–BXⅡ试块，找出深度为 40mm 的 φ1 的横通孔反射波高，调增益使波幅达到 80%屏高，增益 4dB。

仪器增益调节：单击 基本，单击 增益，出现 ← ↗ → 操作界面，单击 ← 或 ➡ 设定增益数值，增益调节完成。横波检测波形图如图 C–8 所示。

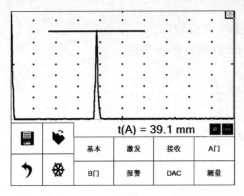
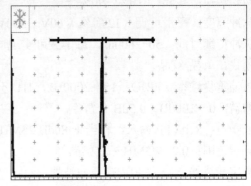

图 C–8　横波检测波形图

（3）仪器实际（检测）操作步骤。

1）仪器出厂横波组合基准灵敏度实测设定。实测设定基准灵敏度为 50dB，，允许误差为 2dB，长期使用应参照 6.1～6.2 条定期校验。

2）横波检测通道 HB001 调用。按住开机键，等待直到 ISONICutPod 启动完成—仪器开机。单击 缺陷，单击 ↵，选择 HB001 通道，单击 ↵，进入分项界面，单击 ✔。通道调用完成。

3）检测步骤。在被测瓷套与法兰口交接部位作清洁处理后，均匀涂上耦合剂。把探头放置在瓷套与法兰口交接部位附近（如有砂浆，应避开砂浆区），探头无标识面为发射方向面对向法兰，沿瓷套周向进行扫查，判断缺陷状况如下：

　　a. 当瓷套内壁厚度内对应的显示屏上未出现反射波，则判定内部及内壁无缺陷。

　　b. 当瓷套内部存在气孔、夹渣及裂纹等缺陷，显示为点状或丛林状缺陷即判定为内部缺陷。

　　c. 当瓷套内壁存在气孔、夹渣及裂纹等缺陷，底波位置前会显示点状或丛状反射波判定为瓷套内壁有缺陷。

　　d. 当扫查过程中发现有缺陷回波连续存在，则采用半波法对缺陷进行测长。

　　缺陷指示长度测定：当发现缺陷波时，找到缺陷最大回波位置，并将缺陷回波调整至基准波高（如垂直满刻度的 80%），然后，单击 基本 ，单击 增益 ，出现 ← | ↗ | → 操作界面，单击 → 将基准波提高 6dB。以缺陷最大回波高度位置为起始点，沿长度方向分别向两侧移动探头，当缺陷回波高度降至基准波高时记录探头位置，测量出两侧探头中心位置间的距离即为缺陷指示长度。

　　4）缺陷评定。

　　a. 单个缺陷波大于或等于 $\phi 1$ 横通孔当量，即缺陷波高于或等于 80%，判定为不合格；

　　b. 单个缺陷波小于 $\phi 1$ 横通孔当量，且指示长度 ≥10mm，判定为不合格；

　　c. 单个缺陷波小于 $\phi 1$ 横通孔当量，呈现多个（≥3 个）反射波或林状反射波，判定为不合格。

　　7. 仪器技术参数

　　始脉冲类型：双极方波脉冲。

　　初始转换：≤5ns（10%～90%）。

　　脉冲幅度：平滑可调（12 等级）60V～300VPP，50Ω 输入。

　　脉冲持续时间：50～600ns，每半波可实现同步控制，10ns 步进。

　　模式：单晶/双晶。

　　脉冲重复频率（PRF）：15～2000Hz，1Hz 分辨率。

　　增益：0～100dB，0.5dB 分辨率。

　　低噪声：81μVPP 输入，相当于 80dB/25MHz 带宽。

　　频带范围：0.2～25MHz 宽频带。

　　数字滤波器：32 种 FIR 带通滤波器。

　　声速：300～20 000m/s（11.81～787.4″/ms），1m/s（0.1″/ms）精度。

　　范围：0.5～7000μs，0.01μs 精度。

　　显示延迟：0～3200μs，0.01μs 精度。

　　探头角度：0～90°，1° 精度。

　　探头延时：0～70μs，0.01μs 精度。

　　检波模式：射频，全波，正半波，负半波。

　　抑制：0～99% 全屏高度，1% 精度。

　　DAC/TCG：多曲线（最多 4 组曲线）。

　　理论曲线：输入材料衰减系数 dB/mm（dB/″），用于 AWS 评估，高衰减材料检测等。

实测曲线：根据不同的距离相同当量的反射体的回波幅度进行测量，最多可以描绘 40 个点；46dB 动态范围，斜率≤120dB/s。

适用于所有显示模式。

闸门：2 个独立闸门。

闸门起始位置及宽度：可在整个 A 扫描时基范围内进行设置，0.1mm/0.001″精度。

闸门阈值：5%～95%A 扫描高度，1%精度。

信号评估—数字读出器：19 种自动功能/可扩展；对斜探头可进行曲面/厚度/倾斜修正；对所有类型探头可自动校准材料声速和探头延时；AWS/API 评估。

冻结：全部冻结/峰值冻结。

数据存储能力：至少可存储 100 000 设置，包括 A 扫描的校准备份。

数据记录仪：1D（线性），2D（X，Y），3D（X，Y，Z），or 4D（X，Y，Z，retake）数组。

内部闪存：2GB。

输出：通过 USB 接口可将校准及数据文件导入 PC 机，通过 PC 机生成可编辑的检测报告并可进行拷贝。

屏幕：3.2″高彩色分辨率显示屏，强光下可视有源矩阵 LCD 集成嵌入式 PICASO–GFX2 图像控制器。

控制：触摸屏。

电源：可充电锂电池，根据不同的操作模式可持续使用 6～10h。

电源—外部 AC/DC 转换器/充电器，100～240V，40～70Hz。

参 考 文 献

[1] 超声波探伤编写组. 超声波探伤 [M]. 北京：电力工业出版社，1980.

[2] 胡天明. 超声探伤 [M]. 武汉：武汉测绘科技大学出版社，2000.

[3] 云庆华. 无损探伤 [M]. 北京：中国劳动出版社，1982.

[4] 廉德良，魏天阳. 超声爬波探头声场指向特性的试验研究 [J]. 无损检测，2005，27（9）：479–481.

[5] 樊利国，荆洪阳. 爬波检测及其应用 [J]. 无损检测，2005，27（4）：212–216.

[6] 夏纪真. 工业超声波无损检测技术 [M]. 广州：广东科技出版社，2009.

[7] 吴光亚，姚忠森，何宏明，等. 高压瓷支柱绝缘子运行事故分析 [J]. 电瓷避雷器，2005，（5）：22–24.

[8] 李家驹. 陶瓷工艺学 [M]. 北京：中国轻工业出版社，2001.

[9] 李玉书，吴落仪，李瑛. 电瓷工艺与技术 [M]. 北京：化学工业出版社，2007.

[10] 邱志贤. 高压绝缘子的设计与运用 [M]. 北京：中国轻工业出版社，2006.

[11] 关志成. 绝缘子及输变电设备外绝缘 [M]. 北京：清华大学出版社，2006.

[12] 武秀兰，陈国平，嵇英. 硅酸盐生产配方设计与工艺控制 [M]. 北京：化学工业出版社，2004.

[13] 谈国强，刘新年，宁青菊. 硅酸盐工业产品性能与测试分析 [M]. 北京：化学工业出版社，2004.

[14] 顾幸勇，陈玉清. 陶瓷制品检测及缺陷分析 [M]. 北京：化学工业出版社，2006.

[15] 杨裕国. 陶瓷制品造型设计与成型模具 [M]. 北京：化学工业出版社，2006.

[16] 曾令可，税安泽，等. 陶瓷工业实用干燥技术与实例 [M]. 北京：化学工业出版社，2008.

[17] 严璋，朱德恒. 高电压绝缘技术. 2 版. 北京：清华大学出版社，2007.

[18] E. 利弗森. 材料的特征检测（第一部分）[M]. 北京：科学出版社，1998.

[19] V. 杰罗德. 固体结构：第一卷 [M]. 北京：科学出版社，1998.

[20] H. 米格兰比. 材料的塑性与断裂 [M]. 北京：科学出版社，1998.

[21] P. 哈森. 材料的相变：第五卷 [M]. 北京：科学出版社，1998.

[22] M.V. 斯温. 陶瓷的结构与性能 [M]. 北京：科学出版社，1998.

[23] 理查德.J. 布鲁克. 陶瓷工艺学：第一部分 [M]. 北京：科学出版社，1999.

[24] 理查德.J. 布鲁克. 陶瓷工艺学：第二部分 [M]. 北京：科学出版社，1999.

[25] 张锐. 陶瓷工艺学 [M]. 北京：化学工业出版社，2007.

[26] 何增建. 刚玉–莫来石–方石英系统高强度电瓷坯料配方的研究 [J]. 山东陶瓷，21（2）：3–12.

[27] 张金升，张银燕，王美婷，等. 陶瓷材料显微结构与性能 [M]. 北京：化学工业出版社，2007.

[28] 鲁伟明. 结晶学与岩相学 [M]. 北京：化学工业出版社，2007.